转型期制造业空间重构与城乡空间结构响应

周 蕾 著

本书得到国家自然科学基金“网络消费时代下的城市商业空间多中心发育模式与协同机理研究”（NO.42071212）和“‘实体-网络’二元消费行为模式下商业与居住空间关联研究”（NO.41701185）的联合资助

科 学 出 版 社

北 京

内 容 简 介

1978年以来的经济体制转型从根本上改变了我国40余年城乡发展的动力基础，是城乡经济社会形态变化和城乡空间结构重组最重要的塑造力和演进动力。体制转型对产业空间布局和城乡空间的影响已成为人文地理学界的热点研究领域。本书将制度因素引入空间研究，以"制造业空间重构"为切入点，基于"空间生产"理论，探寻企业资本与政府权力在城乡空间发展中的作用，总结市场经济自组织和政府调控他组织过程对城乡空间结构演变的作用机制，揭示体制转型期我国城乡空间结构演变的体制动因。书中所引介的文献资料与观点反映了国内外城市研究界对经济体制转型期中国城乡空间响应研究的最新动态，具有较高的参考价值。

本书可供中国城市发展、城市地理、经济地理相关领域的研究人员阅读和参考。

苏B（2021）027号

图书在版编目（CIP）数据

转型期制造业空间重构与城乡空间结构响应/周蕾著. —北京：科学出版社，2021.11

ISBN 978-7-03-070240-1

Ⅰ. ①转…　Ⅱ. ①周…　Ⅲ. ①城乡规划-空间规划-研究-中国
Ⅳ. ①TU984.2

中国版本图书馆CIP数据核字（2021）第215244号

责任编辑：周　丹　黄　梅　沈　旭/责任校对：杨聪敏
责任印制：张　伟/封面设计：许　瑞

科学出版社 出版
北京东黄城根北街16号
邮政编码：100717
http://www.sciencep.com

北京九州迅驰传媒文化有限公司 印刷

科学出版社发行　各地新华书店经销

*

2021年11月第　一　版　开本：720×1000　1/16
2022年1月第二次印刷　印张：12
字数：240 000

定价：109.00元

（如有印装质量问题，我社负责调换）

前　言

自20世纪80年代以来，世界上的发达国家与发展中国家都经历了巨大的经济与社会体制的转型，体制转型对产业空间布局和城乡空间的影响已成为国际地理学界的热点研究领域。就我国而言，经济体制转型从根本上改变了我国40余年来城乡发展的动力基础，是城乡经济社会形态变化和城乡空间结构重组最重要的塑造力和演进动力。我国人文地理学领域一直重点关注和研究城乡空间发展演变的体制动因，包括影响城乡空间结构演变的经济体制变量分析，体制变量作用于城乡发展空间的方式与路径，政府与市场对城乡空间变化施加影响的过程等。作为经济活动的规则语境，经济体制作用下的空间演变，需要借助于经济活动的各种过程和形式进行解析，寻找合适的切入点剖析体制对空间的影响机制。

我国目前尚处于工业化与城镇化加速发展阶段，制造业空间在城乡空间发展中具有基础性和先导性的作用，承载着经济体制转型与城乡发展的重要信息。本书首先从制造业布局变化切入，构建体制转型下制造业空间重构及其城乡空间结构响应的理论研究框架；其次，以无锡市区为案例，根据制造业企业区位变化，从不同空间尺度揭示制造业空间重构的特征与机制；最后，通过分析城乡空间对政府权力结构调整与制造业投资主体多元化的响应过程，探讨经济体制转型下城乡空间结构演变的宏观与微观机制，并提出基于制造业空间布局的城乡空间优化对策。

本书共计6章，各章主要内容如下：

第1章为绪论。首先阐述开展体制转型与空间演变研究的必要性与迫切性，重点论证以制造业空间重构作为体制转型期城乡空间演变研究切入点的可行性。在此基础上围绕制造业空间布局、城乡空间结构相关研究进行综述，归纳和总结相关研究的特点，提出本书的研究思路、研究区域、主要的数据来源和所用的研究方法等，并对经济体制、制造业空间重构、城乡空间结构、空间响应等相关概念进行辨析和界定。

第2章为转型期制造业空间重构与城乡空间结构响应的理论架构。对区位理论与空间结构理论、二元空间结构理论、空间组织理论、空间生产理论等进行回顾、梳理与评价，并在阐明相关体制背景的基础上，构筑转型期制造业空间重构及其城乡空间结构响应的理论框架。

第3章为制造业发展过程与空间重构的特征。首先，系统地阐述了经济体制改革以来无锡制造业的发展过程，并分析了制造业企业的所有制特征及产业特征；

其次，采用企业密度、数量、区位商、核密度分析、产值热点分析等 GIS 空间分析方法，研究制造业的时空分布与集聚演变特征。

第 4 章为制造业空间重构的影响因素。以区位理论为基础，通过构建制造业区位影响因素分析模型，分析经济体制转型以来制造业区位演变的影响因素，并尝试对比这些影响因素的作用强度随时间变化的差异，以及在不同所有制制造业间的差异，剖析制造业空间重构的体制动因。

第 5 章为城乡空间结构的响应过程与机制。基于“空间生产”理论，从宏观（权力）与微观（资本）的视角，分别展开政府权力结构调整下的城镇空间扩张响应、制造业投资主体多元化下的城乡地域结构响应的研究，剖析经济体制改革下城乡空间结构对地方政府职能转变与制造业投资主体多元化的宏观与微观响应过程与机制；并以无锡新区为微观案例，从空间生产的主体——“权力”与“资本”出发，解析城乡空间对制造业发展及其空间重构的响应过程。

第 6 章为基于制造业空间布局的城乡空间优化对策。根据无锡制造业空间布局及其城乡空间响应变化的现状，指出两者在现阶段存在的问题，并提出相应的优化对策。

后记围绕本书提出的几个方面问题进行讨论，回答转型期我国城市制造业空间格局如何演变，不同所有制制造业的区位选择存在哪些差异；在制造业空间重构过程中，市场与政府在制造业空间重构中的角色、影响以及城乡空间对体制变革下制造业空间重构的宏观与微观响应过程与机制，并提出转型期制造业空间重构及其城乡空间结构响应在未来研究中所需要进一步拓展、完善的方向。

本书的特色主要有：

（1）以“经济体制-主体参与者与空间生产-空间结果”为主线，构建了经济体制转型下制造业空间重构及其城乡空间结构响应的理论框架体系。

（2）通过经济体制转型与不同所有制类型的制造业空间重构过程，揭示两者的逻辑关系与影响机制。

（3）通过分析城乡地域空间对制造业投资变化的响应状态，揭示了城乡空间结构对制造业空间重构的响应过程。

在书稿的形成过程中，南京师范大学杨山教授和加拿大瑞尔森大学王曙光教授提供了重要的指导，从选题、撰写到修改，每一个环节中无不凝聚着两位老师的汗水和心血，在此表示由衷的感谢。由于作者研究能力与水平的限制，若有谬误还请读者不吝赐教。最后，对给予本书出版大力支持的科学出版社的领导和编辑同志，表示由衷的谢意。

目　　录

第1章　绪　　论

本章主要对制造业空间布局和城乡空间结构的国内外相关研究进展进行梳理和评述，明确国内外关于制造业空间重构及城乡空间结构演变研究的重点，奠定本书的研究基础，为后文的实证研究提供理论支撑。

1.1　制造业空间重构与城乡空间结构响应的时代背景

1.1.1　体制转型与空间演变的全球背景

自20世纪80年代以来，世界上发达国家与发展中国家都经历着巨大的经济、社会等体制的转型，体制转型已经成为当今众多学术领域研究的国际化语境，体制转型与空间演变更是国际地理学界研究的热点领域（张京祥等，2007）。当前存在着关于西方资本主义国家发达经济体的舆论，认为发达经济体的积累体制已经经历了由福特主义体制向后福特主义体制的根本转变，“资本主义城市”正处于向“后现代城市化”和“后福特主义”的转型之中（图1-1）。尽管在这一转型过程中形成的独特的“新空间秩序”存在争议，但西方学者仍试图寻找这一过程的独创性（Wu，2003a，2003b）。

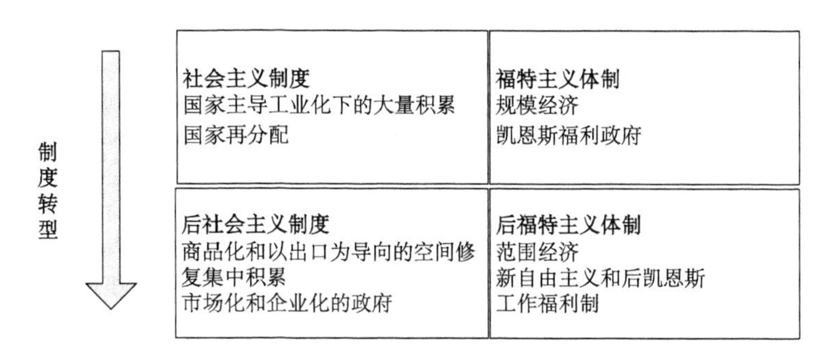

图1-1　社会主义与资本主义国家的体制转型（Wu，2003a，2003b）

与此同时，社会主义国家也处于体制转型之中，但不同的是社会主义国家正经历着从社会主义制度向后社会主义制度的转型。就中国而言，中国正经历着由计划经济体制向社会主义市场经济体制的改革。1978年以来的经济体制改革引起了政府职能、工业生产组织模式、资源要素配置方式等方面的诸多转变，同时经济主体也向多元化发展，这些无疑从根本上改变着我国城乡发展的动力基础，成为城乡经济社会形态变化和城乡空间结构重组最重要的塑造力和演进动力。城乡空间结构作为城乡经济社会的环境载体和空间投影，一直是人文地理学研究的核心内容，我国城乡空间结构在经济体制改革中一系列重大政策事件的强烈作用下，由行政型简单、同质、封闭演变为市场型复杂、异质、开放的格局。作为在世界上史无前例地成功实现由计划经济体制向社会主义市场经济体制转型的国家，我国经济体制改革下城乡空间结构演变无疑是全世界最为理想的研究范本。体制巨变的俄罗斯和东欧前社会主义国家因缺少渐进式改革过程、经济社会发展整体衰退而难以动态考察两者之间的关系，经济体制早已制度化的西方发达国家已形成的城乡空间结构理论没有也无法解释体制变革对空间演变的作用机理。因此，我国目前正处于经济体制改革时期的基本事实，应该成为我们进行城乡空间发展演变研究的基本出发点，对我国经济体制改革下城乡空间结构演变的研究必将成为中国人文地理学极富特色和创新的重要课题。

1.1.2 经济体制改革下企业空间组织的机制转变

四十多年的社会主义市场经济体制改革促进了我国制造业的迅猛发展，我国已经成为世界上最大的制造业工厂。经济体制改革之前，我国制造业企业的数量极其有限，绝大多数企业为国家所有，少数企业为集体所有。自 1978 年经济体制改革以来，我国制造业迅速发展且经历了深刻的变化：工厂数量急剧增加，企业所有制类型呈现多元化，外商投资企业被准许设立工厂，更重要的是非国有企业已成为国民经济的重要组成部分。总体而言，我国制造业已由计划经济体制下政府行政指令管理、简单经营、僵化的生产体系转变为社会主义市场经济体制下以市场为导向、多元企业主体自主经营、充满活力的生产体系。

与此同时，制造业企业的空间组织机制也发生了根本转变。计划经济体制下，我国的城乡经济发展带有强烈的计划经济色彩，以国家对经济资源的全面控制和垄断为基础，土地作为一种生产要素只能在计划机制中通过政府行政指令得到配置和使用，城乡土地的使用服从于国家整体经济发展规划，国有、集体企业没有独立自主的经营决策权，企业生产的空间布局配置在中央政府的部门经济规划中完成，而地方政府仅是中央经济规划的执行者。经济体制改革以来，我国的城乡经济发展经历了一场巨大的制度变革，这主要包括市场化改革、所有制改革和分权化改革。1987 年开始的土地市场化改革引入了市场化的企业空间组织机制，虽然国有企业的空间布局仍依靠政府行政指令配置，但处在国家原有计划经济体制和传统资源配置方式控制之外的新兴所有制经济——私营企业、混合所有制企业、港澳台资企业和外资企业繁荣发展，这些市场的自发力量依照市场机制进行空间布局。此外，分权化改革后，决策权由中央下放到地方（特别是市级政府），强化了地方政府作为城乡经济开发与组织者的角色，国家经济规划中的具体开发项目被地方政府组织的综合项目取代，计划经济时期经济规划中的行政指令逐渐消失，地方政府更多地通过“退二进三”、开发区建设等产业空间政策以间接的方式对企业的区位选择产生影响。总体上，经济体制改革促使了企业空间组织机制发生根本转变，成为推动我国制造业空间重构最重要的演进动力。

1.1.3　制造业空间重构是城乡空间结构演变的主导力量

经济体制改革以来，我国提出了“变消费型城市为生产型城市，加快工业发展”的战略（黄金平，2016），开始了以制造业为主导的大规模开发建设。目前，除北京、上海等国际化大都市外，我国绝大部分城市为生产型城市。制造业生产活动作为城乡经济发展的主导因素，占据了大量的建设用地，并以其为先导带动了居住、仓储、交通用地向外扩张，在客观上搭建了城市建设的骨架，对城乡空间结构演变具有深远的影响。具体而言，经济体制改革以来，集体所有制乡镇企业、私营企业、混合所有制企业以及外资和港澳台资企业在经济体制改革的不同时期应运而生，多元所有制企业主体发展异常活跃，同时土地使用制度改革引发了企业地域空间配置方式的变革，制造业空间由国有企业、集体企业在中心城区集聚的传统产业空间模式转变为多元所有制企业主体在中心城区外围不同级别的开发区、产业园区集聚的新型产业空间模式。制造业空间的扩散与郊区化不仅在宏观上决定着城镇建设用地的扩张强度、方向和模式，而且在微观上也促使城乡土地利用结构发生变化，制造业的空间重构不可阻挡地对整个城乡空间结构形成巨大的影响，引发了城乡空间结构的响应变化。制造业空间在城乡空间结构演变中发挥着基础性和先导性的作用，目前我国处于工业社会时期的基本事实，决定了制造业空间重构是当前驱动我国城乡空间结构演变的主导因素。经济体制改革下制造业空间重构的研究，特别是城乡内部不同所有制企业的区位行为研究是从微观视角解读我国体制变革下城乡空间演变过程机制的重要内容。

开发区、产业园区是以城市为依托，实行特殊经济政策与管理体制的特定区域，是20世纪90年代以来我国工业经济发展的一种重要的空间形式。经过三十多年的发展，伴随着经济体制改革的步伐，我国国家和地方不同级别的开发区、产业园区的建设取得了巨大成效，已成为新时期制造业空间集聚的重要载体，在城市经济增长、产业结构调整、增加税收等方面做出重大贡献的同时，其与城乡空间发展的关系也日益密切。与常规状态下城乡空间结构自发渐变的方式不同，开发区、产业园区建设是由国家或地方政府强力推动建设的，具有土地开发规模大、建设进度快的特点，其引发的城乡空间演进具有整体性、计划性和高效性的特点，成为推动城乡空间结构演变最具活力的空间单元（张弘，2001；钟源，2007）。

1.1.4　制造业空间重构和城乡空间发展的理论与策略需求

当前我国的工业化与城镇化正处于快速发展阶段，制造业的高速发展及其空间重构正迅速地改变着城乡空间的面貌，引起了城镇加速扩展、土地利用格局以及城乡功能等的诸多转变。制造业空间重构的过程既有理性的改进，也出现了“开发区热”、制造业空间无序蔓延等现象。由于市场力量的强劲介入，加之政府的企业化倾向过于注重经济增长，规划的管制和指导作用并未充分发挥，各级各类开发区、产业园区大量建设，大量的农业用地转换为建设用地，长期大规模、粗放式地经营使得一些开发区在极度繁荣的背后也存在着隐患，引发了一系列如基础设施重复建设、土地资源失控、大量耕地闲置撂荒、社会阶层分化等问题，严重阻碍了城乡的统筹发展和区域的可持续发展，迫切需要正确的理论和策略作指导以保证其正确的发展方向。而解决这些问题的关键就在于将制造业空间布局与城乡空间发展结合起来，探索现阶段体制变革背景下制造业空间重构及其城乡空间结构响应的过程与机制，制定正确的空间发展策略，有效地推进要素良性运作、结构优化和功能提升，促进制造业空间与城乡空间协调发展。

1.2　制造业空间布局研究历程

1.2.1　制造业空间布局相关研究

1. 制造业区位影响因素

制造业的区位行为并不是随机的，是对可能区位比较择优的结果（Wu，2000）。制造业区位影响因素的研究可以追溯到分析企业如何通过最小化成本来确定区位的经典韦伯工业区位模型（Weber，1929；Stahl，1987）。之后Isard（1956）将经济分析框架引入韦伯工业区位模型中。Losch（1959）则指出企业将会在获得利润最多的区位投资并强调市场机制在区位选择中的重要性。古典区位论关注经济因素，主要从降低成本（运输成本、工资和土地价格）、提高利润和集聚经济的角度来分析企业的区位选择行为（Hansen，1987；Wu，2000）。然而在现实社会中，万能经济人是不存在的，之后的区位行为学派提出，受区位决策者获取信息和运用信息能力的影响，区位选择只能是有限理性的（Pred，1986）。古典区位要素在制造业的区位选择中扮演重要的角色，但其对制造业区位选择的影响也受到特定社会经济发展背景的制约（He et al.，2007）。在当代，制造业的区位影响因素已经扩展至劳动者技能、基础设施和制度因素。20世纪80年代中后期以来，随着新制度经济学的兴起，制度因素被引入企业区位的分析中，以纠正市场调节失灵为目标的政府干预在制造业区位选择中的作用受到越来越多的关注（Will，1964；

Bevan et al.，2004）。政府干预主要包括税收优惠、补贴、管理规定和其他法律措施等（Will，1964；Jones，1996）；对一些产业提供直接的政府经济援助、税收优惠或补贴将有助于吸引这类企业在特定的地区布局，相反，对特定产业部门征收高税率将对企业的集聚有驱散作用。近年来，各国政府颁布了一系列关于企业发展环境保护方面的政策和要求，对污染密集型制造业的区位选择有重大影响（Stafford，1985；Jeppesen and Folmer，2001）。总体而言，西方发达国家学者通过大量实证，主要从资源、成本、市场、集聚经济和制度因素五个方面对制造业的区位影响因素进行了较为全面的研究（Kim，1995；Ellison and Glaeser，1997；Amiti，1998；Krugman，1980，1991；Venables，1996）。

近年来对制度因素特别是非正式制度安排的关注是新经济地理学制度转向的一个重要方面。我国作为正处于经济体制改革之中的经济体，对制度因素的分析在我国制造业区位研究中尤为重要（常跟应，2007）。当前，探索制造业区位影响因素的分析方法大致包括区位模型分析和访谈与问卷调查分析这两种方法。区位模型分析主要采用多元线性、非线性回归模型、数量回归模型和 Logit 模型等多种数学方法研究企业的区位影响因素，Gong（1995）、Wu 和 Yeh（1999）、Wu（2000）、Cheng 和 Kwan（2000）、贺灿飞和魏后凯（2001）、贺灿飞等（2005）、张华和贺灿飞（2007）、毕秀晶等（2011）、Zhang 等（2013）、Wei 等（2013）学者均采用过此类研究方法对不同城市、不同类型企业的区位因素进行研究。

2. 城市制造业空间布局

20 世纪中叶，北美和西欧等资本主义国家为了应对制造业在中心城区集聚所引起的一系列的问题和矛盾，开始试图对制造业的空间分布进行调控，将其向郊区迁移。自 20 世纪 70 年代起，发达国家城市制造业开始以加速度大规模空间扩散和郊区化，城市内部制造业的空间分布与演变的研究开始逐步受到西方学者的关注。这类研究最早可追溯到 Steed（1973）对加拿大温哥华制造业空间郊区化的研究（Sabel and Geoghegan，2010）。Hanushek 和 Song（1978）等研究了 1947～1968 年间波士顿市周围 25 英里①半径范围内 119 个市镇制造业的集聚特征及主要区位因素，发现高速路网的通达性增加了制造业向中心城区外围扩散的机会。Klaassen 和 Molle（1983）研究了欧洲制造业企业的“去中心化”现象。1982 年 Scott 分别从中心城区对制造业吸引力下降和郊区对制造业吸引力提高两个方面系统而全面地分析了城市内部制造业郊区化的机制，指出中心城区与郊区在厂房条件、土地价格与供应、交通状况、征税标准、劳动力价格等方面的差异推动了制造业的郊区化现象。总体而言，基础设施、交通、政府对制造业发展的规划限

① 1 英里＝1.609344 km。

制、土地使用价格及法规以及一定程度上的集聚经济等都被认为是引起城市内部制造业空间分布演变的重要因素。

20世纪90年代以来，在我国快速工业化的背景下，城市内部制造业空间分布的研究逐渐成为国内经济地理学和城市地理学共同关注的热点。郭建华(1996)、周一星和孟延春（2000)、胡序威（2000)、宁越敏（1998a)、延善玉等（2007)、曹广忠和刘涛（2007）等对广州、北京、上海、沈阳等城市的制造业空间分布特征及演进规律进行了实证考察，发现我国制造业的空间扩散趋势明显，开始逐步进入制造业郊区化的发展阶段。郭建华（1996）指出城市产业升级、更新改造等均是制造业郊区化的重要动因。柴彦威（2000）认为制造业郊区化的原因可归纳为：市区成本的增加、郊区条件的改善、工业技术的提高、高新产业的兴起、规模经济的追求、工业产业园区的建设以及劳动力成本的变化等。

在长时间尺度下，企业的区位行为会随宏观经济制度背景的变化而改变，当前中国正处于经济体制改革时期，现有的经济体制既有计划经济体制的特点，也有市场经济体制的特点，独特且多样化的经济体制环境使得城市内部的制造业区位选择机制更为复杂（Bevan et al.，2004)。为此，众多学者开始逐步将我国经济体制改革的背景纳入制造业空间分布的研究中，并取得了丰富的研究成果。郑国(2006a）对北京市制造业的空间演化特征及其动力机制的实证研究发现，现代企业制度改革和土地使用制度改革对制造业空间重构的影响最直接、最显著。冯健和刘玉（2007）指出对中心地段交通和其他基础设施的依赖性导致经济体制改革前我国城市制造业的集聚发展传统，之后，20世纪90年代城市土地有偿使用制度改革及随之而来的城区土地“退二进三”式功能置换成为制造业郊区化发展最典型的动力。吕卫国和陈雯（2009）分析了南京制造业的郊区化扩散和集聚现象，并指出除了要素空间分布和集聚经济对企业区位选择的影响外，城市外围交通改善、土地有偿使用制度以及当地政府的非正式制度安排（如工业“退二进三”、开发区建设等）对制造业的郊区化和空间重构具有显著影响。樊杰等（2009）对洛阳市50家配套企业进行了问卷调查，研究发现土地成本和距离成本是配套企业在洛阳市域范围内选址时考虑的主要因素。姚康和杨永春（2010）研究发现兰州城区制造业企业空间结构由内到外都呈现明显的圈层分布特征，并指出这种空间分布特征是在历史因素、土地因素、城市规划和政府政策、集聚效应、开发区等多重影响因素和驱动力的共同作用下形成的。袁丰等（2012）基于企业数据的空间分析以及企业访谈和问卷调查资料对无锡南长区制造业的研究发现，地方政府表现出明显的“企业化”倾向，通过规划调控以及开发区建设、税收等金融刺激政策和措施影响企业区位行为。郭杰等（2012）对兰州制造业空间分布演变的研究发现，在经济体制改革、分权化的影响下的旧城更新、开发区建设、城市内外交通设施改善以及企业发展空间限制等因素都促使了制造业的郊区化。张晓平和孙磊（2012）研究发现北京制造业总体空间格局呈现出大都市区尺度上的扩散以及产业园区尺度的再集聚特征，区位通达度、集聚经济、科技园区规划与政策引导是北京制造业总体空间格局演化的主要驱动因素。Gao 等（2014）指出城市内部工业郊区化在很大程度上归因于国家土地使用制度改革，政府通过土地价格、土地供应制度和土地产权改革对制造业区位产生影响，此外政府通过确定工业用地的供给方向、数量和时间等，决定着制造业空间转移的方向。

总体而言，经济体制改革前，我国是一个计划经济体，行政指令式的企业空间配置是决定制造业空间布局的关键，传统区位要素很少被考虑在内（高菠阳等，2010），而经济体制改革以来，企业经营运行逐渐面向市场，城市内部制造业的区位行为越来越受市场机制影响（Feng et al.，2008；Gao et al.，2014），制造业表现出在中心城区分散化，并向郊区和乡村的开发区、产业园区集聚的特征（He et al.，2007；Feng et al.，2008；Gao et al.，2014），要素配置市场化和政府行政规划与管理是制造业空间演变的主要动因（Wei et al.，2008；Gao et al.，2014）。与经济体制改革前受政府行政指令配置不同，传统区位因素，如土地价格和运输成本等在制造业企业区位决策中发挥着日益重要的作用（Gao et al.，2014），但地方政府通过实施一系列与工业区位相关的政策措施（如“退二进三”政策、开发区建设等）积极干预与影响了城市内部的制造业空间过程（吕卫国和陈雯，2009）。

3. 不同属性制造业区位差异

除外部环境因素对制造业的区位选择具有重要的影响外，制造业企业的自身属性在其区位决策中也发挥着重要作用（Baldwin and Okubo，2006）。Lee（1989）指出特定类型的企业会选择在利润和成本方面对该类型企业最优的区位布局。不同类型制造业独特的空间分布特征就验证了这一点。在西方资本主义国家制造业从大都市区中心向外围迁移的过程中，城市中心资本密集型的工厂倒闭或搬迁至郊区土地价格低廉的区位，而劳动密集型的企业仍在可达性较高的中心城区集聚（Scott，1982）。后工业化大都市存在“二元经济”的制造业分布模式，小型本地企业布局在城市中心，而大型跨国公司主要布局在城市外围（Vise，1990）。国内学者刘涛和曹广忠（2010）分析了北京市制造业分布的圈层结构演变，研究发现各产业类型、所有制类型和规模等级的制造业圈层结构及其演变均有较大差异。曾刚（2001）对上海制造业空间结构的研究发现，经济体制改革以来，劳动密集型轻工业、技术密集型高新技术产业和资本密集型重化工业呈现出差异化的空间分布格局。此外，国内外学者在特定类型的制造业（主要是高新技术制造业和外资制造业）区位特征及影响因素研究方面亦取得了丰富的研究成果。

高新技术制造业是知识经济的主导产业，具有对知识和技术创新高度依赖、产品生命周期短暂、边际效率递增等特点，表现出与传统制造业不同的区位要求和区位选择机制，近年来其区位及空间发展问题引起了国内外学者的广泛关注，有关高新技术制造业的区位理论基础、区位影响因素、空间集聚特征等研究也日渐增多（牛艳华和许学强，2005）。众多学者研究发现，高素质的劳动力对高新技术制造业的区位决策有重大影响（Arauzo-Carod and Viladecans-Marsal，2009）。Lejpras 和 Stephan（2011）发现接近当地的研究机构和大学是高新技术制造业的重要区位特征。在对西班牙 13 个大城市的制造业空间分布模式进行研究后，Arauzo-Carod 和 Viladecans-Marsal（2009）指出距中心城市距离与企业的科技水平之间存在着负相关，新成立的高新技术制造业倾向于在高素质劳动力集聚的中心城市布局。Linneker 和 Spence（1996）的研究也发现高新技术制造业倾向于在可达性高的区域集聚。近年来研究发现，令人愉快的微观环境也日益成为高新技术制造业重要的区位影响因素（Gottlieb，1995）。在国内研究方面，吕卫国和陈雯（2009）以南京为案例分析了高新技术制造业和污染密集型制造业的区位特征，研究发现不同于污染型企业具有强烈的郊区化倾向，高新技术制造业仍保留在城市核心区。袁丰等（2010）研究发现苏州市区信息通信企业表现出明显的集聚特征，中心城区和高级别的开发区是其主要的集聚地。毕秀晶等（2011）研究发现上海软件企业呈现出“大都市区尺度上的扩散以及园区尺度的再集聚”的时空特征，同时不同类型企业空间集聚与扩散的特征不同，以嵌入式软件企业为主的中小企业呈现出向远郊区扩散的特征。在区位影响因素的分析上，宋秀坤和王铮（2001）、袁丰等（2010）、毕秀晶等（2011）、Zhang 等（2013）均认为交通通达性、政府政策影响下的开发区、科技园区建设、集聚经济对高新技术制造业的区位选择具有显著影响。

作为经济全球化的产物，外资企业也表现出其在城市内部独特的区位特征。近年来，外资企业的区位选择越来越受到市场规模、基础设施和制度（通常体现为开发区的政策激励措施）等的影响（Narula and John，2000）。Bevan 等（2004）研究发现一些新兴经济体的国家政府通过实施一系列的产业优惠政策，如提供财政激励、工业基础设施、开放发展环境等，吸引外国制造业投资，这些优惠政策通常限定在选定的开发区，因而开发区的区位在很大程度上限定了外资企业的空间分布格局。Warr（1990）、MacLachlan 和 Aguilar（1998）、Graham（2004）的研究均强调了开发区区位对外资企业区位决策的影响。自经济体制改革以来，外资企业成为我国经济快速发展的重要动力之一，同时其在城市内部的区位选择也受到了空前关注。国内学者通过对北京、上海、广州、苏州、杭州和南京等地的外资企业的大量案例研究，得出关于外资企业区位行为的诸多结论（He et al.，2005；Sit and Liu，2000；Wu，2000；Wei et al.，2008，2010，2013）。贺灿飞和魏后凯（2001）认为外商直接投资的区位决策是对信息成本和集聚经济的理性反应，集聚经济与基础设施质量、专业化服务、劳动力市场以及产业簇（industrial clusters）等有关，包括税收减免、土地价格优惠、免征设备进口关税等在内的外商优惠政策有助于吸引外资。Wu（2000）、郑国（2006a）指出体制改革背景下的外资企业呈现出理性经济的区位行为规律，其区位行为可视为市场机制作用的结果。He等（2005）、张华和贺灿飞（2007）研究发现，北京外资制造业在城市内的集聚程度与布局特点呈现由内向外的显著递减模式。企业、产业以及聚集条件共同驱使着外资企业的区位选择，靠近高速公路、高校、使领馆以及工业产业园等区位因素对外资企业具有更为显著的吸引力。赵新正等（2011）指出上海外资制造业区位选择是经济全球化与地方政府互动的过程，具体来说传统区位因素的作用在逐渐减弱，制度因素和集聚因素的作用在不断增强。Wei等（2008）指出地方政府和开发区的非正式制度安排是影响外资企业区位决策的重要力量，且其对不同属性企业的区位决策影响是有差异的。Wei等（2013）在苏州信息通信技术产业外资和内资企业空间不匹配研究中发现，跨国公司往往位于享有各种优惠政策的国家级开发区，而内资企业则倾向于布局在旧城地区或郊区乡镇，这种空间不匹配现象不仅是由企业的理性区位决策引起的，而且植根于我国的制度体系之中。

4. 制造业集聚空间——开发区

开发区是国家或地方政府为吸引外部生产要素、促进自身经济发展而规划出一定范围并在其中实施特殊政策管理手段的区域，大多以发展制造业和配套产业为主（卢新海，2005；买静等，2011）。我国的开发区是在经济全球化和高科技革命的背景下、在经济体制改革的过程中产生的。从1984年第一批14个国家级经济技术开发区的设立开始，以经济技术开发区和高新技术开发区等为代表的城市开发区，作为我国制造业集聚空间的主力与先锋迅速在各大城市出现，成为我国工业化阶段与传统制造业空间相区别的新空间类型，并引起了学术界的广泛关注（王慧，2003，2006a，2006b；郑国，2006b）。

开发区建设的目标是发展外向型和高新技术制造业，目前我国开发区已成为城市优势产业的聚集地，同时也促使原有城市制造业空间实现了有机更新（郑国和邱士可，2005）。王兴平（2005）将开发区的区位选择模式定义为街区型、边缘型、近郊型、远郊型四种类型，并指出开发区主要沿城市对外交通线分布（图1-2）。冯健和刘玉（2007）指出城市各类开发区的发展本身也是制造业郊区化和制造业空间重构的一种表现。郑国和邱士可（2005）、李仙德和白光润（2008）分别以北京和上海的开发区为例，研究了开发区促进城市制造业空间结构形成新的扩散和新的集中的过程。由于我国开发区制造业的起点普遍较高，代表了城市制造业的发展方向，因此在很大程度上主导着未来城市制造业空间的演化（郑国和邱士可，2005）。

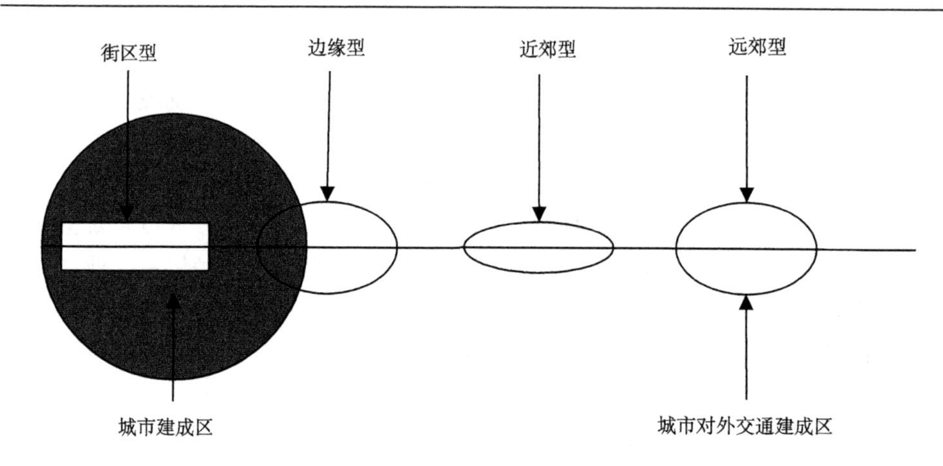

图 1-2 开发区的区位选择模式（王兴平，2005）

我国早期的许多开发区在发展初期基本是性质与用地功能比较单一的产业区，然而在经济发达地区，部分国家级开发区随着园区产业规模与空间范围不断扩大、功能不断完善，开始逐步向新城区发展。自 20 世纪 90 年代末以来，开发区向新城转变的研究开始逐渐成为热点（张晓平和刘卫东，2003；郑国和周一星，2005；王慧，2006b；邢海峰，2004；柴彦威等，2008；朱同丹，2008）。陈昭锋（1998）认为，随着开发区的产业规模逐步扩大，相关配套措施的限制也表现得越来越显著，这表明，当生产达到特定规模时，而相应的配套城市化功能没有完善，将直接限制开发区功能的持续和进一步拓展。开发区向新城市转变是其发展的必然趋势，是其内在机制所决定的结果（雷诚和范凌云，2010；朱同丹，2008）。部分学者在研究城市开发区发展历史的同时，进一步总结了开发区的运行周期性规律，系统地阐述了开发区的发展方向，认为在成熟阶段一部分开发区将发展成为城市新区（郑静等，2000；吴兵和王铮，2003；刘军林，2010）。也有学者从城市和开发区的相互作用与关系入手，他们认为开发区的转型与升级是必然的，开发区最终将转型与升级成为充满活力且功能完善的城市新区（王慧，2003，2007；冯章献等，2010）。买静等（2011）总结了开发区从单一产业区空间模式向多元功能共生的城区模式转变的三个阶段（图 1-3）。在开发区向新城转变的机制研究方面，开发区转型过程中的产业与人口间互动的城市化机制是主要关注的研究方向。这些研究总体上基于空间集聚理论，来分析人口、产业等对象的空间集聚特征（郑国和周一星，2005）；而最近，政策因素主导的开发区转型开始受到学者的关注（周国艳，2009；阎川，2008；张艳，2008；张捷，2009）。

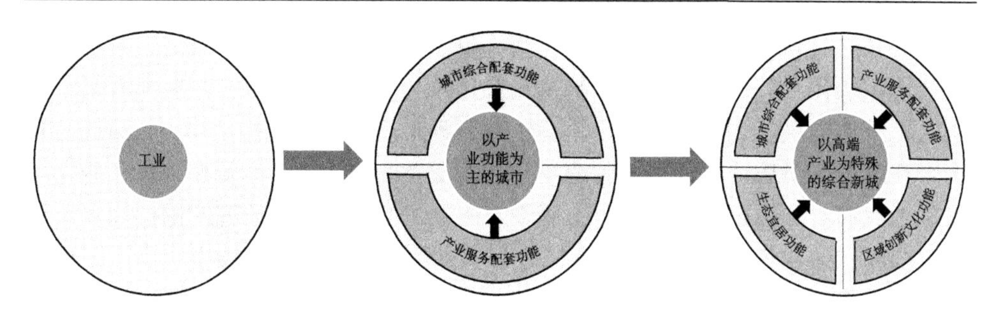

图1-3　开发区向综合新城区发展示意图（买静等，2011）

1.2.2　制造业空间布局研究的评述

已有研究增进了我们对经济体制变革下制造业空间布局演变的认识。但这些研究或以城市制造业整体为研究对象，或以一些特定类型的制造业为研究对象，无法全面而详尽地反映经济体制改革下政府与市场对城市制造业空间重构的塑造作用。所有制改革是我国经济体制改革的核心，所有制改革过程中形成的多元所有制经济主体可以全面反映经济体制改革过程中各微观经济主体经营运行机制、政企关系的差异，以及政府对各微观经济主体调控政策的差异。国有企业在计划经济时期是政府行政指令性计划的执行者，没有独立的经营决策权力，政府直接干预其经营活动；而当前国有企业主要存在于关系经济命脉的重要行业和关键领域，是政府重点扶植发展的对象。私营经济具有天然的市场经济特征，按照市场机制组织经营，以利润最大化为目标。外资和港澳台资企业是政府招商引资的重点，也是政府优惠政策的主要享有者。所有制类型所代表的企业经营运行机制、政企关系对制造业的区位行为有深刻影响。制造业企业的空间布局会因其所有制不同而有所差异。经济体制改革下政府和市场在影响制造业区位选择中的角色变化，可以全面地反映在不同所有制类型企业的区位行为中。企业的所有制结构是剖析行政力量与市场力量对制造业空间重构塑造作用的最佳视角。然而尽管经济体制改革以来，我国制造业的所有制结构发生了重大变化，但现有研究很少从所有制改革的视角研究城市的制造业空间重构。此外现有研究大都是基于单时段的制造业区位特征分析，整个经济体制改革长时间尺度制造业空间重构规律的研究则相对较少，制造业区位的演变蕴含了不同时期政治经济结构和情势的变迁，是对经济体制变革、政府政策变化的响应和反馈的结果，而分析不同所有制类型企业在经济体制改革下长时间尺度下的区位行为正是从微观层面理解这一变动过程的重要视角。

此外，我国现有的关于城市制造业空间布局模式的研究主要局限于北京、上海、苏州、温州、广州等城市，而对于无锡制造业空间的研究则相对较少。无锡是我国长江三角洲重要的制造业生产基地和“苏南模式”的典型代表，具有较高的经济市场化和外向化程度，其制造业多元的所有制结构为剖析不同所有制企业的区位差异提供了典型的案例，具有较高的研究价值。袁丰等（2012）通过问卷调查和政府人员访谈对无锡的制造业区位以及“苏南模式”的转变进行了研究，增进了我们对无锡企业结构和区位变化的认识。但该研究的研究范围仅局限于无锡中心城区——南长区[①]。南长区制造业以私营企业为主，且规模较小，无法完全反映无锡制造业整体的发展演变情况。无锡的经济发展模式既不同于以外商投资和港澳台投资驱动发展的上海、广州和苏州等城市，也不同于以私营企业发展为主的温州。无锡的制造业以小规模的私营企业及大规模的外商投资和港澳台投资企业为主导，一个中心城区的案例研究不能完全囊括无锡各类所有制企业的区位特征及演变过程，因此，以无锡市区为研究区域，从企业的所有制角度对制造业空间重构的过程和机制进行研究具有重要意义。

从已有的城市制造业空间布局研究来看，当前研究主要集中于制造业空间演变和区位影响要素的挖掘与实证，但对制造业企业区位选择的城乡空间效应，即企业区位选择对城乡空间发展的影响作用，研究相对较少。实质上，工业化和城镇化良性互动关系的形成，既能为城乡空间统筹可持续发展提供充足的动力，又可以为制造业的长远发展提供高效的空间载体（樊杰等，2009）。而实现工业化与城镇化良性互动的基本前提之一则是认识城乡空间结构对制造业空间重构的响应过程与机制。不同所有制类型的制造业企业，具有不同的区位偏好，对城乡空间结构演变也具有不同的意义。本书试图以制造业空间重构为切入点，探讨经济体制变革下城乡空间结构演变的宏观与微观机制，解读我国经济体制变革作用于城乡空间结构演变的体制动因。在经济体制改革的背景下，探讨城乡空间结构演变对制造业空间重构的响应过程与机制，协调制造业区位选择与城乡空间布局，对正确制定城市产业空间发展规划，合理引导城乡空间发展方向，促使工业化和城镇化在空间关系上形成良性互动具有重要意义。

1.3 城乡空间结构及演变特征与过程

1.3.1 国外城乡空间结构的特征及演变

工业革命极大地促进了城乡空间结构的发展，促使了西方发达国家学者在市场经济体制为常态的背景下，对城乡空间结构的特征及演变进行了大量的实证与理论研究，研究重点经历了从对城乡空间结构实证分析到对其演变深层制度性因素关注的巨大转变。

---

① 2015 年，南长区被撤销，并入无锡市梁溪区。

西方学者早期对城乡空间结构的研究多集中于对城乡空间结构模式的研究，其早期探索可追溯到1898年霍华德（Howard）提出的“田园城市”。哈里斯（Harris）和厄尔曼（Ullman）在1945年提出了多核心城市空间结构模式，强调重工业对城市空间结构的影响机制。1947年迪肯森（Dickinson）提出由中央地带、中间地带、外缘边带或郊区地带三部分组成的城市空间结构“三地带模式”，开创了城市边缘区研究的先河。1963年塔弗（Taaffe）和加纳（Garner）提出了由中心商务区、中心边缘区、中间带、向心外缘带、放射近郊区五个地带组成的“城市地域理想结构模式”，并且各带均有自己的突出功能和性质（图1-4）（何伟，2007；张鹏，2012）。1975年洛斯乌姆（Russwurm）认为城市地区和乡村腹地之间存在连续统一体，并由此提出由城市核心建成区、城市边缘区、城市影响区、乡村腹地四部分组成的“区域城市结构模式”（图1-5）（顾朝林等，2000；张鹏，2012）。1981年穆勒（Muller）运用城市地域的概念，提出由衰落的中心城市、内郊区、外郊区以及城市边缘区组成的“大都市结构模式”，并指出若干个小城市在外郊区正逐步形成（图1-6）（许学强等，2007）。20世纪80年代以来，亚洲某些发展中国家（如印度尼西亚、泰国、印度等）的部分核心城市与其边缘通过交通走廊的连接出现了一种独特的地域现象：城市与乡村界限日益模糊，非农与农业活动紧密且交错，城市用地与乡村用地混杂。1987年加拿大学者麦吉（McGee）指出该空间形态代表了一种与西方国家模式不同的特殊城市化类型，称之为“Desakota模式”。该模式是由主要都市、边缘都市区域、城乡互动区（Desakota）、密集人口

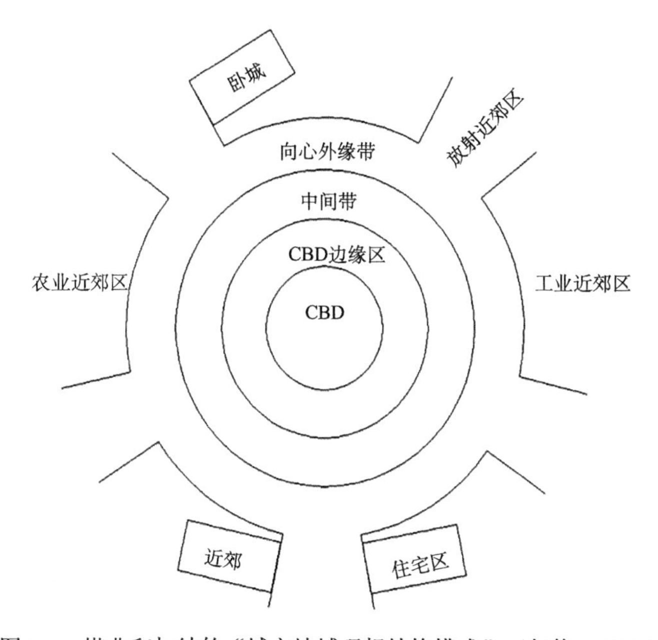

图1-4　塔弗和加纳的“城市地域理想结构模式”（何伟，2007）

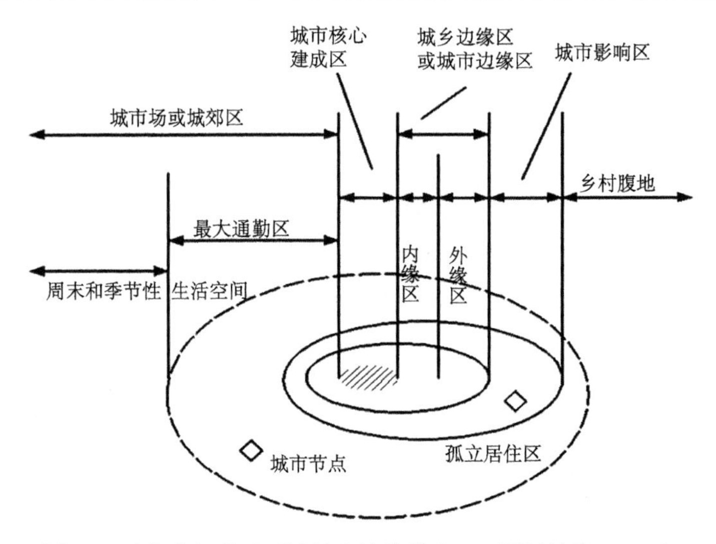

图 1-5 洛斯乌姆的“区域城市结构模式”（顾朝林等，2000）

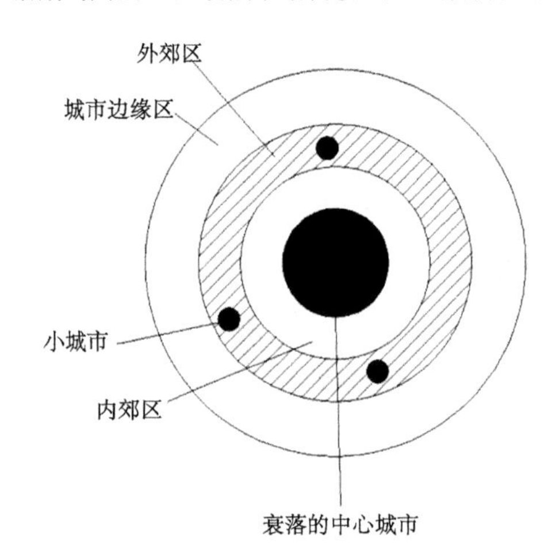

图 1-6 穆勒的“大都市结构模式”（许学强等，2007）

的乡村区域和零星人口的边缘地区五部分组成（图 1-7）（于峰和张小星，2010）。Meijers 和 Burger（2009）将城乡区域空间形态分成四种类型，分别为：单中心集中、单中心分散、多中心集中以及多中心分散（图 1-8）。

自 20 世纪 40 年代以来，人口郊区化、产业由中心城区向郊区分散化彻底地改变了西方国家大都市区的城市形态和空间结构。持续的城市蔓延导致了优质农田丧失、交通拥挤、中心城市衰落、社会隔离、团体归属感缺失以及自然生态破坏等一系列问题(Barnett，2007；BenDor and Doyle，2010；Duncan，2007；Dumbaugh and Li，2011；Ford，2003；Hall，2002；Leinberger，1996；McCann，2011； O'Connell，

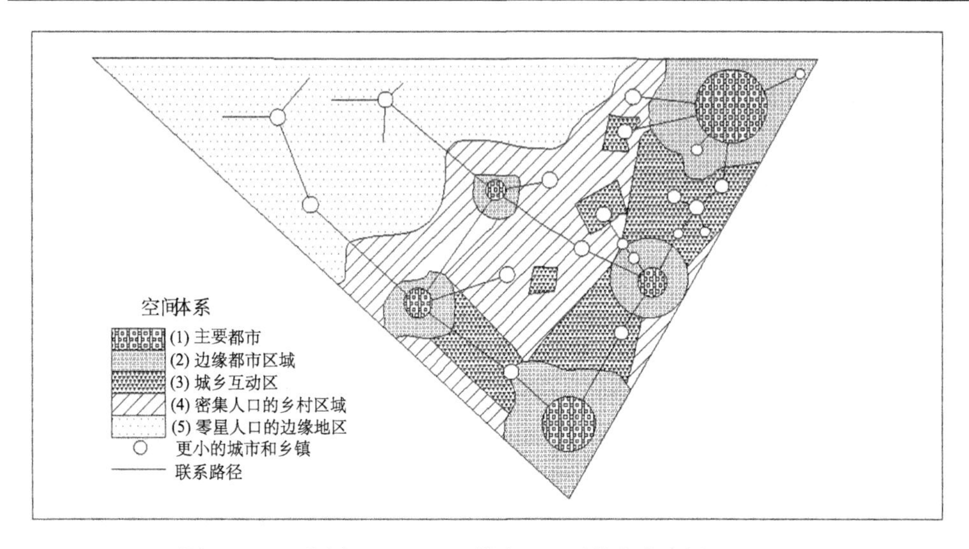

图 1-7 亚洲国家“Desakota 模式”（于峰和张小星，2010）

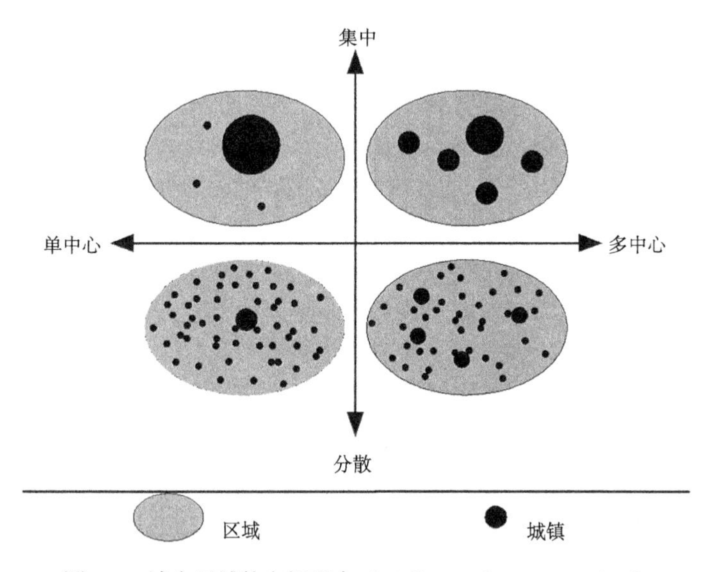

图 1-8 城乡区域的空间形态（Meijers and Burger，2009）

2009；Talen，2005；Theobald，2001；Thompson and Prokopy，2009）。西方学者开始意识到必须深刻剖析城乡空间发展的动力机制才能解释其动态演变，自 20 世纪 50 年代以来，经济、社会、技术等方面的众多因素已被证明在塑造城乡空间形态和土地利用模式上发挥着至关重要的作用，如从工业型经济到信息服务型经济的转变、制造业空洞化、灵活生产体系的出现、全球一体化、国际城市体系的发展、交通技术的发展、区际高速公路系统和大都市区内快速车道的建设等

（Atkinson and Oleson，1996；Friedmann and Wolff，1982；Harvey，1985；Immergluck，2011；Knox，1991；Logan and Molotch，1987；Markusen and Schrock，2009；Mieszkowski and Mills，1993；Porter，2010；Rice，2010；Sassen，2001；Scott and Soja，1996；Ward，2010）。因这一时期西方经济的发展在全球占据主导地位，市场经济被西方学者认为是适合经济社会发展的一种体制，在以往的空间结构研究及理论中，制度因素往往是被忽视的，制度通常被认为是已知的和既定的，制度因素被看作是“外生变量”，这些研究主要是以不同物质生产要素作为变量因子去解析空间的变化。自20世纪80年代以来，世界上发达国家与发展中国家都经历着巨大的经济、社会等体制的转型，加之经济发展引发了众多社会矛盾和生态破坏，原有研究其解释的说服力日益受到挑战，市场经济制度的地位以及制度改革的连续性开始受到西方学者关注，使得相关研究显著地转向制度因素。这些研究将制度转型与空间结构演变联系起来，并更加注重制度因素在影响城乡空间结构变迁中的作用（张京祥和洪世键，2008）。在此背景下，新马克思主义学派和新韦伯学派应运而生。

新马克思主义学派认为决定城乡空间结构的核心因素应该是深层的经济社会结构体系，其研究的重点是城乡空间结构发展对资本主义生产方式的依赖作用（张京祥和洪世键，2008）。新马克思主义学派的学者认为，新古典主义学派、区位学派和行为学派的根本不足是：以个体的选址行为而非经济社会结构体系来解析城乡空间结构的演变，而深层经济社会结构体系才是个体选址行为的根源，资本主义制度的经济社会矛盾会反映在城乡空间上（付磊，2008）。所以，研究城乡空间结构演变内在机制的切入点应该是城乡空间的变迁过程及其所处的经济社会背景和体制。该学派将城乡空间变化放置在资本主义的生产方式环境下来审视，城乡空间变化在资本积累、资本循环、特别是在资本主义生存中所起到的功能与作用是新马克思主义学派研究的注重点。新马克思主义学派通过批判资本主义制度以及解释与城乡空间变化相联系的社会现象，来解读城乡空间结构变迁的核心动因（Scott，1988；付磊，2008）。

基于新马克思主义的城乡空间理论为相关研究描画了资本在特定的社会形态及其生产关系下的运动轨迹，并阐述了制度对城乡空间结构变迁的影响作用。但是，单一政治经济模式往往难以全面揭示大城市的复杂地理空间现象，并由于忽视了各类能动者的行为作用而削弱了解释能力。同样，继承韦伯主义而进一步发展形成的新韦伯主义理论，不仅将研究扎根于特定的政治体系与意识形态，而且关注不同行为主体的行为和动机在城乡空间中所映射的现象，并尤其关注社会系统中公共和私营机构角色的行为动机。但是，新韦伯主义的城乡空间理论在某种程度上过于强调研究行为主体的空间行为，忽视结构性因素的影响，呈现出一定的局限性（Paul，2000；付磊，2008）。

1.3.2 我国城乡空间结构的特征及演变

自20世纪80年代以来，国内学者在引进西方相关研究成果的基础上，对我国城乡空间结构的发展演变进行了大量实证研究，在城乡空间结构演变过程与特征、影响因素与驱动机制等方面都取得了诸多研究成果。20世纪90年代我国明确提出实行社会主义市场经济体制以后，经济体制改革对城乡空间结构影响的研究开始逐渐受到国内人文地理学界的广泛关注，鉴于我国经济体制改革是从乡村开始再到城市以渐进方式分步骤、分城乡来推进的，以及传统城乡二元体制的影响作用，研究内容主要为体制变化对城乡各个空间（城市建成区、城乡过渡地域和乡村）演变的作用影响。

城市建成区：城市作为我国市场经济效能发挥的主要空间，受到众多学者的关注和研究。周一星和孟延春（2000）、吴启焰和崔功豪（1999）、何流和崔功豪（2000）、王宏远和樊杰（2007）、周素红和刘玉兰（2010）、杨永春和孟彩红（2005）等均认为城市土地使用制度改革并伴随着经济发展、产业结构高级化，引发了城市土地功能置换和不同类型用地空间重组，推动了产业空间结构和居住空间结构的变化；张庭伟（2001）在借鉴西方政体理论的基础上，将影响城市发展的社会力量总结为“政府力”“市场力”“社区力”，并认为“政府力”是目前我国城市空间发展演变的主导动力；宁越敏（1998b）将哈维关于资本以不同形式流通所产生的城市空间发展后果的观点应用于我国，提出市场经济体制的逐步完善使经济运行主体多元化，从政府、企业和个人三个城市空间发展资本来源的行为角度探讨体制转轨下城市空间结构演变的动力机制；顾朝林（1999）、陈波翀等（2004）从构成市场机制的资本、土地、劳动力等资源要素出发，分析城市空间扩张及土地利用结构变化；柴彦威（2002）、冯健和周一星（2003，2008）、李志刚和吴缚龙（2006）等从城市土地使用制度、城镇住房制度、户籍制度改革的视角分析了城市社会空间结构的演化机制；殷洁等（2005）、张京祥等（2007）、胡军和孙莉（2005）从市场化体制环境、土地使用制度、土地储备制度等方面系统地构建了“经济体制变迁-城市空间重构”的基本分析框架，认为制度力在加剧我国城市空间结构的演变中具有关键作用。在方法论上，房艳刚和刘继生（2008）运用复杂系统的层次理论，以要素递变、结构演替、功能转换、空间响应为模式，分析了具体政策制度驱动下的城市空间系统演化过程。

城乡过渡地域：随着我国城市化进程的加快，大城市城乡过渡地域的结构变化和郊区化现象尤为显著，这一领域的研究主要体现在土地使用制度改革、户籍管理制度改革背景下的郊区化作用而导致城乡过渡地域空间范围、人口空间分布、土地利用结构等的变化。崔功豪和武进（1990）、王静爱等（2002）认为市场经济体制下的经济加速发展以及城市化快速推进在宏观尺度上成为驱动城乡过渡地域土地利用结构变化的根本原因；陈佑启和武伟（1998）、陈先毅和宁越敏（1997）提出城乡过渡地域空间状态的转变直接受到不同经济体制下的城乡资源要素流动特点、城乡关系影响；张水清和杜德斌（2001b）研究发现，20 世纪 80 年代城市土地使用制度、城镇住房制度改革导致大规模的人口郊区化，20 世纪 90 年代以来上海郊区大片农村景观迅速演变为城市景观；刘玉等（2009）指出体制转轨时期城市空间演化的异质化和破碎化等特点在城乡过渡地域表现尤其突出；杨山和陈升（2009）在基于遥感影像对大城市城乡过渡地域的研究中发现，在市场经济占主体地位之前，城乡过渡地域用地形态主要为郊区农业形态，20 世纪 90 年代中期市场经济开始占主导地位以后，过渡地域的郊区农业形态消失并演变成与城市行政范围内的乡村地域融为一体的城乡耦合地域。

乡村：1978 年体制改革从我国乡村率先兴起，乡村空间变化与体制关系的研究一直是我国人文地理学传统的重要研究领域，主要体现在家庭联产承包责任制、乡镇企业发展、市场化体制环境、户籍制度改革等作用下的乡村经济空间、社会空间、聚落空间、土地利用结构等的变化。刘彦随和刘玉（2010）、薛德升和郑莘（2001）、苗长虹（1998）、辜胜阻和李正友（1998）等提出 20 世纪 70 年代末家庭联产承包责任制的实施、乡镇企业的大规模兴起，促进了乡村经济结构、社会结构的发展，进而引发“新乡村空间”和小城镇的形成；张小林（1999）、陈晓华和张小林（2008）提出市场经济发展与全球化浪潮加速了苏南工业化和城市化的进程，引起传统苏南乡村发展模式出现经济、空间和社会多层面转型的变革，传统乡村向城市化乡村转变进而向城乡一体化方向发展；邹健和龙花楼（2009）、朱会义和吕昌河（2010）在乡村土地利用演变的研究中还提出市场化经济利益的驱动使得大量耕地向非农化流转，是乡村耕地减少的初始原因；此外，甄峰等（2008）、李裕瑞等（2010）、刘彦随和刘玉（2010）在乡村聚落空间演变的研究中提出市场经济体制下农民非农就业与户籍制度放宽引起的乡村社会结构重构是现阶段我国空心村形成的根本原因。

1.3.3　制造业空间重构对城乡空间结构演变影响

制造业发展和城乡发展的互动关系研究是经济地理学与城市地理学共同关注的热点。18 世纪 60 年代开始的工业革命带动了西方资本主义国家城乡空间的快速发展，开启了近代城镇化的进程（许学强等，1997）。Weber（1899）指出 18 世纪工业革命形成的劳动力分工在空间上推动了欧洲的城镇化进程。Scott（1986，1988）从劳动过程的角度阐明了制造业的区位选择过程对城镇空间发展的推动机制。制造业企业的选址、扩张、迁移、衰退和倒闭等区位行为深刻影响着城乡空间的发展（Markusen，1994；Martion and Sunley，2008）。Shukla 和 Waddell（1991）等提出企业区位去中心化是导致大都市区多中心空间结构形成的主要原因。此外，

Walker（2001）、Walker和Lewis（2002）、Kennedy（2007）等通过对制造业发展与城乡空间发展的实证研究，剖析了制造业空间分散化对城乡空间演变的影响（张晓平和孙磊，2012）。

自20世纪50年代以来，发达国家的产业结构中，第三产业的比重得到显著抬升，使得城镇的发展对以制造业为主体的第二产业依赖程度逐渐减弱。而那些仍处于工业化进程中的发展中国家和地区，城镇的发展仍然强烈地依赖于工业建设，工业化仍然是这些国家和地区发展乃至塑造城乡空间的基本动力（许学强等，1997）。改革开放以来，我国逐步迈入工业化快速发展的时期，这一阶段的制造业仍然发挥着不可替代的作用，制造业的空间选择与重构是塑造新型城乡结构的重要动力（郑国，2006a；姚士谋和陈爽，1998；冯健，2002；冯健和周一星，2003；王兴平，2005；马晓东等，2008）。深入大都市区内部，解析制造业空间重构模式及其影响因素，对于深入剖析城乡空间结构演变的微观驱动机制有重要的意义（张晓平和孙磊，2012）。张晓平和孙磊（2012）指出制造业的空间扩散是推动城市空间结构呈现多极化、多中心地域系统的主要驱动力。此外，国内学者孟晓晨和石晓宇（2003）、吕卫国和陈雯（2009）、樊杰等（2009）、胡晓玲（2009）、毕秀晶等（2011）、张晓平和孙磊（2012）以深圳、南京、洛阳、武汉、上海和北京等城市为案例进行了实证研究，这些成果提供了在大都市区尺度上认识城乡空间结构响应制造业空间重构的研究案例。

开发区建设具有土地开发规模大、建设进度快的特点，作为城乡地域空间的新增长点，开发区促成了多点、多核或多轴的城市空间扩散，并逐步从最初的“孤岛”“飞地”模式转型与升级成为开发区时代的“新城”“新区”模式，在相当程度上促进了城市空间的扩张与城市形态的重构，进而影响并塑造着城乡空间结构的发展和演变，是经济体制改革时期我国城乡空间结构演变的重要动力和主要内容（郑国和邱士可，2005）。何钧（1997）、陈文晖和吴耀（1997）以及阎小培（1998）很早就开始关注开发区对城乡空间变化的影响，并研究开发区因素对城乡空间结构演化的促进作用。张弘（2001）认为20世纪90年代以来长三角的开发区建设与发展推动了该区域的城镇化进程，开发区已成为我国极富特色的城市化方式之一。张晓平和刘卫东（2003）在实地调研开发区的基础上提出，双核、连片带状、多极触角等结构是我国城乡空间结构与开发区演变的基本类型；并指出，跨国公司的外部作用、城市向乡村的扩散作用以及开发区的聚集作用是城乡空间结构与开发区演变的主要动力。郑国和邱士可（2005）探讨了北京地区的开发区建设与发展对北京城市空间形态重构作用，并总结了经济转型发展、开发区发展与城市空间重构的关系模式（图1-9）。张艳（2007）以苏锡常三地的开发区为例，指出开发区的建设与发展促进了城市扩张。张京祥等（2007）认为目前我国新产业空间对城市空间结构演变的影响主要表现为以开发区为引领的城市功能性共建的增长。何丹等（2008）认为，天津城市的开发区布局与建设导致城市空间的扩张与形态的变化，在一定程度上使天津城市空间增长方式从“单核增长”转型为沿水域“轴线铺开”，形成如今的“一条扁担挑两头”的城市空间增长模式。李仙德和白光润（2008）指出上海不同区位的开发区推动着城市空间结构的复杂化和多中心化。此外，钟源（2007）、王战和（2006）、马仁锋等（2007）、高雪莲（2007）、何丹等（2008）、张宏波（2009）、张小平等（2010）分别以兰州、昆明、天津、上海、长春、北京、广州、西安等城市为例，探讨了开发区对城市空间结构演变的影响作用。

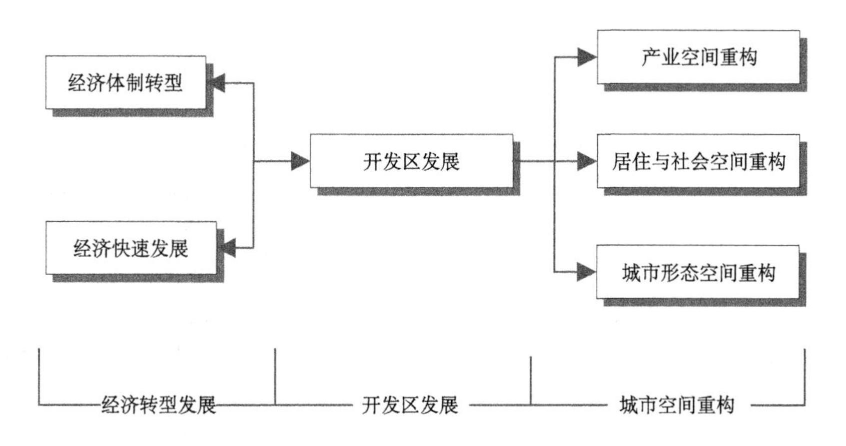

图 1-9　经济转型发展、开发区发展与城市空间重构的关系模式（郑国和邱士可，2005）

1.3.4　城乡空间结构研究的评述

西方学者对城乡空间结构的研究多侧重于理论模式的构建，在空间结构理论模式、演变过程、演变机制等方面取得了丰富的成果，但绝大多数研究仍是以资本主义国家现有市场经济体制的核心价值为模板来审视各项公共政策选择、调控机制等对城乡空间发展的影响，其空间结构在制度转型下仅仅发生量变，所构建理论的归纳范围仅仅局限于西方社会经验。由于体制及发展背景差异巨大，并不完全适合我国，我国城乡空间结构在独特复杂的体制改革环境影响下具有自身特色。

国内研究虽起步相对较晚，但众多学者也在该研究领域取得了诸多研究成果，并结合我国城乡空间发展的体制背景进行了开创性的探索：一是把经济体制改革作为一种宏观背景，探索在其影响下的空间结构演变特征；二是从经济体制改革引发的经济结构、社会结构变迁来分析空间结构演变的机理；三是侧重分析经济体制改革中各项具体政策制度改革对城乡空间结构的影响作用。经济体制改革下的城乡空间结构演变机制错综复杂，已有研究构建了经济体制与空间结构相互关联的解释框架，为系统剖析体制改革对城乡空间结构的影响提供了理论基础。但绝大多数已有研究缺少从微观视角剖析经济体制改革下城乡空间结构的演变机制，且在机制研究方面有许多重要的问题仍有待进一步深入探究。例如，由计划经济体制转轨到社会主义市场经济体制的过程中，作用于城乡空间结构演变的体制变量包括哪些？体制变量通过何种路径作用到城乡空间，对城乡空间产生影响？体制变革下市场与行政机制对城乡空间的影响作用如何转变？等等。由此可见，现阶段人文地理学从现象层面认识到体制变迁对城乡空间结构演变的影响作用后，在这一研究领域需要解决的是寻找合适的切入点剖析体制对空间的宏观与微观影响机制。目前我国处于工业社会时期的基本事实决定了制造业是引导城乡空间发展的主导力量，对经济体制改革下城乡空间结构演变的研究，有必要透过制造业企业这一重要的城乡经济行为主体进行剖析，然而现有研究多是割裂了制造业空间与城乡空间结构两者的关系而展开的单方面研究。

一个综合的城乡空间结构理论研究框架，需要对影响城乡空间结构演变的宏观经济制度背景与参与空间结构演变的微观经济主体并重研究，以深入地剖析城乡空间结构演变的体制动因（付磊，2008）。本书在借鉴新马克思主义与新韦伯主义思想与理论的基础上，通过分析城乡空间结构对体制变革下政府职能转变与制造业区位变化的宏观与微观响应过程，探究经济体制改革对城乡空间结构演变的宏观与微观影响机制，以期在理论上建立解析经济体制改革下城乡空间结构演变机制的理论框架，实现对中国城乡空间结构演变认识质的飞跃；在应用上根据城乡空间结构响应制造业空间重构的机理，从城乡空间结构性要素出发探讨整体发展的优化，为当今工业化与城镇化时期的大都市空间发展提供理论指导。

1.4 相关概念内涵界定与研究基础

1.4.1 相关概念界定

1. 经济体制

经济体制在本质上是一种制度安排（黄新华，2005）。新制度经济学以制度作为研究对象，对制度的定义与内涵做了具有现实性和具体化的研究。Andrew（1980）首先对社会制度的概念做了界定，认为社会制度是公民能够一致认同并自行实行或由外在特殊权威强制施行的带有某种规律性的社会行为。Wolffram（1989）认为制度是某种行为或决策的规则，在相当程度上控制着个人活动，这种规则一般在特定的场所内得到广泛认同。Vernon Rutton 也认为，某种制度通常代表着一套行为规则，这些规则支配着某些特定行为的模式及其关系（科斯等，1994）。而经济体制在本质上是决定经济运行的一种由若干基本制度要素组成的规范方式，这种规范方式决定着经济运行中的资源配置方式与资源占有方式。资源配置是经济学的永恒主题。资源占有方式是资源配置方式的前提与条件，决定着资源配置方式的选择，也在相当程度上制约着资源配置方式的效率。两者的有机组合，形成了现实的生产。对于经济体制而言，其基本功能主要体现在：确立经济主体的行为规则，构建经济活动的秩序，减少或避免经济交易中的矛盾与摩擦，进而提高经济效益，用以实现资源的合理有效配置。

因此，经济体制可以被认为是一定时期内社会对资源占有与配置方式的制度安排，是由各种经济制度以一定的交互方式而形成的有机体系（黄新华，2005）。经济体制一般包括两种核心制度要素：资源占有的制度安排与资源配置的制度安排。对于前者，产权制度（所有制制度）是其核心制度，经济体制可以被认为是对产权制度的延伸与具体化。因此，马克思曾指出："生产关系的总和是所有制。"通过产权制度可以确认资源的占有方式。对于后者，资源配置指以一定方式来配置生产性资源的使用方式，最大限度地满足社会的需求，进而实现合理的资源配置。所以，其制度安排是在经济体制中起到决定性作用的一种制度构成要素，它的基本功能有决定人们配置生产要素与经济资源的方式，并协调单个经济主体在经济决策过程中采用的方法。总体而言，市场机制和计划机制是两种主要的资源配置方式的制度安排。其中，计划机制是指通过行政性计划手段，将相应的生产性资源分配到各个生产部门；而市场机制是指经济主体按照市场的价格信号，以利益最大化为原则而采取的资源市场配置行为。

2. 制造业空间重构

空间是一个抽象的、多学科的概念，不仅能反映客观存在，也可以描述虚拟世界（张鹏，2012）。正如哈格特所强调的那样，地理学是研究空间分布的一门科学（约翰斯顿，1999）。地理学的空间中承载着包括居民点、农业、工业、商业、道路设施等类型的对象，商品的生产、运输与销售，信息的发生、传达与解读等过程在此空间中不断发生。此外还包含人口流动、新居民点产生、城镇扩张、新区开发和新技术扩散等现象，具有经济性、区位性、集聚性和扩散性等特点（张鹏，2012）。而空间中的事物、客体及其相互作用，在某种程度上会形成空间模式。由此，多重空间在各个对象相互作用与结合形成的整体作用下产生。此处，空间被视为一种多层面、多维度的多重关系的复合体（图 1-10）（陆大道，2001），并体现出"空间中的生产（production in space）"向"空间的生产（production of space）"的深刻转变（王伟，2008）。

从城乡空间发展和演变的渊源来看，决定因素首先是经济性的。一部城乡发展史完全可以抽象地概括为是对城乡地域经济关系和地域经济现象空间运动的描述（陆军，2001）。当前，我国经济社会整体上仍处在以生产为主要特征的发展阶

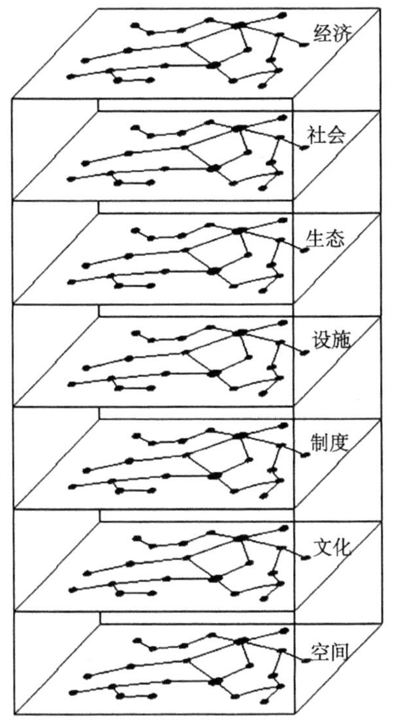

图 1-10　多维内涵的空间网络

段，并且我国的经济体制改革也主要是针对经济领域展开的。因此，本书研究的空间侧重于探讨城乡地域的制造业空间布局，主要指城乡制造业生产活动的空间位置关系以及反映这种关系的空间集聚程度和规模。

“重构（restructure）”是一个计算机学的概念，是指通过调整程序代码改善软件的质量、性能，使其程序的设计模式和架构更趋合理，提高软件的扩展性和维护性。从系统的角度来看，系统发展到一定阶段后，使用重构的方式，在不改变系统外部功能的前提下，根据外界影响只对内部的结构进行重新整理，通过重构，不断地调整系统的结构，使系统对于环境的变更始终具有较强的适应能力。首先，系统的外部环境及由此导致的变迁形成的驱动力是重构的根本动因；其次，实现系统功能的提高与完善，并满足外界环境变化的客观需求是重构的最终目的（王颖，2012）。地理学界将“重构”的概念引入学科领域，提出“空间重构”的概念。目前，国内外学术界对“空间重构”还没有明确的定义，但已开展了大量关于城乡、经济、社会等方面空间重构的相关研究。本书将制造业空间重构视为在经济体制改革的背景下，伴随企业数量急剧增多，所有制结构多元化，制造业受市场机制引导和地方政府调控的多重因素影响，其空间分布格局、集聚模式的重构，其中经济体制改革是制造业空间重构的根本动力。

3. 城乡空间结构

《人文地理学词典》将空间结构定义为：用来组织空间，并涉及社会和自然过程运行和结果的模式（约翰斯顿，2004）。而城市空间结构是指在城市内由不同自然、人文要素相互作用而构成的空间组织模式。

自20世纪60年代起，国内外学者开始探讨城市空间结构的基本概念与理论，试图构建一个一致的概念框架（付磊，2008）。Foley在1964年首次阐述城市空间结构的定义。他认为，城市空间结构包括两种基本属性，即空间和非空间属性。这两种属性是以物质环境、功能活动和文化价值在空间中的分布特征和相互作用表现出来的。此外，城市空间结构是以非静态的形式表现的，时间维度也是其研究过程中的重要环节。Webber（1964）在Foley的研究基础上，从形式和过程两个角度，界定了城市空间结构空间属性层面的概念。他认为：城乡空间结构在包括物质和活动空间分布态势的同时，也涵盖要素间的相互影响与作用，以各种“流”的形式展现出来。1971年Bourne尝试采用系统理论来解读城市空间结构。他提出了城市系统中城市形态、城市要素的相互作用、城市空间结构三个核心概念。其中，前者指城市要素间的空间分布模式；次者指不同城市要素间的相互作用与相互关系，通过相互作用与相互影响进行整合后成为一个功能实体，也称为一个子系统；后者是指不同城市要素之间的空间分布与相互作用的机制，这种机制使不同子系统进一步整合，成为城市系统。而且，Bourne还认为，由城市空间组成的二维基面与基本形态在相当程度上取决于城市的土地利用方式和使用强度，而它的最直接表现形式为“城市形态”。要素间的相互影响与作用和不同活动对区位的选择与竞租，引发的动力和压力以及相互间的关联效应，共同影响着城市空间结构的组成机制。据此，1973年Harvey提出，任何城市理论都应该研究城市空间形态以及其内在的社会机制与相互关系。

我国学者虽然对城市空间结构概念框架的探索相对较晚，但也结合我国城市发展的特点提出了精辟独到的见解。顾朝林等（2000）认为，城市空间结构是指以空间的视角来挖掘城市形态及其相互作用的表达方式。柴彦威（2000）认为，城市空间结构主要是指不同人类活动与功能集合在城市空间上的投影，主要包涵土地利用方式、经济社会空间模式、交通流动形式、活动空间样式等。张水清和杜德斌（2001a）认为，城市空间结构主要指在特定时间内，城市不同要素通过相互作用而展现出来的空间结构，它既反映在城市空间组织中，即城市的等级体系中，也反映在城市内部结构中，从某种程度上来说，它代表着城市功能的空间载体与表达形式。

以上众多学者的定义显示，城市空间结构具有复杂和丰富的概念内涵，它表征城市物质形态要素和社会经济结构要素的空间分布，是非空间属性与空间属性交互作用的结果（付磊，2008）。城市空间结构的概念在空间尺度上可分为三个层面：城市内部空间、城市外部空间以及城市群体空间（钟源，2007）。城市个体空间发展研究的总趋势是由内部空间（微观）逐步走向外部空间（中观），由一般尺度的城镇空间拓展到复杂的大都市空间范围。计划经济时期，城市承担主要的经济生产功能，城乡存在着明显的二元空间结构，而当前城乡间的经济社会联系日益紧密，城乡的空间界限在地理表征层面上变得逐渐模糊。对城市空间的研究在传统微观视角下，还必须借助于宏观的视野。为此本书将研究对象的空间尺度扩展至整个城乡地域空间，即包括城市内部和外部空间的大都市空间范围的城乡空间结构。

结合研究框架，本书研究的城乡空间结构包括解析城乡物质空间的城镇建成空间、城乡土地利用结构以及解析城乡功能分区的城乡地域结构。城镇建成空间、城乡土地利用结构是城乡经济社会发展变化所形成的物质空间表现形式，是在特定的地理环境和一定的社会经济发展阶段中，人类各种活动与自然因素相互作用的综合结果（付磊，2008）。城乡地域结构是指城乡内部经济、社会、人口、资源、环境等要素相互作用形成的功能分区，是城乡职能分化在地域空间上的表现形式，由城市建成区、城乡过渡地域和乡村组成。

4. 空间响应

“响应（response）”一词在《现代汉语词典》中是指回声相应，比喻用言语行动表示赞同、支持某种号召或倡议。从辨析的角度来看，与“响应”含义比较接近的概念主要有“影响”“互动”等。“影响”一词多指一种事物对于另外一种事物的作用，是一种静态的概念；而“互动”是指一种使对象之间相互作用而使彼此发生积极的改变的过程，是一种动态的概念（刘艳军，2009）。“响应”具有丰富的概念内涵。近年来一些人文地理学者开始把“响应”的概念运用到空间演变的研究中，刘艳军和李诚固（2009）以东北地区产业结构演变为主线研究了城市化的响应机理，孙根年和张毓（2009）从长江沿线10省区旅游业发展的研究中分析了区域响应现象，涂小松和濮励杰（2008）对苏锡常地区生态环境响应土地利用变化的时空分异进行了研究等，这些研究均强调在一定时间尺度下一个系统在另一个系统变化的激励作用下所形成的现象及变化规律。从这一点来看，“响应”一词具有更加丰富的内涵，并且具有深刻的理论含义。本书重点探讨转型期以来城乡空间结构在政府权力结构调整和制造业投资主体多元化的影响下所形成的特有的演变规律。

1.4.2　研究思路

在全面梳理制造业空间布局及城乡空间结构演变相关理论及实证研究的基

础上，以我国长江三角洲重要的制造业生产基地——无锡为研究对象，探讨经济体制改革下，制造业空间重构的特征、影响因素，以及城乡空间对地方政府职能转变与制造业投资主体多元化的响应过程与机制，并提出基于制造业空间布局的城乡空间优化调控政策和措施，为提升城市的制造业空间布局及促进城乡空间统筹发展提供理论依据。本书旨在回答以下几个方面的问题：①在经济体制改革的背景下，我国城市的制造业空间格局如何演变，不同所有制制造业的区位选择存在哪些差异？②在制造业空间重构过程中，市场与政府在制造业空间重构中的角色及影响？③城乡空间对体制变革下制造业空间重构的宏观与微观响应过程与机制是什么？

本书将制度因素引入空间研究，以“制造业空间重构”为切入点，基于“空间生产”理论，探寻企业资本与政府权力在城乡空间发展中的作用，总结市场经济自组织和政府调控他组织过程对城乡空间结构演变的作用机制，揭示经济体制改革下我国城乡空间结构演变的体制动因。本书提出的体制变革下制造业空间重构及其城乡空间结构响应的理论研究框架“经济体制-主体参与者与空间生产-空间结果”，将丰富体制变革下的城乡空间结构演变研究的理论体系。

从我国城乡经济发展与城乡空间演变关系来看，制造业生产活动是城乡经济发展的主导力量，其区位变化是城乡空间结构演变的重要驱动力，目前我国制造业已进入高速发展阶段，伴随开发区、产业园区的建设热潮，制造业空间发生重构并引起城乡空间结构发生响应变化，优化制造业空间布局则成为统筹城乡空间发展最基本、最核心、影响最深远的内容。通过揭示制造业空间重构及其城乡空间结构响应的过程和机制，提出基于制造业空间布局的城乡空间优化调控政策和措施，为政府制定与实施城市产业发展战略规划和城乡统筹建设规划提供科学依据。

经济体制决定着不同的资源占有方式和资源配置方式，进而影响空间的组织和演变模式。作为经济活动的规则语境，经济体制作用下的空间演变，需要借助于经济活动的各种过程和形式进行解析，只有通过将经济活动映射到空间过程当中，才能实现对空间的建构。经济体制改革作用于城乡空间具有多维路径，包括产业空间、居住空间、公共服务空间等。而本书认为，在体制变革影响城乡空间的诸多路径之中，最重要的应该是制造业空间。我国当前尚处于工业化中期与城镇化加速发展阶段，制造业是我国经济体制改革的主体，经济体制改革的核心——所有制改革、市场化改革和分权化改革均对制造业企业的发展产生深刻影响，而制造业空间演变在城乡空间结构演变中具有基础性和先导性的作用，制造业空间与城乡空间的演进高度耦合。本书以“不同所有制制造业的区位演变”为切入点，分析体制变革下制造业空间重构的体制动因，并且强调“制造业空间”是经济体制改革影响城乡空间结构演变的重要路径，基于“空间生产”理论从

“权利”与“资本”的视角，剖析城乡空间对政府权力结构调整与制造业投资主体多元化的响应，探讨体制变革下城乡空间结构响应制造业空间重构的宏观与微观机制。

1.4.3 研究方法

本书的研究对象涉及三个维度：时间、空间、体制。从时间看，研究的时间跨度重点为1978～2013年，这是我国经济体制改革的三十多年；从空间看，研究的地域空间主要是我国经济体制改革以来经济发展迅速，城乡空间响应体制变革敏感度高的长江三角洲重要的制造业生产基地——无锡；从体制看，研究的体制对象将涉及1978年以前的计划经济体制与1978年以后改革中的社会主义市场经济体制的比较。因研究对象既涉及空间结构又涉及经济体制，本书主要采取以下四种研究技术与方法。

1. 文献综述分析法

结合新制度经济学、经济地理学、城市地理学等学科的相关理论，系统地分析国内外关于体制变革、制造业空间布局以及城乡空间结构等研究的最新研究进展和态势，对其进行梳理、归纳，并给予相关述评和展望，为本书的科学选题提供客观依据，也为本书理论体系和研究框架的构建奠定基础。

2. 制度分析与事件研究法

采用制度分析与事件研究法分析我国经济体制改革的过程，并对一些关键时期诸如20世纪70年代末乡镇企业异军突起、1987年土地使用制度改革、20世纪90年代所有制与分权化改革、2001年我国加入WTO等经济体制方面重大事件和市镇设置标准实施、撤乡并镇、行政区划调整及开发区设置等空间方面重大事件进行分析。重大事件是剖析体制对空间影响机制的突破口。

3. GIS空间分析法

GIS是在计算机技术的支持下，对空间数据进行采集、储存、检索、分析与应用的计算机硬软件系统。空间分析是GIS技术的主要特征，GIS技术将计算机技术和空间数据结合起来，通过GIS技术的空间分析可以发现隐藏在空间数据中的重要空间信息和规律。本书在构建无锡制造业企业空间数据库的基础上，采用热点分析、核密度估计分析等GIS空间分析法解析制造业企业的空间分布与集聚规律，直观地反映制造业空间格局的演变特征。此外，综合RS、GIS及景观生态学空间分析法提取城乡空间结构信息，采用仿归一化法确定连续建成区范围及扩展形态；利用空间建模方法获取各用地类型的分布和面积；从土地利用地籍图和行政区划图获取街道/乡镇行政边界（图 1-11）。

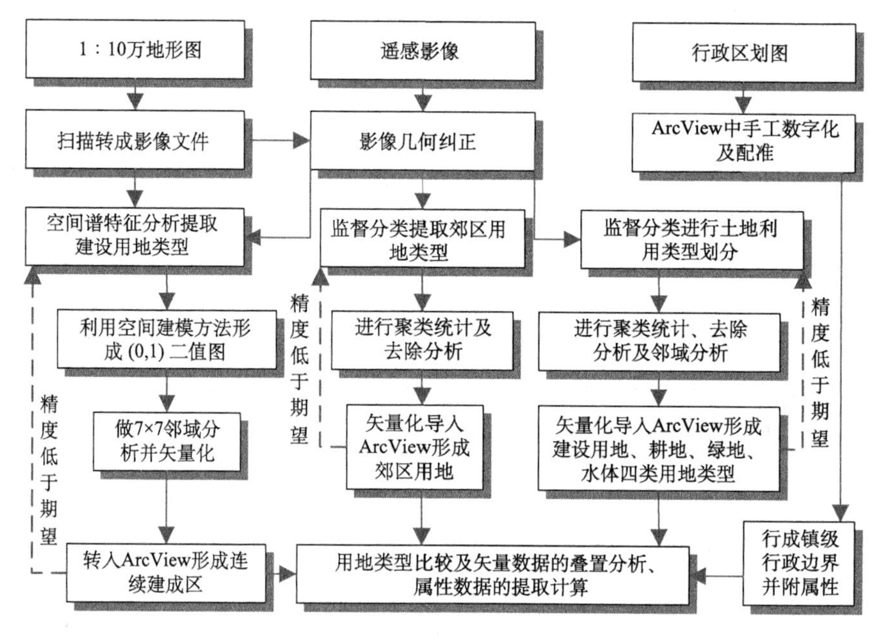

图 1-11　城乡空间数据提取技术流程

4. 定性分析与定量分析法

对任何一种经济社会现象的研究都是从描述和经验总结的定性分析开始，在此基础上采用定量的数理分析进行测度和模拟。本书基于对政府部门、开发区管理人员、企业主管的咨询与访谈，选取区位影响要素，构建企业区位影响因素模型——泊松回归与负二项回归模型，采用数理统计分析方法研究制造业的空间重构机制。在对无锡城乡地域结构演变和制造业投资结构变化进行分析的基础上，注重定性与定量分析的结合，建立量化指标体系，采用向量自回归模型（VAR）以及脉冲响应函数和方差分解函数构建城乡地域结构演变与制造业投资主体多元化的响应模型，以使城乡地域结构与制造业投资主体结构的响应结论更直观，更具科学性和说服力。

1.4.4　研究区概况与数据来源

1. 研究区概况

无锡经济发达，是我国长江三角洲重要的制造业生产基地。早在 20 世纪初，无锡就成为我国近代民族工商业的发祥地，其制造业发展有悠久的历史，在全国经济格局中的地位和重要性不言而喻。自1978年经济体制改革以来，无锡经济的市场化水平和对外开放程度一直走在全国前列。20世纪70年代末无锡集体所有制的乡镇企业异军突起，形成了独特的“苏南模式”，并成为我国经济体制改革开端的标志之一。1981年，无锡被指定为全国15个经济中心城市之一。1985年，无锡被批准为对外开放城市。自20世纪90年代初以来，无锡私营企业繁荣发展。受20世纪90年代浦东开发开放的影响，无锡引进外资和港澳台资企业数量显著增多。2001年我国加入WTO以后，外资和港澳台资企业成为无锡经济新的增长点。在产业结构、所有制结构的调整以及各项制度的改革与创新方面，无锡都走在了我国经济体制改革的前列，可以说无锡的城乡经济发展代表了我国城乡经济体制改革的最新形态，是我国经济体制改革的缩影。

1978～2013年无锡经济快速发展，GDP由1978年的14.2亿元增长到2013年的4173.89亿元，同期城市化水平从22.5%上升到79.2%，2013年人均GDP达到11.6万元，远高于全国平均水平2.79万元。制造业作为无锡的支柱产业，多年来其产值占无锡GDP总量的50%以上，其中机械、电子信息、冶金、纺织和化工等产业具有强大的竞争力。作为经济体制改革的先驱、对外开放的先行者，无锡的制造业及其所有制结构经历了迅速的发展和剧烈的变化，与此同时，生产空间对整个城乡空间的影响重大，城乡建设呈现出大规模的开发热潮，其城乡空间结构响应制造业空间重构的特征鲜明且典型。无锡不仅处于工业化中期发展阶段，又是典型的工业城市，未来一段时期制造业发展依然在无锡城乡空间发展中发挥重要作用。因此，无锡是开展经济体制改革下制造业空间重构及其城乡空间结构响应研究最具代表性和典型性的地区。2013年无锡市域总面积1622.6 km^2（不包含太湖水面的面积1294.6 km^2），下辖七个行政区，包括崇安、南长和北塘三个中心城区，锡山、惠山、滨湖和新区四个外围城区（图1-12）。

新区位于无锡市区东南郊，南濒太湖，距市中心仅6 km。区内建有硕放国际机场、沪宁高铁站；京沪铁路、环太湖大道、沪宁高速公路、312国道、京杭大运河穿境而过，水、陆、空交通便利；距上海约100 km，距南京约190 km，距长江港口（江阴港、张家港）均为40 km，区位优势显著。

1992年国务院批准开发建设无锡国家级高新技术产业开发区。1995年江苏省政府批示以国家级高新技术产业开发区、新加坡工业园为基础设立新区。自此，

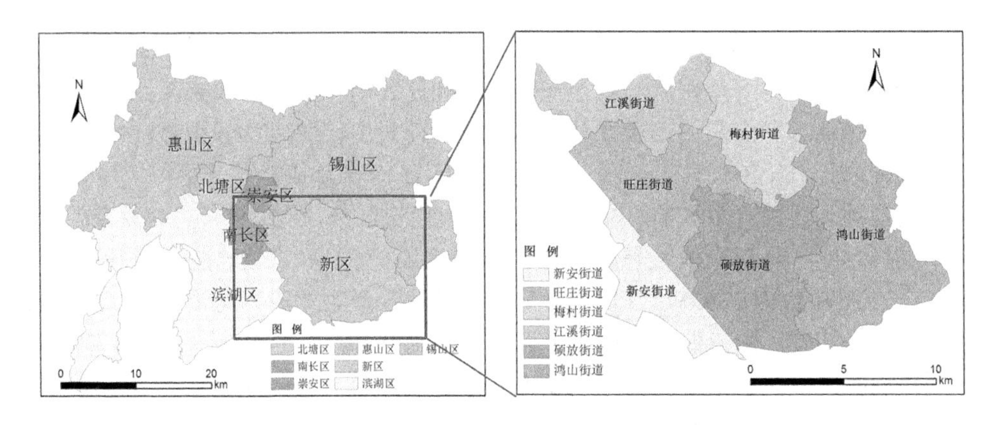

图 1-12　研究区（2013 年行政区划）

无锡新区艰难起步，经过 20 余年的发展，逐步由传统的制造业集聚地——开发区，发展成为类型多样、功能综合、配套完善的城市新区，已成长为一座集生态环境优美、人居体验优良、功能布局优化、科技产业发达为一体的绿色科技新城区。无锡新区主要包括六个功能区和六个街道，分别为无锡高新技术产业开发区、太湖国际科技园、空港产业园、中国工业博览园、中国吴文化博览园、国际教育生活社区，以及旺庄、江溪、硕放、梅村、鸿山、新安街道。历经 1995 年、2002 年、2005 年的行政区划调整，新区的行政管理区域面积从最初的 5.4 km^2 扩展至 220 km^2；据第六次人口普查统计，2010 年新区常住人口为 55 万，城市化水平已达到 95%。

作为无锡的经济增长引擎、对外开放窗口、转型发展先锋和科技创新平台，2011 年新区的 GDP 达到 1115 亿元，财政收入超过 216 亿元，工业总产值达到 3259 亿元，三次产业结构比为 0.1∶69.9∶30，集聚包括 80 多家全球 500 强企业在内的 1500 多家外资和港澳台资企业。从投入与产出平均值来看，单位土地的地区生产总值是全市的 3.3 倍，单位规模工业的产值产出是全市的 4.2 倍，单位土地公共财政预算产出是全市的 3.6 倍，单位土地工业资产投资是全市的 3.5 倍，单位土地的进出口总额是全市的 10 倍。从科技含量上看，高新技术产业产值占规模以上工业产值的比重是全市的 1.6 倍，新兴产业产值占规模以上工业产值的比重是全市的 1.8 倍，万人发明专利拥有量是全市的 3 倍，研发经费支出占 GDP 比重是全市的 1.5 倍。从民生指数上，城市和谐社区达标率是全市的 1.2 倍，农村和谐社区达标率是全市的 1.3 倍，并且保持了占每年全市 30%的拆迁总量。新区是无锡最为重要的高新技术产业开发区所在地，是经济体制改革促进经济社会发展而产生的空间类型。以新区为微观案例，剖析其内部空间变化最能反映城乡空间的响应过程，具有典型的代表性。

2. 数据来源

本书的数据来源主要包括四个部分:

(1)统计数据。1985年以来的《无锡统计年鉴》、1999～2012年《中国国土资源统计年鉴》。

(2)企业数据。第二次工业普查企业数据库(1985年)、第一次经济普查企业数据库(2004年)和第三次经济普查企业数据库(2013年)。

(3)空间数据。多时相遥感影像数据(1978年、1984年、1992年、1995年、1998年、2001年、2005年、2008年、2010年)(表1-1)、历次城市规划无锡市区用地现状图(1982年、1987年、1992年、1996年、2000年、2005年、2010年)、行政区划图等资料。

(4)政府公报资料与数据。作者收集并整理了经济体制改革以来无锡制造业的发展资料,以及无锡开发区、产业园区的优惠政策与规划建设等资料。

表1-1 遥感影像数据

时间	数据类型	分辨率	合成波段
1978/5/25	MSS	80m×80m	421
1984/7/17	TM	30m×30m	321
1992/10/27	TM	30m×30m	432
1995/8/28	TM	30m×31m	432
1998/8/11	TM	30m×32m	432
2001/6/20	TM	30m×33m	432
2005/8/17	TM	30m×30m	432
2008/7/5	TM	30m×30m	432
2010/5/24	TM	30m×30m	432

第 2 章　转型期制造业空间重构与城乡空间结构响应的理论架构

本章结合本书的选题，首先对区位理论与空间结构理论、二元空间结构理论、空间组织理论以及空间生产理论进行回顾、梳理与评价，奠定本书的理论基础，并在阐明相关体制背景的基础上，构筑经济体制改革下制造业空间重构及其城乡空间结构响应的理论框架。

2.1　理 论 基 础

2.1.1　相关基础理论

1. 区位与空间结构理论

古典区位理论诞生于 19 世纪 20～30 年代，最早在经济学领域建立，是解释各类经济活动区位选择的一组理论。古典区位理论的核心思想认为：区位因素决定生产位置的选择，从而将生产基地选择在生产费用最小的位置。这些理论主要包括杜能农业区位论、韦伯工业区位论、廖什市场区位论。具体表现为：1826 年，杜能（J. H. von Thunen）注意到地理位置影响着运输成本，他随后就如何确定生产的最佳区位，即古典区位理论相关问题展开研究，他指出距离城市中心产生的地租差异，是决定农业生产布局与利用的关键因素。据此，他提出了农业区位理论，即农业以城市为中心呈六个同心圆状分布。该理论巧妙地解释了一个围绕中心城市市场的土地利用地带性结构，构成了解释农业生产区空间结构的基础（杜能，1997；张鹏，2012）。近百年后，随着工业发展，德国学者艾尔弗雷德 •韦伯（Alfred Weber）在继承杜能的相关理论基础上，在 20 世纪头十年提出了工业区位论，即《论工业区位》和《工业区位理论》。这两篇代表作系统地研究了工业发展过程中的区位理论。他将运输区位、劳动区位和集聚或分散特征凝练成为工业区位理论的三大法则。他认为运输费用是工业区位的核心因素，运距最近和运费最低的地点被认为是理想的工业区位。此外，韦伯将劳动力费用因素与生产集聚特征因素补充到工业区位理论当中，认为这两个因素的存在，在一定程度上改变了原有的根据运输费用的区位选择方式（Weber，1929；张鹏，2012）。1939 年廖什（Losch）注意到了市场规模与需求结构对生产的区位选择及产业配置的影响，认为区位理论应从韦伯的最低费用原则上升到最大利润原则。据此，他提出了一套多因素驱动分析的动态区位模式，最终形成了市场区位理论（Losch，1959; 朱顺娟，2012）。

传统的经济学理论一般忽视了古典区位理论所注重的空间问题，而古典区位理论在顾及经济行为中空间问题的同时，也继承了传统经济学抽象演绎分析方法的优点。即在一定前提假设条件下，通过相应的模型方法分析，对社会经济活动的客体展开研究，如农业、工业、市场等。据此，概括相应客体的空间运动与定位规律，揭示其稳态下的局部空间结构模式。随着古典区位理论的进一步完善，该理论已逐步发展、升级成为现代空间结构理论的核心（朱顺娟，2012）。

1939 年，德国经济学家奥古斯特出版了《经济空间秩序——经济财货与地理间的关系》一书。该书系统地总结了古典区位理论，并将静态的、单一的、工农业区位理论扩展成为动态的、综合的区位理论。该成果被学术界认为是西方区位理论代表作之一，起到承前启后的作用（张鹏，2012）。20 世纪 50 年代，艾萨德以“空间经济学”的视角来解读区位论，对区位的选择进行综合的分析。其相应的“空间结构系统”研究包括农业、工业、零售业、服务业、运输线路与区位布局等。此后，德国经济学家博芬特尔（E. V. Boventer）对空间结构理论展开了系统的分析与推导。在综合了杜能、韦伯、廖什等的相关理论基础上，他提出区位理论在解释生产与货物的地理分布之时，还应当有效解释居住地、场所、流动性等生产要素的地理分布。最后，他指出集聚特征、运费成本及经济行为对当地生产要素的依赖程度是决定空间结构及差异的最核心因素（朱顺娟，2012）。

1964 年以阿隆索（Alonso）为代表学者的新古典主义经济学派逐步兴起，这一派的学者从城市土地利用的空间特征展开研究，提出说明城市内部地价、土地利用及土地利用强度的变化的阿隆索模型，推进了城市空间结构经济学解释的发展。基于可达性及其与运输费用的关系，该模型对城市同心圆式结构理论的形成提供了较为完善的解释（图 2-1）。后人对单中心城市阿隆索模型也进行了相应的修正，以适应多中心城市和不同类型交通可达性城市的空间结构解释（陈睿，2007）。

空间结构理论从核心上来讲，是动态区位理论，是在继承与发展传统区位理论的基础上兴起的。而区别在于空间结构理论不单单寻求单独客体的区位最佳，它从不同经济客体的空间相互关系，以及映射此类关系的不同经济客体在空间的聚集态势中，挖掘不同经济客体在空间中的相对最佳组合与位置（朱顺娟，2012）。

2. 二元空间结构理论

二元空间结构理论是解释由两个独立的部分而形成的空间结构理论。其中，每一部分都具有其独特的历史文化和发展动力。持二元论观点的学者认为，社会

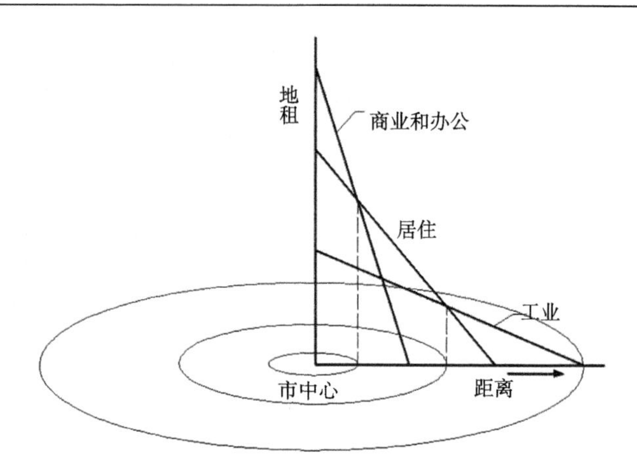

图 2-1　阿隆索竞租曲线（付磊，2008）

形态总体上由两种甚至多种不同的生产方式所构成。在我国社会中，城乡二元结构的存在可以说是二元空间结构理论的一个典型案例（厉以宁，2008）。二元空间结构理论的二元差异化概念存在其重要意识形态目的，表现为：一方面，优势群体在相当程度上凌驾于劣势群体之上，后者可逐步解体并沉沦为前者的影子；另一方面，发达的社会是经过不断变革与发展的结果，而不发达的社会则是拒绝变革而带来的后果。二元空间结构理论思想所热衷并强调的不均衡发展布局以及对社会进步与发展中的诸多障碍的合理解释无疑具有其特定的价值（陈睿，2007）。

核心-边缘理论是二元空间结构理论的典型模式。即在权利分配不公的条件下，人类社会活动的空间组织方式将遵循核心-边缘的模式。核心将处于绝对的支配地位，而边缘则是处于依附地位。其中的经济贸易、技术革新和生产活动将在核心地位区域集中，而边缘地位的区域发展则面临诸多困境。这类不公平不仅可以通过颁布对核心区域有利的政策得到保持，还可通过劳动力和资本从边缘到核心的流动得到进一步强化（陈睿，2007）。1966 年，美国学者约翰 • 弗里德曼（John Friedman）在《区域发展政策》一书中，提出核心-外围理论的主体思想，并在《极化发展的一般理论》（1972）这一代表性论文中对该理论做了继承与发展。“核心区域”为城市或城市聚集区；“边缘区域”是乡村等经济落后地区。核心区域与边缘区域之间存在极化与扩散的关系。边缘地区相较于核心地区，处于附属地位且缺乏经济自主能力，从而出现了所谓的二元空间结构。与此同时，受政府作用、人口迁移、交通改善以及城市化等因素的影响，核心地区与边缘地区的界线将会模糊并逐渐消失。最终，区域经济的连续增长将进一步推动空间经济一体化发展。弗里德曼曾将经济增长的中心空间模式和演变过程分四个阶段（图 2-2）（陆玉麒，1998；张鹏，2012）。其中第一阶段是以自给自足的农业生产方式为主导的离散型城市空间结构，第二阶段是工业逐渐兴起下具有一定的经济空间阶梯的中心-外围初期城市空间结构，第三阶段是城市扩散式多中心城市空间结构，第四阶段是二元空间结构逐渐模糊而形成的网络化城市空间结构。

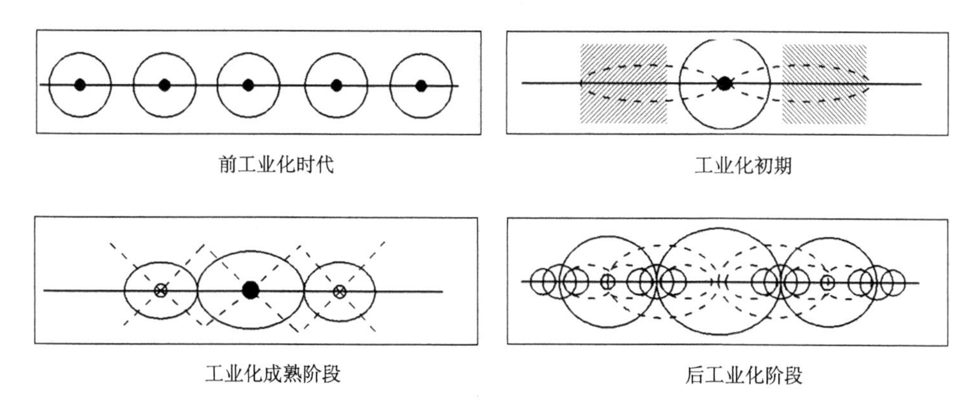

图 2-2　弗里德曼对区域空间结构演化的阶段划分（陆玉麒，1998）

3. 空间组织理论

我国著名学者钱学森曾在 20 世纪 80 年代就指出："系统自身结构逐步走向有序结构可以称之为系统自组织，该理论称为系统自组织理论。"系统自组织理论的诞生可追溯到 20 世纪 60 年代的耗散结构理论，20 世纪 70 年代又逐步融入了协同理论、突变理论、超循环理论、混沌理论和分形理论，这些理论被整合到一起而形成一个理论集合体，称之为系统自组织理论（张勇强，2006）。该理论的核心为"自组织"，而自组织理论的重点为系统的产生与发展，它的研究对象集中于复杂自组织系统（如社会系统）形成与发展的机制问题。自组织系统理论主要研究在一定的条件下复杂系统如何自动完成从无序变为有序，从低级无序变为高级有序的过程。"自组织"协同理论的创始人德国学者哈肯（H.Haken）从组织进化的角度将系统组织分为自组织与他组织两大类。并给出自组织系统的定义，是特指"如果系统在获得空间、时间或者功能的结构过程中，不存在外界的干扰，则系统可以被认为是自组织的"（吴彤，2001）。

城乡系统在某种程度上可被视为由各种物质和非物质要素组合而形成的一个复杂的开放系统。人流、资金流、信息流、物流等要素在空间中高效且持续地流动。城乡在地域空间内要素不均，并发展形成的分化和重组是新组织秩序形成的核心动力，城乡系统本质上为一个自组织式发展复杂的系统。城乡空间系统，作为城乡系统最重要的子系统之一，是城乡各系统的载体，也是各个系统衰退与成长的空间反映，可以看作是一种耗散结构，具有其天然的自组织基本特性（杨德进，2012）。因此，城乡空间发展可以说是一种自组织与他组织交互作用下的发展过程（张勇强，2006）。自组织作用可以被认为是城乡发展的内力和看不见的作用机制与规律，它长期作用于城乡空间变化与发展的各个过程。而城乡空间系统的他组织作用体现在城乡空间发展的阶段性规划与引导，本质上是人为的、看得见的手作用于城乡空间发展过程中，在某种程度上也反映了人类对城乡空间发展规律的科学认知。近年来，诸多理论均涉及政府的行政手段以他组织作用的形式出现在城乡空间发展过程中。作为人为的规划活动与政府调控手段，城市规划在城乡空间发展的进程中产生了相当强度的组织干预作用。这都是来自城乡空间系统自组织式发展之外的力量，也是自组织发展相对应的他组织行为的表现（石崧，2007）。

在自组织的自然生长和他组织的人为规划交互作用下，城乡空间形成了它特定发展时期的空间结构特征。本书所研究的制造业空间布局是城乡空间的重要组成部分，其在经济体制改革下的空间重构同样具有自组织和他组织的规律特征。经济体制改革下制造业空间重构既是在市场机制作用的自组织机制（隐形之手）下自发发展形成的；也是在自组织机制条件下，由政府的城市规划的他组织机制（有形之手）完善的。两种机制对应着各自不同的规则——自组织与他组织。从某方面来说，它们并不互相排斥。自组织（市场机制）是制造业空间重构形成的基础，而他组织（行政机制）在某种程度上可被认为是派生的，它是一种对自组织进程不完善之处的合理修正。他组织手段的制定不是任意的，该手段必须和自组织机制保持一致，进而保证自组织与他组织之间的协调共存，实现两种关系的互补，而不应该是简单的相互取代的对立关系（王伟，2008）。

4. 空间生产理论

空间，既是地理学研究的核心概念之一，也是地理学重要的研究对象。地理学自创立以来，对空间的研究先后出现了不同的研究理念，探讨的重点各不相同（马仁锋，2011）。第二次世界大战之前，以赫特纳、哈特向等为代表的区域学派研究学者继承和发展了自康德以来将地理学看作是“空间”科学的传统，将空间的概念定义为“被填充的容器”（赫特纳，1983；Hartshorne，1958）。而 20 世纪 50～60 年代逐渐兴起的实证主义潮流和空间分析学派地理研究学者们则主张借助数学等方法来探讨空间的“模式”或“法则”（Schaefer，1953；Haggett et al.，1977）。人文地理学对空间概念的研究传统表现为：一部分是不同空间尺度人地关系与现象分布的研究，另一部分则是对空间认知的研究。实证主义地理学以及在此影响下的人文地理学研究范式，实际上是一种“物化”的空间理论（Quaini，1982），它试图尽量避免直接判断空间的价值，因而在一定程度上忽视了塑造“空间”的个体、政治与社会关系。所以，它对 20 世纪 60 年代后期在资本主义世界出现的一系列危机与问题已难以合理地解释和应对，进而导致实证主义地理学以及区位理论与现实世界客观存在的问题差距越来越大（理查德，2007）。

然而，20 世纪 70～80 年代，西方学者对空间的认识出现了转向，他们将空间问题的研究逐步从地理学、社会学的层面上升到哲学理论层面，并逐步形成了著名的后现代空间理论。该理论的典范是新马克思主义学派所提出的空间生产理论（production of space），空间的生产是新马克思主义城市学派和马克思主义地理学的一个关键概念，指资本、权力和阶级等政治经济力量对空间的重塑，从而使空间成为其媒介与产物的过程（叶超等，2011）。空间生产理论在批判传统的将空间视为容器和无价值判断的空间观的基础上产生，借助马克思主义理论并将之与空间问题相结合（叶超等，2011）。法国马克思主义思想家亨利·列斐伏尔是空间生产理论的首创者，他认为空间具有四大原则：其一为自然空间正在消失；其二为每种社会空间均由其自身生产方式产生，每个具备特色的社会空间应该由社会和它自身的生产关系组合形成；其三为研究对象需从关注空间事物转移到关注空间生产；其四为是否有新的社会空间产生是判断某一生产方式转变到另一新生产方式的标准，而且历史过程应被认为是空间生产的载体。他还提出了空间三重性辩证法，分别为“物质性的空间实践”“空间的表象化”“再现性空间”（Lefebvre，1991）。空间生产理论得到了马克思主义地理研究者的高度关注与积极响应。大卫·哈维较早地肯定了列斐伏尔的观点，他在继承与发展资本主义的城市化理论基础上，指出了城市空间组织与结构在相当程度上是资本生产的需要与产物（Harvey，1985）。大卫·哈维还认为城市空间生产的“第二循环（资本再投资于城市建构环境）”是资本积累转向的体现。这些研究表明，哈维以哲学的辩证视角从本质上揭示了城市空间生产同质化与资本积累的关系。并认为经济基础和生产力是社会发展的源动力，在社会空间中应该起到支配作用。而且，这种关系影响和支配着城市的日常生活与管理机构（马仁锋，2011）。曼纽尔·卡斯特尔也深受列斐伏尔的影响，他提出资本主义制度是支配城市发展与空间演化的核心原因。劳动力与资本、工人与资本家之间的斗争与妥协使得城市空间又进一步变成劳动力再生产空间（Castells，1983）。因此，空间生产理论的基本要点是：占有空间并生产空间以及社会关系进一步促进空间的生产。

2.1.2　评价与借鉴

以上诸多理论为解释经济体制改革下制造业空间重构及其城乡空间结构响应的现象和机理提供了借鉴（表 2-1）。区位理论和空间结构理论以实现最小化区位成本为目的，在合理优化与配置空间结构基础上，尽可能地提高空间效率，这一准则为本书解释经济体制改革以来无锡制造业企业的区位选择与空间重构提供

表 2-1　制造业空间重构及城乡空间结构响应理论基础

相关理论	核心思想	可借鉴之处
区位理论	区位因子是决定生产区位的核心要素，它进而将生产逐步吸引到生产成本最小的位置，其中以韦伯区位论为代表，得出劳动区位法则、运输区位法则以及集聚或分散法则这三条区位法则	为本书解释制造业企业的区位选择及其空间重构研究提供了理论支撑
空间结构理论	本质上是动态的区位理论，该理论是在区位理论的基础上兴起的，是对传统区位理论的继承与发展。1964 年，以阿隆索为代表的新古典主义经济学派展开了对城市土地利用空间模式的研究，基于可达性与运输成本的关系，该模式对城市同心圆式的空间结构的形成作出了很好的解释，推进了城市空间结构的经济学解释发展	有助于理解城乡空间结构对制造业空间重构的响应过程与机制
二元空间结构理论	约翰·弗里德曼在其代表作《区域发展政策》中提出了核心-外围理论的主体思想，指出核心区域与边缘区域之间存在极化和扩散的关系，边缘地区相较于核心地区，处于附属地位且缺乏经济自主能力，从而出现了所谓的二元空间结构，随着时间的推移，这一结构得到不断地强化。与此同时，受政府作用、人口迁移、交通改善以及城市化等因素的影响，核心地区与边缘地区的界线将会模糊并逐步消失。最终，区域经济的连续增长将进一步推动空间经济一体化的发展	可为解释城乡地域空间结构演变现象提供理论支撑
空间组织理论	“自组织”协同理论的创始人德国学者哈肯从组织进化的视角将系统的组织分为自组织和他组织两大类	对于解释制造业空间重构和城乡空间结构演变的动力机制具有重要的指导意义，也为制造业空间与城乡空间结构合理优化的他组织手段提供理论支撑
空间生产理论	空间的生产是指资本、权力与阶级等政治、经济力量对空间的重塑，从而使空间成为其媒介和产物的过程。亨利·列斐伏尔从制度与权力的视角对空间发展进行分析。大卫·哈维将城市作为资本再生产的空间无疑是城乡空间发展演变最为本质的解释之一	有助于进一步揭示城乡空间结构对制造业空间重构响应的内涵，并为分析城乡空间结构响应制造业空间重构的宏观与微观机制提供了思路

了理论支撑。二元空间结构理论可为解释城乡地域空间结构演变现象提供理论支撑。而空间组织的自组织和他组织理论对本书的指导意义在于：一是对于解释制造业空间重构和城乡空间结构演变的动力机制具有重要的指导意义。空间组织机制变化是经济体制改革下的制造业空间重构及其城乡空间结构响应研究的重要组成部分，需要合理地从空间组织的自组织和他组织两个方面，即市场机制和行政机制去探寻制造业空间重构和城乡空间结构演变的体制动因。二是为制造业布局与城乡空间结构合理优化的他组织手段提供相应理论支撑。制造业空间重构及其城乡空间结构响应是经济体制改革下市场自组织和政府他组织复合作用积累的产物，运用空间组织理论的分析方法剖析不同所有制制造业企业的区位选择机制，按照其相应的自组织规律进行他组织控制与引导。空间生产理论则有助于进一步揭示城乡空间结构对制造业空间重构响应的内涵，并为分析城乡空间结构响应制造业空间重构的宏观与微观机制提供了思路。

2.2　体 制 背 景

本节主要分析制造业空间重构及其城乡空间结构响应的体制背景。其中，土地使用制度改革、所有制改革和分权化改革是本节主要关注的体制背景要素。

2.2.1　经济体制改革历程

中华人民共和国成立以后，在借鉴苏联经验的基础上，逐步建立起社会主义计划经济体制，其基本特点为：无要素市场、无生产资料市场、价格不由市场决定、整个经济活动由政府垄断（黄新华，2005）。作为关于资源占有方式与资源配置方式的系统化制度安排，生产资料国家所有，并以指令性计划为经济资源配置的基本手段，是计划经济体制最核心的制度安排。在计划经济体制下，我国的所有制结构是社会主义全民所有制与集体所有制，但全民所有制居于主导地位，并在现实中采取了国家所有制的具体形式，国家所有制是社会主义计划经济体制的核心。从经济活动上看，计划经济体制下的经济活动是在政府的计划指令下进行的，而不是由交易双方以自愿的契约形式来完成。计划经济体制不允许自由选择和契约自由，否定了经济当事人是自身能力及利益的最佳判断者，企业和个人不能选择最有效的方式来使用各种经济资源，因而往往导致资源利用效率严重低下（黄新华，2005；张卓元，1998）。

计划经济体制内在的制度缺陷，导致经济社会运行效率很低。当制度低效不能通过体制内的制度安排加以解决时，我国的经济体制必然要面临制度变迁（孙剑，2010）。低效率制度被高效率制度替代的过程是制度变迁的实质（黄新华，2002）。我国经济体制改革的历程，就是一个制度变迁的过程，即由计划经济体制向社会主义市场经济体制制度变迁的过程（杜伟和高林远，2002）。我国的经济体制改革肇始于农村，人民公社制度的解体、家庭联产承包责任制的推行和乡镇企业的异军突起是我国农村经济体制改革最突出的表现。自1984年开始，我国经济体制改革的重点转移到城市。城市经济体制改革是一项更为复杂的系统工程，是由一系列制度安排有机结合起来的制度结构，包括市场化、所有制、投资制度、金融制度、财政制度、价格制度、对外贸易制度、就业制度、社会保障制度等的改革（周冰和靳涛，2005；中国社会科学院经济体制改革30年研究课题组，2008）。

社会和经济的发展历史与实践表明，经济发展与社会进步在受制于资源占有方式的同时，也受制于资源配置方式，经济体制对于经济发展与社会进步具有显著的意义（黄新华，2005）。自1978年以来，我国的经济体制改革取得了巨大的成就，其深远影响不仅局限于经济领域，而且对政治、社会和文化等各个领域都具有重大影响（董研，2003；孙剑，2010）。关于经济体制改革的研究逐渐成为社会科学研究领域关注的热点，然而社会科学聚焦的是经济社会结构对体制变革的响应，经济社会要素的空间组织形式如何响应体制变革则是人文地理学的重要研究任务。本书主要涉及土地使用制度改革、所有制改革和管理权改革对制造业布局以及城乡空间结构的影响。

2.2.2　土地使用制度改革

资源要素配置方式的市场化改革是经济体制改革的一项重要内容（李晓西，2008），这其中包括了对城乡经济发展最重要的生产要素——土地资源配置的市场化改革（张京祥等，2007）。不同的国家政策与体制背景决定了不同的土地资源配置方式（表2-2）。

表2-2　不同经济体制下的土地配置模式

经济体制	土地所有制度	土地使用制度	配置模式	典型国家
计划经济体制	公有	无偿使用	由国家或集体统一安排划拨并决定其发展利用模式	苏联
市场经济体制	私有	有偿使用	由市场力量配置土地，土地利用方式与其利润价值等相对应	美国
宏观调控下的市场经济体制	公有+私有	有偿使用	市场配置+国家宏观调控，土地实行批租、转让	英国

资料来源：张京祥等，2007。

中华人民共和国成立初期，我国土地存在私人所有、国家所有和乡村公有三种所有制形式（高波阳等，2010）。基于社会主义制度的意识形态，所有的土地都应是国有公共财产。1956～1958年，我国通过社会主义改造，将九成以上的城市土地国有化（高菠阳等，2010）。与高度集权的计划经济体制相一致，在中华人民共和国成立后相当长的时期内实行的是土地无偿使用制度，这是一种绝对的行政划拨制度。土地被排除在市场交易之外，任何形式的土地交易都是违法的。在某种意义上，城市土地作为一种生产资料，只是一种“无偿使用的物品”，而非经济资产。计划经济体制下的土地使用制度具有以下特征：划拨配置的行政性、使用的无限期性、土地使用的无偿性以及土地使用权的无流动性（张京祥等，2007）。

在西方资本主义国家，城市土地的价格（包括工业用地）通常由城市中心向城市外围逐渐降低。在其他条件都相同的情况下，中心城区高额的土地租金往往会驱散制造业，而土地租金较低的外围城区往往对制造业具有很大的吸引力（Scott，1982）。然而这种情况与经济体制改革前的我国完全不同。在计划经济体制下，国家政府以行政配给的方式划拨土地给各企业和单位无偿、无限期使用，企业获得土地配给的位置和数量取决于企业与政府的政企关系，以及国家的经济生产规划（Gao et al.，2014）。由于企业是国家行政指令的被动服从者，生产的区位决策没有依照区位的比较优势，大量企业土地利用效率低下（He et al.，2007）。在当时较低的工业化水平以及土地无偿使用的制度背景下，土地供给、土地价格并不是影响制造业区位决策的核心因素，但土地的自然属性仍是制造业空间布局的重要因素（高菠阳等，2010）。

在传统的计划经济体制下，土地无偿使用制度对城乡空间的影响多体现为消极的、低效的、负面性的效应。土地无偿使用制度杜绝了土地市场的存在，无法发挥市场机制的调节功能，导致土地使用效率低下，土地的真实使用价值无法得到有效体现。就城乡空间而言，既无法利用经济杠杆——级差地租效应调控城镇空间的发展方向，同时又缺乏足够的土地使用费以提升城市空间结构的发展效益，造成了土地利用效率低下、浪费严重等问题。更重要的是，实行对外开放政策后，对外来资本以何种方式使用国有土地的问题必须加以回答，政府需为外商投资者提供明晰的土地产权供其投资建厂，为此我国土地使用制度改革以向外资征收土地使用费为开端全面展开（张京祥等，2007；Lin and Ho，2005）。

1987 年下半年，深圳特区被国家批准为土地使用权有偿转让的试点城市。1988 年 4 月 12 日，七届人大一次会议通过宪法修正案，规定“土地的使用权可以依照法律的规定转让”（雷先爱，2005）（图 2-3）。之后，土地有偿使用制度逐步在全国范围推广，城市土地市场逐步形成并完善起来。总体而言，我国土地使用制度改革的发展演变过程可以被划分为两个时期（图 2-4）：1987～1997 年为土地有偿使用时期，将无偿、无限期、无流动的土地无偿使用制度改革为有偿、有限期、有流动的土地使用制度；1998 年至今为土地市场化改革时期，土地使用制度改革进入以市场形成土地使用权价格为核心的全面建设土地市场时期（雷先爱，2005；洪世键和张京祥，2009）。历经了三十余年的改革，我国土地使用制度从划拨使用到有偿使用再到市场配置渐进式纵深推进。

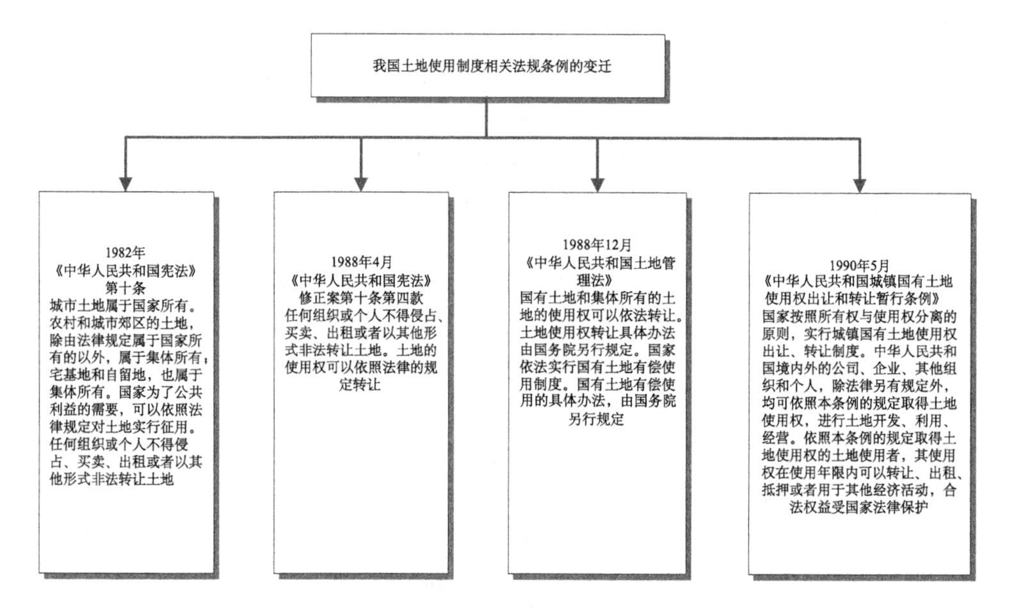

图 2-3　我国土地使用制度相关法规条例的变迁（雷先爱，2005）

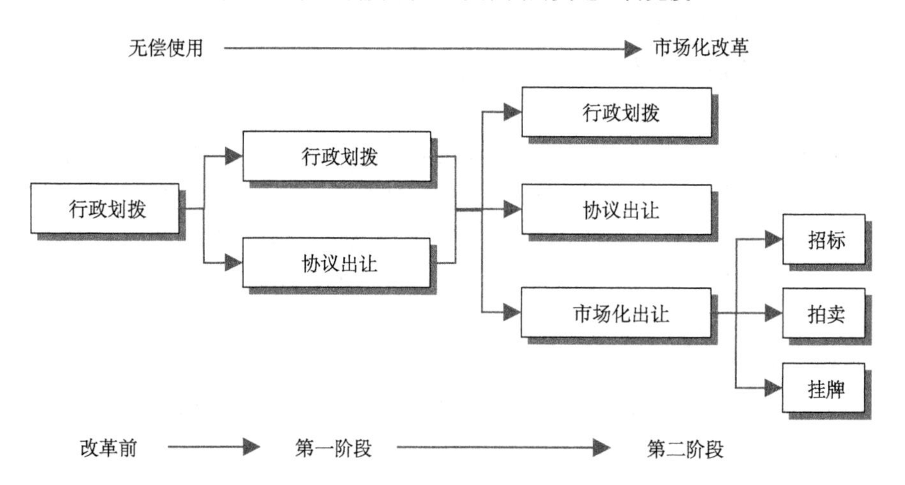

图 2-4　我国土地使用制度改革演变过程（洪世键和张京祥，2009）

土地有偿使用制度的建立，在客观上为我国城市提供了一种促进土地合理使用、高效配置的手段与机制，使城市土地的区位优势得到了真正体现。土地是制造业生产活动不可替代的生产要素和空间载体，土地有偿使用制度的建立也无疑会对制造业的空间布局产生深刻影响（高菠阳等，2010）。在经济体制改革的背景下，制造业的生产活动逐渐面向市场经济，政府行政指令对其经营生产活动的影响逐步减少。随着土地有偿使用制度的逐步确立，土地价格开始在制造业企业的区位决策中扮演重要角色（高菠阳等，2010），同时也引起了城市土地使用功能的空间置换，不能承受中心城区高地价的制造业企业，或在中心城区已经没有发展空间的企业纷纷外迁，在促进城市空间优化的同时也促进了城市加速扩展。此外，地方政府制定的制造业空间布局政策也将土地价格因素考虑在内。因此，土地有偿使用制度改革带来的种种市场化因素，是我国城市制造业空间重构、城镇空间扩展以及城乡地域结构演变的重要推动力。

我国土地使用制度改革的总体方向是土地资源配置的市场化，然而受计划经济体制的影响，土地使用制度改革中并没有废止行政划拨这一项土地使用制度（图 2-4）（洪世键和张京祥，2009）。1988 年，深圳土地拍卖是我国国有土地市场化供给方式的首次尝试，此后国有土地的供给采用计划与市场结合的方式，“双轨制”的供地模式正式运行，无偿行政配置土地使用权与有偿流转共存。一方面，允许国家所有制的城市土地在市场上流转，却将集体所有制的农村土地排除在土地市场之外，即“二元化”的城乡土地市场；另一方面，在推进土地有偿和市场化改革的同时，还保留行政划拨的土地配置方式，即“双轨制”的城市土地市场（洪世键和张京祥，2009；姜颖和吴倩，2016）。国有和集体企业以及一些企事业单位仍通过土地行政划拨，或仅仅支付象征性的、远低于土地市场的价格获得土地使用权，而非国有、集体企业则需从土地市场以市场投标价格获得土地使用权（Lin and Ho，2005）。2011 年国土资源部表示，我国将逐步扩大有偿出让国有土地的覆盖面（姜颖和吴倩，2016）。

2.2.3 所有制改革

所有制改革推动了多种经济成分的形成，塑造了多元化的市场竞争主体，推动了市场体系的不断发展和完善，奠定了我国社会主义市场经济的基础。所有制改革是最根本、最核心的经济体制变迁，是我国经济体制改革的突破口和主旋律（高尚全，1998）。1996 年 Bradshaw 基于俄罗斯和东欧前社会主义国家的所有制改革经验，提出所有制改革理论模型（图 2-5）。该理论模型划定了所有制改革的三个维度，为本书分析制造业的所有制结构变化提供了理论框架。

第一个维度是经济自由化。经济自由化是指政府逐步取消对经济活动的限制，尤其是在价格控制方面。在定价自由化的初期可能会产生严重的价格冲击，导致效率低下的国有企业经营困难、不再具有竞争力，而效率更高的新型企业产生（Nakata and Sivakumar，1997）。

第二个维度与经济自由化密切相关，是经济私有化。经济私有化是私营经济主体合法化并创建私营企业部门。经济私有化主要通过两种方式实现：出售国有企业（通常从中小型企业开始）和批准成立新的私营企业。经济私有化使企业拥有独立的经济运行决策权，为整个国民经济向市场经济体制改革提供了必要条件。

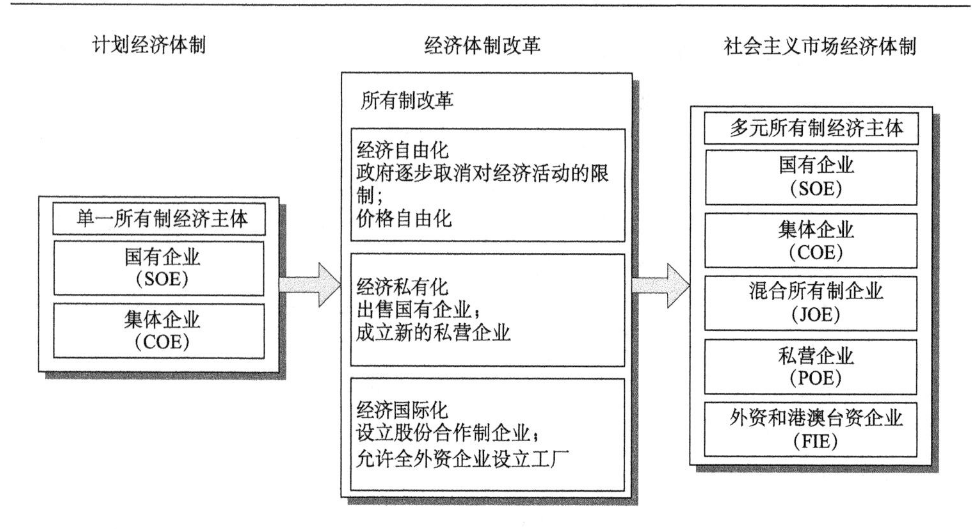

图 2-5　所有制改革过程（根据 Bradshaw，1996；Wang，2005 整理而来）

第三个维度是经济国际化。政府逐步实施对外开放政策，通过吸引外国直接投资来获得经济全球化提供的发展机会。经济国际化主要通过两种方式实现：设立股份合作制企业和允许全外资企业设立工厂。经济国际化使后社会主义国家获得了急需的资金、技术和管理经验，以及高质量的消费品。通过创新和技术扩散，外国投资者同时也推动了后社会主义国家的经济体制改革进程（Nakata and Sivakumar，1997）。

我国计划经济体制时期最核心的制度是生产资料的国家所有制。在经济体制改革之前，城市经济活动的主体多为国有大中型企业，企业的生产计划由政府计划部门统一制定或批准。实际上，国有企业并不是具有独立自主经营权的微观经济组织，不存在独立的经营和发展目标，没有独立的决策权，它仅仅是一个经营活动受政府计划指标支配的被动的生产单位，是政府部门的附属物，企业经济效率低下（黄新华，2005）。我国的所有制改革最先是从引导乡镇、私营与外资等非国有企业的发展入手，在国有经济之外推进“外线发展战略”。非国有经济在一定程度上与市场机制具有天然的一致性，它们避开了体制内改革的困难，营造了一个较为真实的市场关系和公平竞争的环境，在相当程度上激发了市场的活力，促进了经济的发展。并且，在原有计划经济体制外引入市场经济，无形中在国有经济体外营造了新的竞争群体，从而反过来对体制内改革形成了积极的推动作用，在相当程度上倒逼国有企业的内部管理机制改革，以适应市场经济的竞争要求。在市场化经济发展的大趋势下，我国国有企业的经营组织形式开始发生变化，经济决策权和所有权分离，企业实行自主经营，将经济效益放在重要位置，目前我国绝大多数国有企业废除了指令性计划，促进了企业活动步入市场调节的通道，在各经济组成体快速发展的条件下，国有企业仍然掌控着关系国家经济命脉的行业和关键领域（黄新华，2005）。随着我国经济体制改革的深入，尤其是政企分离政策的推进，企业的市场化程度越来越高，制造业企业所有制结构开始向多元化格局演变，形成了以公有制为主体、多种所有制经济共同发展的格局。

2.2.4　分权化改革

我国政府由纵向多个层级构成、行政层级复杂，中央政府和各级地方政府的权限和职责各不相同。高度集权是我国政府在计划经济时期的主要特征。中央政府主要通过自上而下的计划安排、统收统支的财政体制全面控制、管理国家范围内的国民经济运行。在中央集权的制度下，国家的利益就是地方的利益，地方政府失去了应有的利益基础和相对的独立性，处于一种“中央政府延伸部门”的地位。地方政府在经济活动中的角色主要是安排企事业单位执行和完成国家下达的经济计划指标，而无须考虑这些经济计划的完成对地方经济发展的影响（张京祥等，2007）。

经济体制改革以来，我国开始逐步对中央与地方政府的财政体制进行改革。自 1980 年中央政府推行财政“包干制”，地方政府开始逐步被赋予一定的财政支配权。受财政赤字的影响，1994 年开始实施分税制财政体制改革，中央政府的财政预算配给不再是地方经济发展的主要投资来源，地方政府需要自筹资金发展经济（Wong et al.，1995）。中央与地方政府的财政体制改革赋予了地方相对独立的经济利益，确认和提高了地方政府发展经济的主要职责和积极性，扩大了地方政府的经济管理权限，并开启了管理权的分权化改革（Wong et al.，1995）。分权化改革是中央与地方、地方各级政府之间权力重新分配和不断调整的过程，改革的主线在于税制改革对地方政府利益主体的确认、解除地方政府发展经济的体制束缚和决策权的中心不断下移（罗震东，2006；王伟，2008），其内容体现在诸多方面，如自 20 世纪 80 年代起多数国有企业的管理权限由中央下放到地方；地方政府被赋予更大的投融资权限，成为地方投资活动的组织者（Lin and Yi，2011），地方政府被赋予转让土地使用权和规划协调城市发展的权限（He et al.，2008），等等。以上一系列将权力下放到地方的制度安排，统称为分权化改革。

分权化使地方政府兼具了区域经济调控主体和经济利益主体的双重身份。首先，地方政府有责任促进地方经济的持续、健康、高速发展，确保完成中央政府下达的经济指标；完善市场经济体制，发挥市场在资源配置中的作用，为各企业的生存及发展营造良好外部环境；进一步调整产业结构，通过扶持具有竞争力的企业来提高区域竞争力。同时，作为相对独立的利益主体，一级地方政府有追求利益最大化的需求，并表现出愈加明显的“企业化”倾向，不遗余力地创造一个“友好的”环境来吸引投资以增加地方收入（Wu，2002；张京祥等，2007）。

此外，分权化赋予了地方政府在城市开发的组织过程中更大的权力，土地市场化将土地开发的权力从中央下放到地方，地方市级政府的角色转变为土地开发的管理者，市级政府也垄断了土地供给。1989 年，中国政府颁布《城市规划法》，规定了国内所有城市的土地开发与利用必须受当地市政部门的管制，从而提升了地方政府在城市土地开发中的地位（洪世键和张京祥，2009）。由于垄断土地供应，地方政府在决定基础设施投资区位和相关产业活动地理位置中起到了重要作用。在征收农村集体土地后，市级政府开始建设基础设施，吸引投资，并向各种经济实体（包括制造业工厂）转让或租赁土地（Gao et al.，2014）。同时地方政府为促进当地经济发展，在城市的有利区位设立了许多经济开发区、工业园区，通过优惠政策、专业服务以及优良的基础设施和便利的交通吸引国内外投资以增加当地收入（He et al.，2008；Wei et al.，2010）。这进一步增强开发区的比较优势，并影响了企业的区位选择。一般来说，地方政府主要通过在土地供应、工业基础设施、开发区优惠政策等方面影响企业的预期成本和利润，进而影响制造业在城市内部的空间分布（He et al.，2008）。地方政府作为地方经济活动的倡导者及其空间分布的监管机构，已经成为中国城市制造业空间重构的主要驱动者（He et al.，2008）。

2.3　理论研究框架

亨利·列斐伏尔、大卫·哈维将马克思主义的基本理论应用在空间与城市的研究中，他们对城乡空间发展演变的解释各有侧重（Katznelson，1992；杨宇振，2009）。亨利·列斐伏尔从制度与权力的视角来分析空间发展。其中，“空间的生产”是他研究的重要组成。他认为，空间这一科学对象与意识形态和政治的距离并不遥远，相反，空间在本质上具有政治性与策略性，空间的塑造过程是一个政治过程。空间是一种承载着不同意识形态的结果，“空间的生产和商品的生产一样，空间占有者或团体可以经营与剥削它”（Lefebvre，1991，2003）。大卫·哈维的理论也深具洞见，他将城市作为资本再生产的空间无疑是对城乡空间发展演变最为本质的解释之一（Harvey，1985）。正如福柯的观点，资本主义的兴起也诱发了城市的兴起（杨宇振，2009）。城市的兴盛与颓废和资本的强势与萎靡联系紧密。资本是城乡空间发展演变的内在动力。若暂不考虑权力的调控作用，城市发展过程中的产业结构调整、人口迁移等都是资本为生产积累的后生性结果（杨宇振，2009）。

我国经济体制改革下的分权化改革、所有制改革与市场化改革，其实质是围绕着权力结构、资本来源与配置方式的改革。政府权力阶层的制度变革，构成了城乡空间发展的制度基础。在宏观层面上，政府权力结构模式及其改革方向极大程度决定着我国城乡空间的发展及空间生产的模式（杨宇振，2009）。在某种程度上，我国城市以招商引资为目的的大规模土地开发、开发区建设等都是地方政府权力的一种显现。“给政策”已成为城乡空间演变的制度动力。资本是推动城乡空间演变最重要的微观要素，资本再生产的空间是城乡空间发展演变最为本质的解释，资本作为我国经济体制改革的重要内容，其来源与构成（占用方式）、配置方式的变化对于城乡空间发展过程有着极为深刻的影响。例如，在资本城市化的过程中，资本来源的增多会推动城市空间快速扩张，由美国、日本等国的 40 多家企业投资超过 10 亿美元兴建的我国第一高楼——上海环球金融中心就表征了国际资本对城市空间的支配（叶超等，2011）。此外，资本往往显现出对于空间资源的选择性占用，显示出对于局部城乡空间的偏好，并由此从宏观上造成城乡整体空间发展的不平衡（杨宇振，2009）。

从我国目前正处于工业化与城镇化快速推进时期的基本事实出发，本书以“制造业发展及其空间重构”为切入点开展经济体制改革下的城乡空间发展演变研究，基于空间生产理论，分析经济体制改革下政府权力结构与制造业资本构成变化对空间塑造的影响作用，从“宏观视角——政府权力”和“微观视角——企业资本”剖析经济体制改革下制造业空间重构及其城乡空间响应的过程与机制。本书的理论研究框架由相互联系的三个方面组成：经济体制、主体参与者与空间生产、空间结果（图 2-6）。

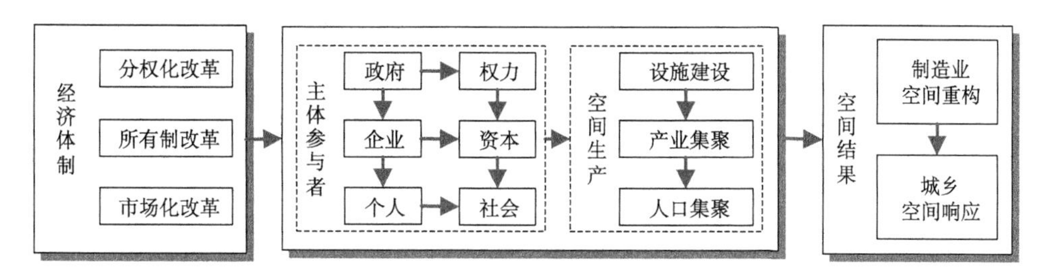

图 2-6　体制变革下制造业空间重构及其城乡空间结构响应的理论研究框架

本书将经济体制改革下的城乡空间结构演变视为是在以制造业发展及其空间重构为先导的带动作用下形成的。图 2-7 为经济体制改革下制造业空间重构的分析框架。引起制造业企业空间行为方式发生改变的制度变迁主要涉及分权化改革、所有制改革和土地使用制度改革。企业的所有制代表着企业自身的经营运行机制，并且决定着企业的空间配置方式。行政分权化改革和土地市场化改革分别代表着行政他组织机制和市场自组织机制对企业空间行为的影响。制造业空间重构的他组织演化过程是：地方政府通过产业发展规划、管理土地供应、设置开发区等一系列的行为，提供配套充足的公共服务设施和政策创新的制度保障，推动制造业空间重构。制造业空间重构的自组织演化过程是：伴随经济体制改革和制

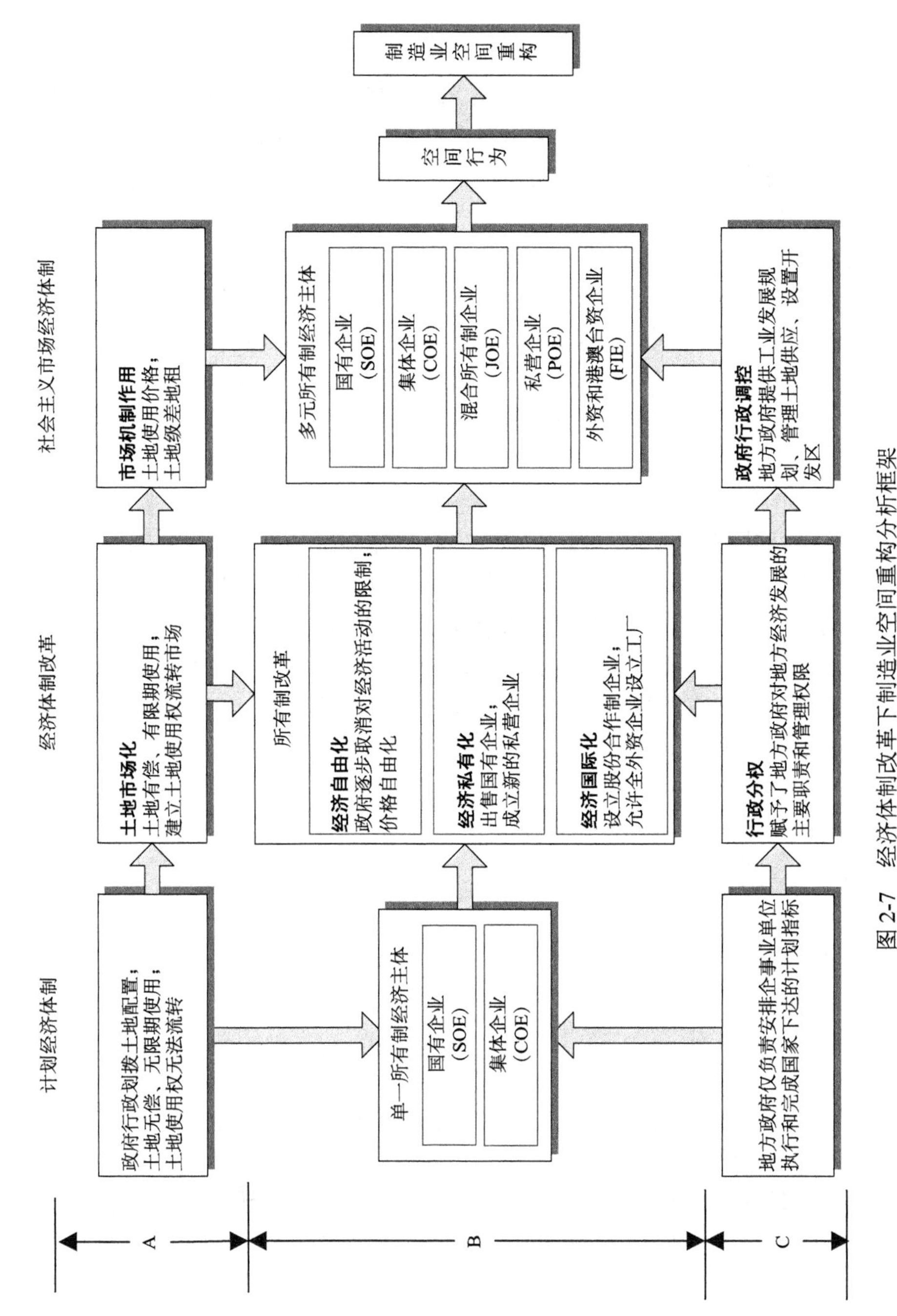

图 2-7　经济体制改革下制造业空间重构分析框架

A.土地使用制度改革；B.所有制改革；C.分权化改革

造业企业数量不断增多，企业开始遵循成本最小、收益最大的区位选择规律进行布局，市场自组织调节促进了制造业企业在城乡区域范围的扩散与集聚，制造业空间布局自发形成与演化。

制造业空间重构的城乡空间结构响应，在现实世界中直接表现为：①制造业企业扩散与集聚的形式、区位及对外联系的变化，如城乡制造业空间由最初的“点状集聚”向“面状集聚”（如各类开发区、产业区）发展，直接促成城乡的某些街道、乡镇出现大量的制造业企业集聚，相伴随的便是城乡原有物理空间被改造利用。②制造业企业的经济社会活动形成的生产网络重构了当地服务业与制造业的生产网络，诱致当地产业集聚类型及空间格局变迁。③制造业从业者大量集聚，导致城乡不同阶层的形成及其空间行为变化，形成了新的社会空间。制造业空间重构的城乡空间结构响应的过程与机制是以制造业产业集聚区的空间演变为先导带动整个城乡土地利用结构的变化，实现城乡空间的局部创新与整体响应的协同。

第 3 章　制造业发展过程与空间重构的特征

本章首先系统地阐述了经济体制改革以来无锡制造业发展及其所有制改革的过程，并且基于 1985 年、2004 年和 2013 年制造业企业层面的数据，分析了制造业企业的所有制特征及产业特征，因经济体制改革以来无锡外商投资与港澳台投资具有较为接近的资本进驻时间、较为相似的企业空间分布规律，故将外商投资和港澳台投资企业归并为一类讨论；其次，采用了企业密度、数量、区位商等空间统计方法，探讨了制造业的时空分布演变过程与特征；最后，运用核密度分析、热点分析等 GIS 空间分析方法，研究了制造业的时空集聚演变过程与特征。

3.1　无锡制造业的发展阶段

3.1.1　以集体所有制乡镇企业发展为主的阶段（1978～1992 年）

我国的集体所有制乡镇企业兴起于 20 世纪 70 年代末。在计划经济体制时期，国家经济的发展重点是重型工业，消费产品和轻工业产品存在着巨大的市场缺口（宋林飞，2001）。随着 1978 年党的十一届三中全会提出的“以经济建设为中心，坚持改革开放、加快工业发展”方针的确立，无锡工业经济的活力得到了极大的释放（无锡市政府，2012）。按照中央经济体制改革的要求，无锡大力发展工业经济，掀起了农村工业化浪潮，乡镇企业异军突起。集体所有制的乡镇企业不同于计划经济体制下的大型集体企业和国有企业的经营运行方式。乡镇企业充分利用农村剩余劳动力、土地、集体经济积累，将其生产立足于消费市场，集中生产那些有巨大市场需求的消费品，并逐渐成为无锡经济的“半壁江山”，在区域经济发展中扮演重要角色，创造了影响全国、盛极一时的“苏南模式”。在这一阶段，无锡形成了大中小企业并举、高中低技术并存、门类比较齐全的制造业基础，第二产业增加值比重达到历史最高值，三次产业结构比为 12.2∶70.9∶16.9，从业人员比重为 47.3∶41.3∶11.4（无锡市政府，2012）。在经济自由化过程中发展起来的乡镇企业是我国农村经济制度改革的重要组成部分。乡镇企业在经济领域率先以市场为导向组织生产经营活动，逐步形成了一整套独具特色的灵活机制，为我国建立社会主义市场经济体制进行了有益的探索。

3.1.2　以混合所有制、私营企业发展为主的阶段（1992～2001 年）

我国混合所有制、私营企业在 1992 年邓小平南方谈话后得到了迅速发展，邓小平鼓励地方政府使用不同方式实现经济发展目标，打破了“姓社姓资”“姓公姓私”的思想束缚（Han and Pannell，1999）。1993 年，第八届全国人民代表大会常务委员会第五次会议通过《公司法》，使得有限责任公司和股份制公司合法化，并允许企业以公私混合所有制的形式存在。该法律的颁布模糊了公有和私人所有制之间的界限，为私营企业的发展提供了必要的空间（Shen and Ma，2005）。在中央政府鼓励私营经济发展日益积极态度的影响下，无锡政府开始逐步允许新成立的私营企业进入市场。这一阶段，无锡私营企业逐步迈入正轨，企业数量快速增加，规模迅速壮大，为制造业的发展注入了新生力量。

3.1.3　以外资和港澳台资企业发展为主的阶段（2001～2010 年）

自 20 世纪 80 年代起，我国开始逐步向境外资本开放其长期保护的制造业。无锡三资企业的发展始于 1981 年创办的第一家中外合资企业江海木业公司，发展壮大于 20 世纪 90 年代（图 3-1）（无锡市政府，2012）。1992 年，为积极响应浦东开发开放和长江沿岸地区开发开放的战略决策，无锡确立了“外向带动”战略，着力调整所有制结构和市场结构，全面实行对外开放，开放型经济得到快速发展（Wu，2003a；Marton and Wei，2006）。1992～1993 年，无锡先后成立的国家高

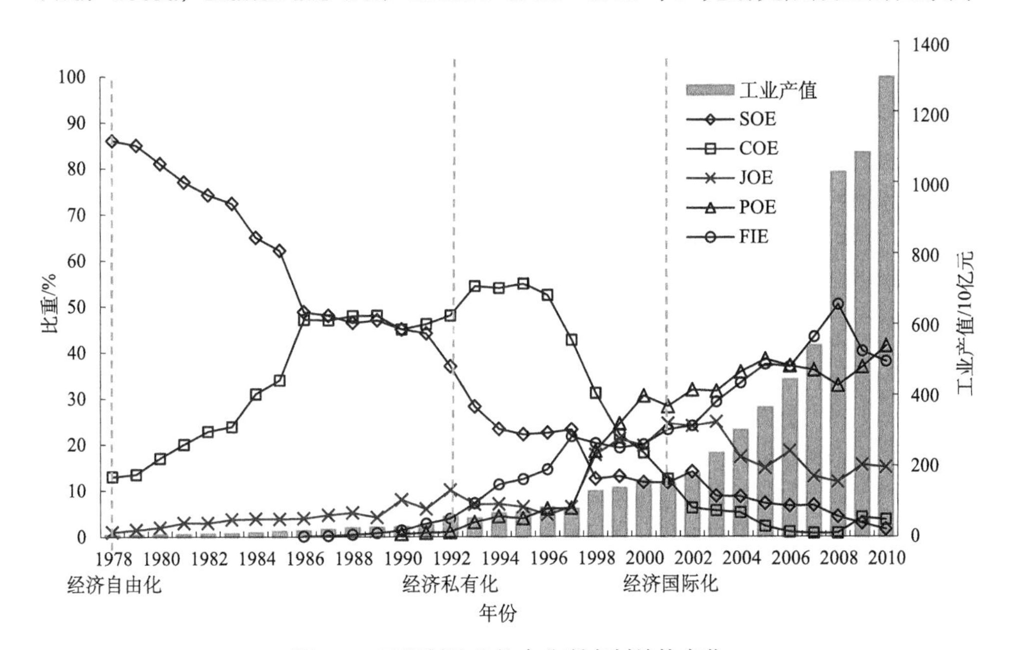

图 3-1　无锡制造业的企业所有制结构变化

新技术产业开发区、无锡新加坡工业园成了无锡对外开放的窗口。仅 1993 年，无锡新批三资企业 1301 家，合同外资和港澳台资 14.4 亿美元，实际利用外资和港澳台投资 4.76 亿美元，比上年增长 1.5 倍。新批三资企业中，外资和港澳台投资 1000 万美元以上的有 64 个，是前 12 年总和的 1.6 倍。1993～1995 年，每年新批三资企业 1000 家左右，三资经济获得了蓬勃发展（无锡市政府，2012）。自从 2001 年年底我国加入世贸组织（WTO）以来，无锡吸引外资和港澳台投资进入新一轮加速发展期，吸引外资和港澳台投资数量持续增加，外资和港澳台资企业在无锡蓬勃持续发展。

经济的私有化和国际化也推动了国有企业和集体企业的产权制度改革。自 20 世纪 90 年代以来，受私营企业、外资和港澳台资企业繁荣发展以及整个国民经济结构调整的影响，国有、集体企业的生产优势迅速消失（Shen and Ma，2005）。为保持无锡工业经济的持续繁荣发展，无锡政府开始对国有企业、大型集体企业和集体乡镇企业进行产权制度改革。1991 年起，无锡油泵油嘴厂等八家大中型工业企业被政府选定进行企业综合改革试点。1992 年起，无锡政府启动乡镇企业股份制改革。1993 年，无锡政府出台了《无锡市全民所有制工业企业转换经营机制条例实施办法》（无锡市政府，2012），并启动了现代企业制度试点工作，选择了 37 家国有企业进行试点。1997 年，无锡 78.4%的现代企业制度试点企业完成公司制改造，75%的城乡企业完成改制、转制，其中乡镇企业改制面已达到 87%。1997～2002 年，无锡被列为全国 111 个优化资本结构试点城市，28 家企业实施破产，19 家优势企业兼并 26 家弱势企业。这一时期，无锡制造业以国有大中型企业为重点，转换企业经营机制，并积极进行小型国有企业和集体企业的所有制改革，制造业基本完成了从政企不分的乡镇企业模式向多种所有制并存的现代企业制度转型，非公有制经济发展成为无锡制造业经济新的推动力。以制造业企业的工业产值作为指标，图 3-1 揭示了无锡制造业所有制结构变化的三个阶段。1978 年，国有企业产值占无锡工业总产值的 86%，在无锡经济发展中占主导地位。伴随持续的经济自由化，集体所有制企业（特别是集体乡镇企业）繁荣发展，1995 年其在工业总产值的比重达到 55%。自 1992 年开始大规模经济私有化，私营企业进入了快速发展阶段，并逐步成长为无锡经济的重要组成部分。2010 年，私营企业在无锡工业总产值中的比重增至最高值 41%。伴随着经济国际化，外资和港澳台资企业也成为无锡经济的重要组成部分，其在 2010 年无锡工业总产值中的比重达到了 38%。与此同时，国有企业和集体企业在工业总产值中的比重大幅下降，分别降至 2010 年的 1.5%和 2%。

3.2 制造业企业数据与空间分析方法

3.2.1 制造业企业数据

无锡制造业企业数据来源于第二次工业普查企业数据库（1985 年）、第一次经济普查企业数据库（2004 年）和第三次经济普查企业数据库（2013 年）。企业层面的数据包含了制造业的名称、地址、行业、创建日期、所有制类型、工业产出、总资产及职工规模等方面的信息。虽然我国经济体制改革始于 1978 年末，但无锡制造业至 20 世纪 80 年代中期才进入快速发展阶段，因此，以 1985 年制造业企业数据反映无锡经济体制改革初期的制造业发展水平，以 2004 年和 2013 年数据反映经济体制改革过程中无锡制造业的发展变化。为深入探讨不同所有制类型制造业企业的区位特征，按照企业数据库中所提供的所有制类型将制造业企业分类。受经济体制改革过程中的所有制改革影响，1985 年制造业的所有制结构不同于 2004 年和 2013 年。在 1985 年仅有两种所有制类型：国有企业和集体企业，2004 年和 2013 年的所有制类型还包括混合所有制企业、私营企业、外资和港澳台资企业[①]。本书以 1985 年、2004 年产值规模 500 万元以上的企业，2013 年产值规模 1000 万元以上的企业为样本，三个时段样本的数量、资产总量和产值占全部制造业企业的比重相当，具有较强的可比性（表 3-1）。

表 3-1 1985 年、2004 年、2013 年样本企业

年份	企业数量		总资产		产值	
	个数	比重/%	亿元	比重/%	亿元	比重/%
1985	374	25.1	64	82.1	8.1	84.3
2004	4733	23.9	2044	86.3	2633	92.4
2013	6045	23.6	6329	84.5	7196	86.7

数据来源：由第二次工业普查企业数据库（1985 年）、第一次经济普查企业数据库（2004 年）和第三次经济普查企业数据库（2013 年）计算得出，其中总资产和产值为当年价格。

以街道/乡镇为空间单元，根据企业的地址信息在 ArcGIS 平台上对企业数据进行空间化处理，得到三个年份无锡制造业企业的空间分布图（图 3-2）。根据无锡中心城区、近郊区和远郊区的范围，以无锡市中心——“三阳广场”为圆心（该中心位于崇安区，同时也是无锡 1978 年城市建成区的几何中心），由内向外划分

①本章研究将所有制类型归并为国有企业、集体企业、混合所有制企业、私营企业、外资和港澳台资企业五个大类，其中混合所有制企业包括股份合作企业和股份有限公司等。

为三个同心圆缓冲区，中心城区半径为 6 km，近郊区半径为 6～15 km，远郊区半径为 15～32 km，用于统计不同圈层内的企业分布情况。

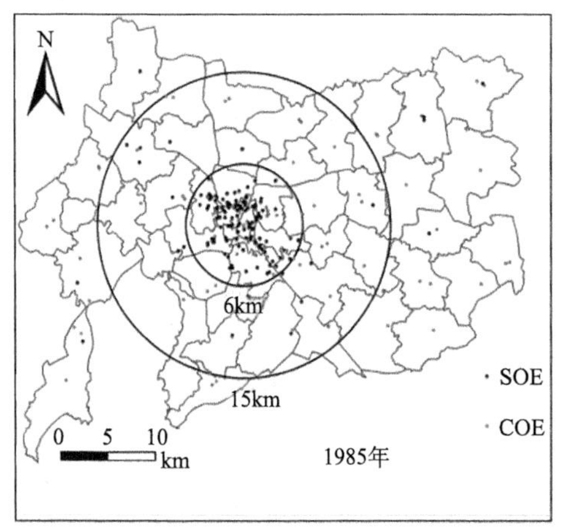

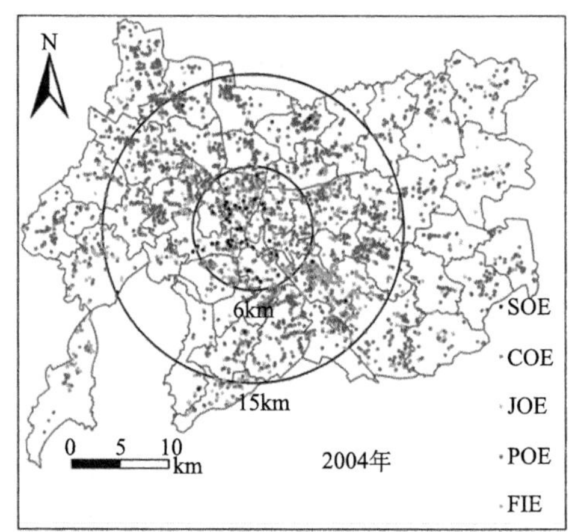

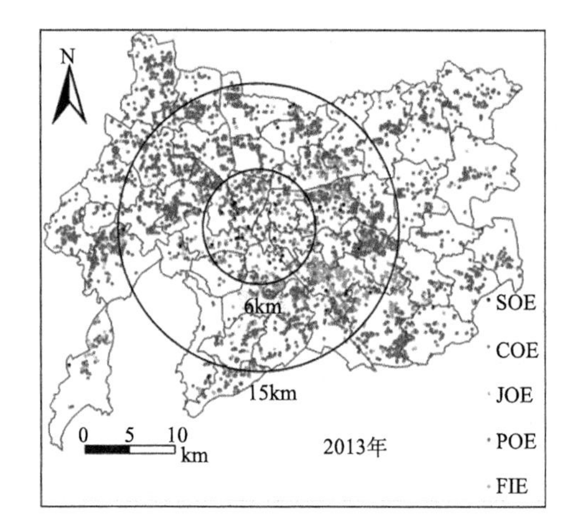

图 3-2　无锡 1985 年、2004 年、2013 年制造业企业空间分布格局

3.2.2　空间分析方法

采用四种空间分析方法，从距离、行政单元和开发区等不同地理空间尺度来研究无锡制造业空间分布与集聚的演变过程与特征。

1. 基于距离的企业密度与数量分析法

为研究制造业企业的空间分散化和郊区化程度，以无锡市中心——“三阳广场”为圆心，由内向外以 1 km 为间隔划分同心圆缓冲区，用于统计不同圈层内的企业密度与数量的变化。由于城市的土地价格（包括工业用地）通常从城市中心向到城市外围逐渐递减，基于距离的企业密度与数量分析方法可以有效地反映土地市场化对制造业区位行为的影响。

2. 区位商分析法

采用区位商分析法探讨不同所有制制造业的空间分布及演变特征。区位商是指某部门企业在某一空间研究单元的数量占整个研究区域该部门企业总数量的比重与该空间单元中所有部门企业的总数量占整个研究区所有部门企业总数量的比重之间的比值（Burt et al.，2009）。若 LQ_i 为某所有制类型制造业 A 在空间单元 i 的区位商，则

$$LQ_i = \frac{\frac{A_i}{\sum A_i}}{\frac{B_i}{\sum B_i}} \tag{3-1}$$

式中，$\frac{A_i}{\sum A_i}$ 为空间单元 i 中某所有制类型制造业 A 占整个区域中某所有制类型制造业 A 的总数量的比重；$\frac{B_i}{\sum B_i}$ 为空间单元 i 中全部制造业 B 占整个区域中全部制造业 B 的总数量的比重。

若 $LQ_i>1$，则表示与整个研究区域相比，该所有制类型制造业在空间单元 i 相对集中。若 $LQ_i=1$，则表示该所有制类型制造业在空间单元 i 的比重与该所有制类型制造业在整个研究区域的比重一致。如果 $LQ_i<1$，则表示与整个研究区域相比，该所有制类型制造业在空间单元 i 的比重较低。采用区位商分析法来研究不同所有制制造业基于行政边界（街道/乡镇）的空间分布特征。

3. 核函数密度估计法

核函数密度估计法（kernel density）通过考察规则区域中点密度的空间变化来研究点的空间集聚模式（袁丰等，2010；王远飞和何洪林，2007），运用该方法测度制造业的空间集聚与扩散特征及其主要集聚区域的演变，结合无锡制造业的空间布局，研究中采用四次多项式核函数，设制造业 p 处的核密度为 λ_h（p），其估计值的表达式为

$$\hat{\lambda}_h(p) = \sum_{i=1}^{n} \frac{3}{\pi h^4}\left[1 - \frac{(p-p_i)^2}{h^2}\right]^2 \tag{3-2}$$

式中，p 是待估计点位置；h 是以 p 为圆心的半径；p_i 是以 p 为圆心、h 为半径

内的第 i 个企业；h 的大小会影响密度估计的平滑程度。在具体实际应用中，h 的取值具有灵活性，需要对不同的 h 进行多次试验。核密度估计值为最高层级的区域是制造业核心集聚区，其次为次级核心集聚区。

4. 热点分析法

热点分析作为一种点模式分析方法，在制造业区位分析中具有显著优势。首先，与区位商相比，热点分析可以分析跨越行政边界的企业集群特征，可以揭示出不同地理空间尺度上（开发区、产业园区）制造业的空间集聚模式；其次，热点分析将企业的属性考虑在其中，可以分析高产值企业的空间集聚模式。

热点分析可对企业数据库中的每一个企业计算 Getis-Ord G_i*统计值。通过得到的 z 得分和 p 值，可以知道高值或低值要素在空间上发生聚类的位置。热点分析用以查看相邻企业中的高产值企业的聚集程度。产值高的企业一般容易引起注意，但不一定能形成热点。企业成为具有显著统计学意义的热点，需要具备两个条件，一是企业的产值高，二是其周围企业的产值也应相对较高。某个企业产值及其相邻企业产值的局部总和与所有企业产值的总和进行比较；当局部产值总和与所预期的局部产值总和存在很大差异，并导致无法成为随机产生的结果时，一个具有显著统计学意义的 z 得分便会产生。

Getis-Ord 局部统计的计算方法为

$$G_i^* = \frac{\sum_{j=1}^{n} W_{i,j} X_j - \bar{X} \sum_{j=1}^{n} W_{i,j}}{S \cdot \sqrt{\frac{n \sum_{j=1}^{n} W_{i,j}^2 - \left(\sum_{j=1}^{n} W_{i,j} \right)^2}{n-1}}} \tag{3-3}$$

式中，X_j 是企业 j 的产值；$W_{i,j}$ 是企业 i 和 j 之间的空间权重；n 为企业总数，且

$$\bar{X} = \frac{\sum_{j=1}^{n} X_j}{n} \tag{3-4}$$

$$S = \sqrt{\frac{\sum_{j=1}^{n} X_j^2}{n} - \left(\bar{X} \right)^2} \tag{3-5}$$

式中，G_i^* 统计是 z 得分，为标准差的倍数。

p 为所观测到的空间模式是由某一随机过程创建而成的概率。当 p 很小时，往往所观测到的空间模式难以产生于随机过程（小概率事件）。z 得分和 p 都与标

准正态分布相关联（图 3-3）。在正态分布曲线的两端出现局部最高或最低（负值）的 z 得分。这些得分与 p 的极小情况相关联，表明空间模式的显著性。对于具有显著统计学意义的正 z 得分，一般 z 得分越高，热点的聚集就越紧密。对于负 z 得分，z 得分越低，冷点的聚类就越紧密（Mitchell，2005）。z 得分大于 2.58 或小于–2.58 时，置信度为 99%，表明高产值或低产值企业的空间分布呈现出显著的集聚模式。置信度为 95%时，z 得分的临界值为–1.96 和+1.96 倍的标准差；置信度为 90%时，z 得分的临界值为–1.65 和+1.65 倍的标准差（表 3-2）。

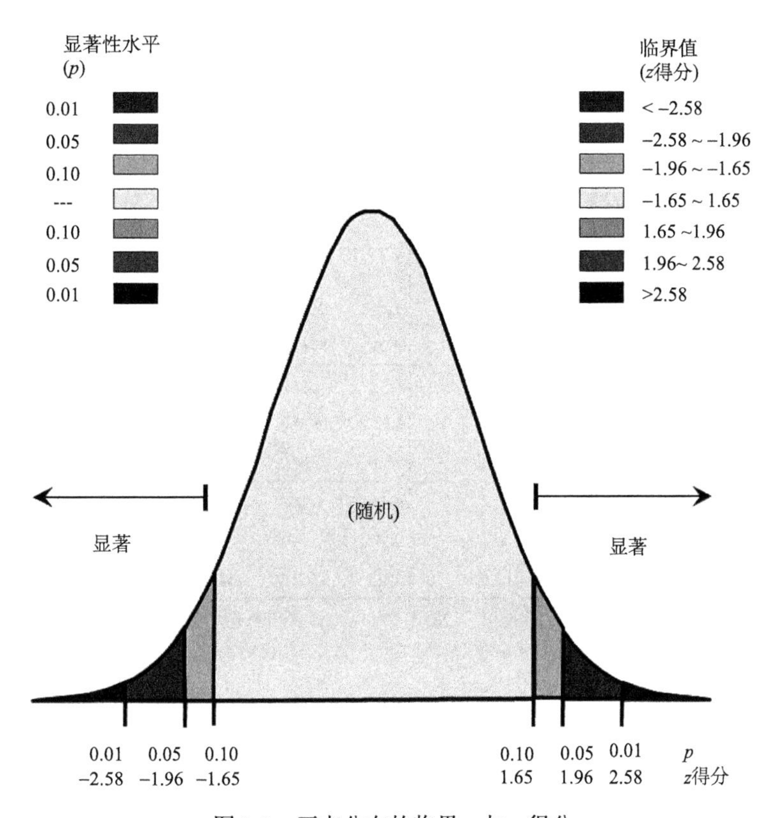

图 3-3　正态分布的临界 p 与 z 得分

表 3-2　不同置信度下的临界 p 和 z 得分

z 得分（标准差）	p（概率）	置信度/%
<–1.65 或>+1.65	<0.10	90
<–1.96 或>+1.96	<0.05	95
<–2.58 或>+2.58	<0.01	99

3.3 制造业所有制及产业特征

制造业企业层面的数据可以反映无锡不同所有制类型制造业在规模和效率方面的特征（表 3-3）。在 1985 年数据库中，国有企业和集体企业数量几乎相同，集体企业的平均规模远小于国有企业，其职工人数不到国有企业的一半。但集体企业的效率却与国有企业相当，国有企业的职工人均工业产值（2.63 万元）仅略高于集体企业（2.22 万元），这也印证了在 20 世纪 80 年代集体所有制的乡镇企业是无锡区域经济的重要组成部分。

表 3-3 1985 年、2004 年、2013 年不同所有制类型制造业规模与效率特征分析

年份	属性	总计	所有制类型				
			SOE	COE	JOE	POE	FIE
1985	企业数量	370	48.4%	51.6%	N/A	N/A	N/A
	职工总人数/1000 人	323	70.0%	30.0%	N/A	N/A	N/A
	职工人均工业产值/千元	25.0	26.3	22.2	N/A	N/A	N/A
2004	企业数量	4733	1.2%	4.8%	13.1%	61.1%	19.8%
	职工总人数/1000 人	604	5.9%	4.1%	18.5%	37.4%	34.2%
	职工人均工业产值/千元	435.6	538.9	471.5	409.7	322.1	551.6
2013	企业数量	6045	0.9%	0.6%	4.7%	68.3%	25.5%
	职工总人数/1000 人	823	2.3%	0.3%	7.9%	40.1%	49.4%
	职工人均工业产值/千元	814.3	1651.2	529.6	827.9	632.5	947.8

数据来源：由第二次工业普查企业数据库（1985 年）、第一次经济普查企业数据库（2004 年）和第三次经济普查企业数据库（2013 年）计算得出，其中职工人均工业产值为当年价格。

在 2004 年数据库中，国有企业和集体企业不再是份额最大的所有制类型。两者的比重从 1985 年的绝对垄断地位下降到仅占企业总数的 6%和职工总人数的 10%。私营企业占制造业企业总数的比重为 61.1%，占职工总人数的比重为 37.4%，成为增长最快的所有制类型，同时，无锡的私营企业也是规模最小、效率最低的所有制类型，其职工人均工业产值仅为 32.2 万元。在中央和地方政府的推动下，混合所有制作为一种促进制造业发展的新型融资所有制类型快速发展。2004 年混合所有制企业占企业总数的 13.1%，职工总人数的 18.5%。外资和港澳台资企业占企业总数的 19.8%和制造业职工总人数的 34.2%，其职工人均工业产值为 55.2 万元，是 2004 年无锡效率最高的所有制类型。

2013 年数据库中不同所有制类型制造业的规模和效率差异更加明显。无锡制造业企业涉及诸多行业，根据国家统计局确定的 4 位数编码遴选出制造业的产业部门类型，表 3-4 为以制造业企业的工业产值作为指标计算的 2013 年无锡制造业的产业结构。由于大量低效率、中小型国有企业倒闭或转制成混合所有制，或卖给私人所有者，2013 年国有企业仅占企业总数的 0.9%，主要集中在石油化工、冶金、设备制造业和公共产品服务行业（表 3-4）。但保留下来的国有企业成为效率最高的所有制类型，其职工人均工业产值为 165.1 万元，是制造业整体平均水平的两倍。外资和港澳台资企业仅占制造业企业总数的 25.5%，但其职工人数占制造业职工总人数的 49.4%，同时其职工人均工业产值为 94.8 万元，远远高于集体企业、混合所有制企业和私营企业，仅次于国有企业；外资和港澳台资企业也是效率较高的所有制类型，其在无锡电子信息、医疗与制药等高科技产业中的产值份额达到 90%以上，在设备制造业（50%）、石油化工业（39.2%）和金属冶炼及压延加工业（32.9%）等产业中也有较大份额。混合所有制企业仅占企业总数的 4.7%，其规模和效率都略高于行业平均水平，在一些传统制造业部门如纺织、服装、鞋、帽制造业（23%），石油化工业（16.4%），金属冶炼及压延加工业（14.6%）和设备制造业（12.2%）有相对较大的比重。虽然私营企业占制造业总数的 68.3%，

表 3-4　2013 年无锡制造业的产业结构　（单位：%）

行业分类	总计	SOE	COE	JOE	POE	FIE
食品制造业	0.9	0.0	0.3	7.8	20.7	71.2
纺织、服装、鞋、帽制造业	5.9	5.2	1.3	23.0	35.8	34.7
木材加工及家具制造业	0.3	0.0	0.6	8.7	51.6	39.1
造纸及纸制品业、印刷业和记录媒介的复制、文教体育用品制造业	1.3	0.0	2.8	3.2	57.3	36.7
石油化工业	5.5	4.8	0.8	16.4	38.8	39.2
医药制造业	1.4	2.4	0.3	4.2	3.0	90.1
化学纤维制造业	1.1	0.2	1.5	32.0	37.0	29.3
橡胶塑料制品业	3.1	0.0	1.1	11.1	40.7	47.2
非金属矿物制品业	1.4	0.0	1.4	9.3	57.4	31.9
金属冶炼及压延加工业	16.4	5.6	0.3	14.6	46.5	32.9
金属制品业	4.3	0.1	1.5	9.8	54.9	33.6
通信设备、计算机及其他电子设备制造业	19.7	3.3	0.0	1.9	3.7	91.1
设备制造业	37.9	4.8	1.0	12.2	32.0	50.0
电力、热力、燃气、水的生产和供应业	0.7	21.4	4.0	12.6	1.2	60.9
其他	0.3	0.0	0.0	10.2	48.3	41.5
总计	100.0	4.1	0.7	11.2	30.7	53.2

注：以制造业企业的工业产值为指标。

其职工人数仅占制造业职工总人数的 40.1%，私营企业主要集中在一些产值份额比较低的工业部门，如纺织、服装、鞋、帽制造业（35.8%），石油化工业（38.8%），金属冶炼及压延加工业（46.5%），金属制品业（54.9%）和设备制造业（32.0%）。私营企业和集体企业是规模最小和效率最低的所有制类型。总体而言，无锡形成了大中小企业并举、高中低技术并存、门类比较齐全的制造业基础，其中大型的外资和港澳台资企业以及大量的小规模私营企业在无锡制造业中占主导地位，而国有企业和混合所有制企业主要存在于一些重要的部门，集体企业相对较弱。

3.4 制造业的时空分布演变特征

3.4.1 基于距离的制造业企业密度与数量分析

在经济体制改革的推动下，1985～2013 年无锡制造业数量急剧增长、企业密度显著增加，同时，企业的空间分布也发生了显著变化（图 3-4）。1985 年距市中心 6 km 半径的范围内，集中了 63%的制造业企业，是制造业的高密度区，制造业企业密度在距市中心 3 km 半径的区域最高，而距市中心 6 km 半径以外的区域制造业企业密度非常低。2004 年相较于 1985 年，制造业企业密度急剧增长，距市中心 6 km 半径的范围内制造业比重虽降至 19.6%，但其企业密度仍在急剧增加，制造业企业密度的峰值仍在距市中心 3 km 半径的区域，而距市中心 6～15 km 半径的区域内制造业数量比重从 1985 年的 19.6%显著增加至 55.7%，这表明 2004 年制造业的郊区化现象主要是由大量新成立企业在远近郊区选址布局引起的。2013 年距市中心 6 km 半径的范围内制造业比重继续下降至 8.1%，同时其制造业企业密度也大幅下降，制造业企业密度的峰值转移到距市中心 7 km 半径的区域，远近郊区成为制造业的集聚区，距市中心 6～15 km 半径的区域内制造业数量的比

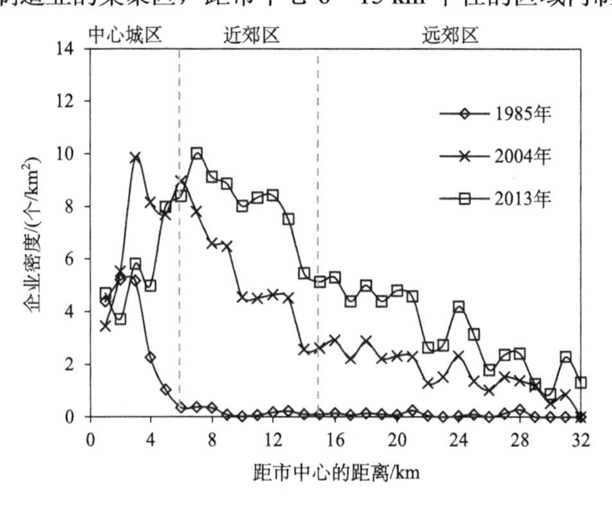

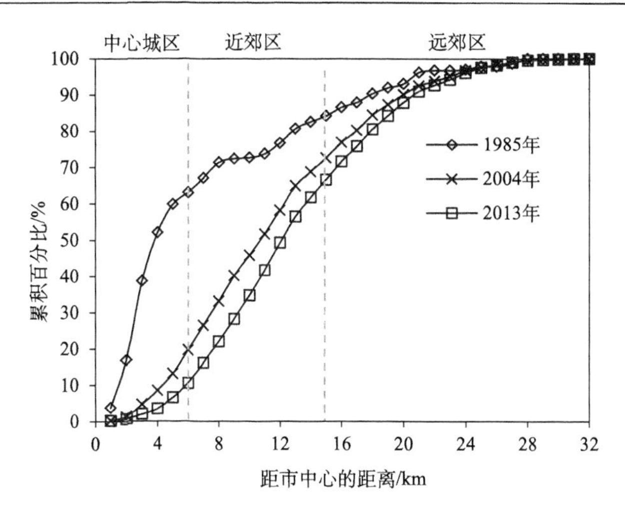

图 3-4　基于距市中心距离的制造业企业密度和企业数量空间分布变化

重保持不变，而距市中心 15 km 半径以外的区域制造业比重增加至 33.5%，这表明 2004 年以后出现的大规模中心城区企业外迁也成为推动无锡制造业郊区化的另一重要因素。

新成立企业多选址于远近郊区是无锡制造业郊区化的主要原因。自 2005 年起，无锡有 2002 家规模以上的制造业企业成立，其中 1208 家（60.3%）企业在近郊区选址，685 家（34.2%）企业在远郊区选址，仅有 109 家（5.5%）企业布局在中心城区，但这些企业多以职工人数少于 50 人的小型企业为主。

同时，中心城区企业外迁也推动了无锡制造业的郊区化。在 1985 年位于中心城区的 189 家制造业企业中，至 2004 年有 72 家（38%）企业倒闭或整体搬迁至远近郊区，在 2005 年至 2013 年间，另有 47 家（25%）企业倒闭或搬迁，14 家（7%）企业保留了中心城区的部分厂区用地转为企业的管理或经营部门，并将生产部门迁至远近郊区或其他城市；至 2013 年仅有 56 家（30%）企业仍在原址布局，而这些企业中绝大多数是规模较小或原本已在中心城区边缘布局的企业。

不同所有制制造业的企业密度与数量空间分布差异明显（图 3-5 和图 3-6）。20 世纪 80 年代制造业企业在中心城区集聚，国有企业作为主要的所有制类型，奠定了其在中心城区集聚的空间分布格局（刘涛和曹广忠，2010）。1985 年，87.2% 的国有企业集中在距市中心 6 km 的半径区域内；在制造业区位选择的空间分散化和郊区化后，受所有制改革的影响，新建企业中的国有企业比例不断降低，2004 年其在各圈层中的比例变化不大，郊区化趋势并不显著；2013 年受中心城区国有企业倒闭或向近郊区迁移的影响，距市中心 6 km 的半径范围内国有企业比重减少至 48.6%，6～15 km 的半径区域内国有企业比重增至 44%。20 世纪 80 年代无锡集体所有制的乡镇企业繁荣发展，1985 年距市中心 6 km 半径以外的区域集中了六成的集体企业；受 20 世纪 90 年代中后期集体企业私有化的影响，集体企业数量大幅减少，但 2004 年、2013 年其在圈层中的比例却变化不大。同时，20 世纪 90 年代中期以来大量国有企业和集体企业实施股份制改革转制为混合所有制企业，2004 年距市中心 6 km 的半径范围内集中了 40%的混合所有制企业，2013 年这一比重降至 25%，其圈层分布特征变化相对较小。而社会主义市场经济体制下的新所有制类型——私营企业、外资和港澳台资企业没有或较少经历中心城区集聚的阶段（刘涛和曹广忠，2010），2004 年距市中心 6 km 的半径区域内仅集中了 14%的私营企业和 20%的外资和港澳台资企业，距市中心半径由 6 km 扩展到 15 km 的区域内，私营企业、外资和港澳台资企业所占比重分别快速增至 70%和 82%，二者在近郊区大量聚集；2013 年二者在距市中心 6 km 的半径范围内的比重分别降至 5.5%和 8.4%，80%的外资和港澳台资企业集中在距市中心 17 km 的半径范围内，而对于私营企业，对应的空间范围是 19 km，相较而言，私营企业的远郊化趋势明显。

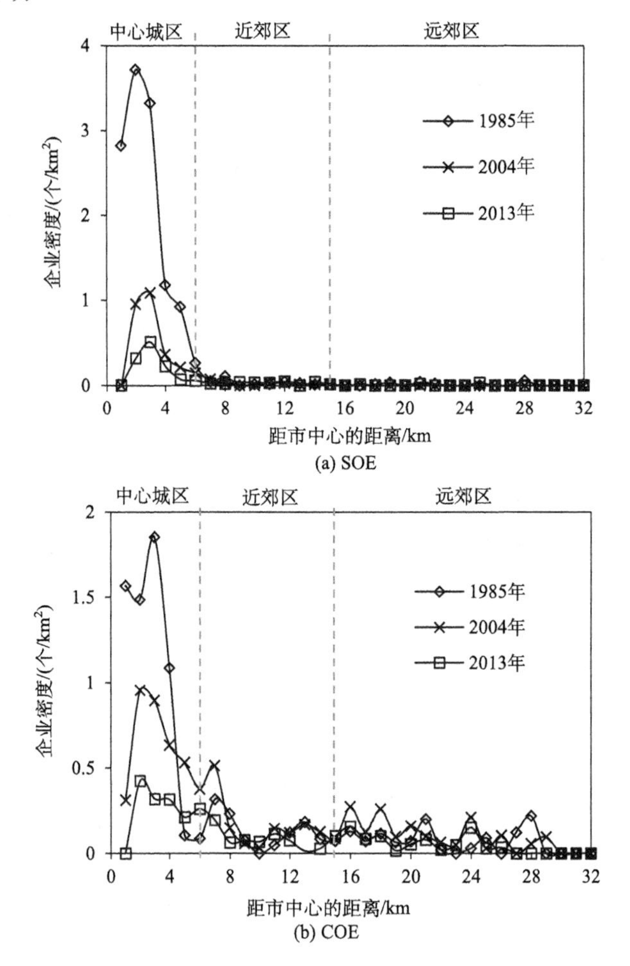

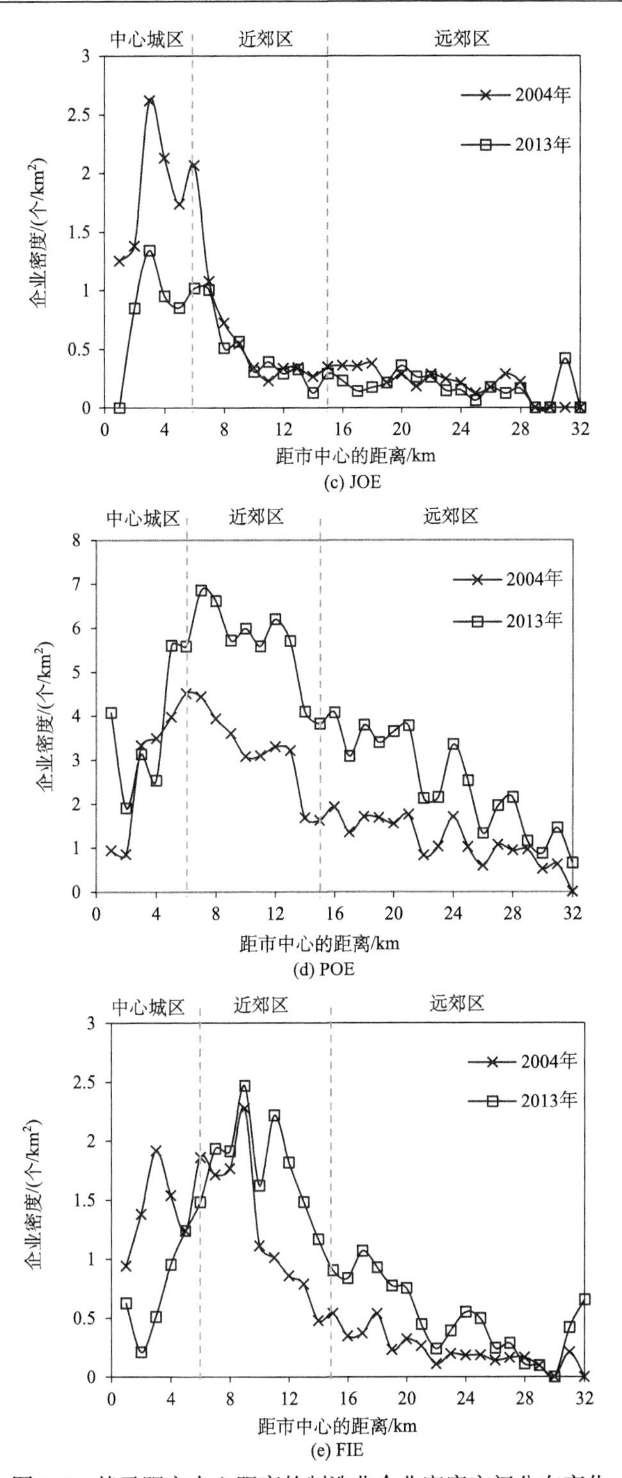

(c) JOE

(d) POE

(e) FIE

图 3-5　基于距市中心距离的制造业企业密度空间分布变化

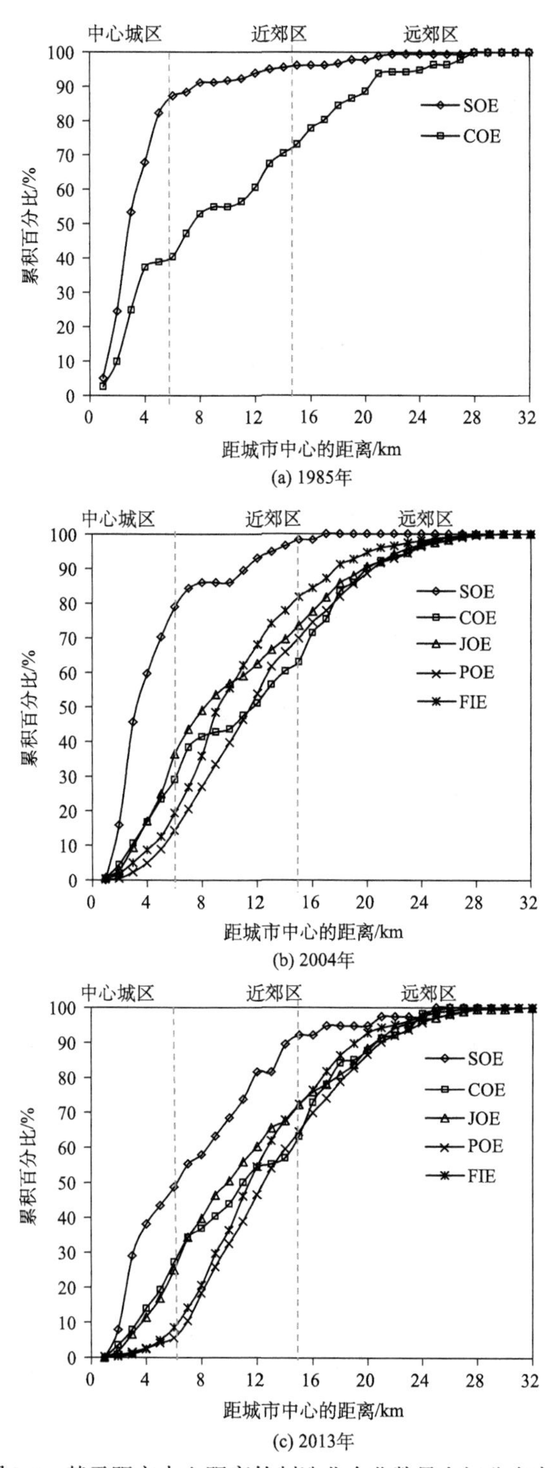

图 3-6　基于距市中心距离的制造业企业数量空间分布变化

3.4.2　基于圈层和行政区的制造业整体空间布局分析

表 3-5 基于圈层和行政区的制造业企业数量、工业产值的统计分析结果同样显示无锡制造业的空间分散化和郊区化程度非常明显。整体而言，制造业企业表现出在近郊区的比重大幅增加，在远郊区比重相对缓慢增长，而在中心城区份额大幅下降。1985 年制造业企业显著地集中在中心城区，中心城区以仅占市域总面积 5.5%的土地面积，承载了全市 50.8%的制造业企业，创造了 62.1%的工业产值，吸纳了 59%的就业人口。然而，2004 年中心城区制造业的企业数量、工业产值比重大幅下降至 13.6%、16.0%，而在近郊区的比重则相应地则增加至 58.0%、65.1%。至 2013 年超过 90%的制造业位于中心城区以外，郊区，尤其是近郊区成为制造业分布的主要区域。

从行政区层面来看（表 3-5），无锡制造业企业的空间重构具有不均衡性。1985 年位于中心城区的传统工业区——北塘区是制造业企业集聚度最高的区域，其工业生产值占全市比重的 30%以上。自 2000 年以来，新区逐渐成为无锡制造业的集聚区，2004 年其工业生产值占全市比重的 35%以上，2013 年达到 46.1%。滨湖区临近太湖，是 20 世纪 80 年代无锡郊区的重要制造业集聚区，受环境保护压力的影响，其制造业比重在 2013 年呈现出下降趋势。滨湖区制造业发展引起了严重的太湖水质污染，自 2006 年以来，政府在滨湖区指令性关闭，迁出 203 家污染型

表 3-5　1985 年、2004 年、2013 年无锡制造业的圈层和行政区分布及演变情况

区域	企业数量/%			工业产值/%		
	1985 年	2004 年	2013 年	1985 年	2004 年	2013 年
中心城区	50.8	13.6	6.2	62.1	16.0	5.6
崇安区	12.6	1.9	0.5	14.1	4.1	0.2
南长区	14.5	3.7	2.1	17.5	5.3	3.9
北塘区	23.7	8.0	3.6	30.4	6.6	1.5
近郊区	32.8	58.0	60.7	29.9	65.1	72.3
滨湖区	14.2	16.7	9.7	17.2	11.4	5.6
惠山区	8.1	17.4	18.5	4.8	12.2	12.7
锡山区	3.2	8.0	8.8	2.6	6.0	7.9
新区	7.3	15.9	23.7	5.4	35.5	46.1
远郊区	16.4	28.4	33.0	8.0	18.9	22.1
滨湖区	4.0	6.1	5.8	1.7	3.7	2.7
惠山区	4.6	10.0	10.3	2.7	7.6	8.2
锡山区	7.8	12.4	16.9	3.6	7.7	11.2

企业，严格控制滨湖区制造业数量，仅允许环保型或高科技产业制造业进驻该区。在政府“退二进三”“城市南进，产业北移”规划政策的引导下，无锡北部的惠山区和锡山区成为吸纳制造业企业的主要区域，其制造业比重不断增加。

3.4.3 基于街道/乡镇的不同所有制制造业区位商分析

采用区位商来研究不同所有制制造企业在街道/乡镇空间尺度上的分布特征，五种所有制类型的制造业表现出各不相同的空间分布模式（表 3-6）。

区位商结果显示，在 1985 年、2004 年和 2013 年国有企业均在中心城区的街道集聚，而在四个外围城区的街道/乡镇分布很少。但随着时间的推移，国有企业呈现出从中心城区的中心街道逐步向外围街道扩散的态势。此外，2013 年远近郊区的几个乡镇（新安、堰桥、旺庄、马山、鸿山和后宅，其中大部分为国家级、省级或市级开发区所在地）的区位商也高于 1。伴随所有制改革，许多中心城区的国有企业或倒闭、转制为其他所有制类型或搬迁至郊区，而新成立的国有企业倾向于在郊区布局。2004 年制造业企业数据库中有 57 家国有企业，至 2013 年，其中 26 家国有企业倒闭或转制为其他所有制类型，8 家搬迁至郊区。例如，成立于 1958 年的无锡钻探工具厂，最初位于南长区，后搬迁至惠山省级开发区，在 2013 年拥有 259 名职工；成立于 1980 年的无锡第一纺织厂，最初位于南长区，后搬迁至锡山国家级经济技术开发区，在 2013 年拥有 1561 名职工。2004 年以后成立的 4 家国有企业都选择了在郊区布局，其中一家在无锡高新技术产业开发区布局，一家在锡山国家级经济开发区布局。地方政府将那些在原有区位发展受到空间限制的国有企业，布局在国家级、省级开发区或一些基础设施较好的临近中心城区的地域。同时，国有企业分布的街道/乡镇土地价格通常较高（图 3-7），这也表明国有企业的区位行为更多的是受行政机制引导，而不是市场机制。

1985 年大多数集体企业在远近郊区的各个乡镇集聚，这主要归因于 20 世纪 80 年代无锡集体所有制的乡镇企业繁荣发展，但自 20 世纪 90 年代中期乡镇企业转制私有化以后，集体企业多集聚在中心城区的街道/乡镇。随着私有化不断推进，2013 年区位商高于 1 的街道/乡镇数量相较于 2004 年有所下降。截至 2013 年，在 2004 年数据库中的 227 家集体企业，113 家已倒闭或转化为其他所有制类型。

混合所有制企业的空间分布不均衡，主要集聚在中心城区和滨湖区（20 世纪 80 年代无锡郊区的所在地）的一些街道/乡镇（如河埒、渔港等）。20 世纪 80 年代国有企业和大型集体企业是这一区域的主要所有制类型。所有制改革以来，大部分位于该区域的企业转制为混合所有制。2004 年数据库中，在 1992 年之前成立的 245 家混合所有制企业中，大部分位于中心城区（28%）和滨湖区（45%）就印证了这一点。

表 3-6　1985 年、2004 年和 2013 年不同所有制制造业企业区位商

地区	行政区	街道/乡镇	开发区/产业园区级别	SOE			COE			JOE		POE		FIE	
				1985 年	2004 年	2013 年	1985 年	2004 年	2013 年	2004 年	2013 年	2004 年	2013 年	2004 年	2013 年
中心城区	崇安区	崇安		1.7	15.6			4.8		1.1	2.4			2.0	
		广益			4.7	2.7	1.1	1.8	4.0	2.4	2.6			1.2	
	北塘区	北塘		3.1	10.7	20.4		2.5	7.9	2.0	4.8				
		山北	M		2.2	1.4	1.1			1.0		1.1	1.2		
		黄巷			1.2		1.0		3.3	1.5	2.1				
	南长区	南长		2.6	17.4	9.2		2.4	2.7	1.9	5.5			1.2	
		扬名	M	2.2	5.8	2.4		1.6	1.0	2.3	4.0				
近郊区	滨湖区	河埒		1.9	7.0	15.5		1.1	2.2	3.5	3.8				
		蠡园	P	1.4				1.6	3.5	1.7	2.4			1.4	
		华庄	M				1.1					1.3	1.2		
		东绛	M	1.2					1.0		1.8	1.2	1.1		
		渔港					1.1		1.4	2.1	2.6			1.2	
		雪浪					1.1		1.9				1.2		
		新安	M			3.1	1.1				1.1		1.2		
	惠山区	堰桥	M			1.7	1.2					1.3	1.1		
		长安	P				1.2		4.4				1.1		
		西漳	P				1.1					1.3	1.1		
		洛社	M				1.0	1.5				1.2	1.2		
		石塘湾	M				1.1	1.5				1.2	1.2		
		藕塘					1.2					1.3	1.2		
		钱桥	M				1.0					1.3	1.2		

续表

地区	行政区	街道/乡镇	开发区/产业园区级别	SOE			COE			JOE		POE		FIE	
				1985年	2004年	2013年	1985年	2004年	2013年	2004年	2013年	2004年	2013年	2004年	2013年
近郊区	锡山区	东亭	N				1.2							2.1	2.3
		查桥	M				1.1					1.3	1.2		
		东北塘					1.2					1.0	1.1	1.9	
	新区	南站					1.2	3.1	1.7	1.5	1.1				1.4
		坊前	N				1.2		1.7		1.1	1.3			1.4
		旺庄	N			2.1	1.2							3.1	3.2
		梅村					1.2					1.2			1.4
		硕放	P				1.2	1.7	1.0					1.4	1.8
远郊区	滨湖区	大浮								2.6	1.8		1.2		
		南泉					1.2								
		胡埭	P				1.1	1.8	1.6	2.6	1.2		1.2		
		马山	N			2.4	1.1	2.7	2.8	1.8	3.9			1.6	1.2
	惠山区	前洲	M				1.1	1.5	2.5			1.1	1.1		
		玉祁	M				1.1	1.6	1.9			1.2	1.1		
		杨市	M				1.2	1.5				1.2	1.2		
		阳山										1.5	1.2		
		陆区	M				1.2					1.5	1.2		

续表

地区	行政区	街道/乡镇	开发区/产业园区级别	SOE			COE			JOE		POE		FIE	
				1985年	2004年	2013年	1985年	2004年	2013年	2004年	2013年	2004年	2013年	2004年	2013年
远郊区	锡山区	安镇	M				1.1					1.3	1.2		
		厚桥					1.1					1.3	1.2		
		羊尖	M				1.1			1.8	1.3		1.1		
		鸿山	M			1.5	1.2			1.1	2.2	1.2	1.0		
		后宅				1.5	1.2			1.1	2.2	1.2			
		甘露					1.2	1.9	1.2			1.2	1.2		
		荡口	M				1.2	1.9	1.2			1.2	1.2		
		八士	M				1.2	1.1				1.2	1.1		
		张泾	M				1.1	1.1				1.2	1.1		
		东湖塘					1.1					1.2	1.1		
		港下	M				1.2					1.2	1.1		

注：下划线“═”“—”“---”分别表示该街道/乡镇有国家级、省级和市级开发区、产业园区。N表示国家级园区，P表示省级园区，M表示市级园区。

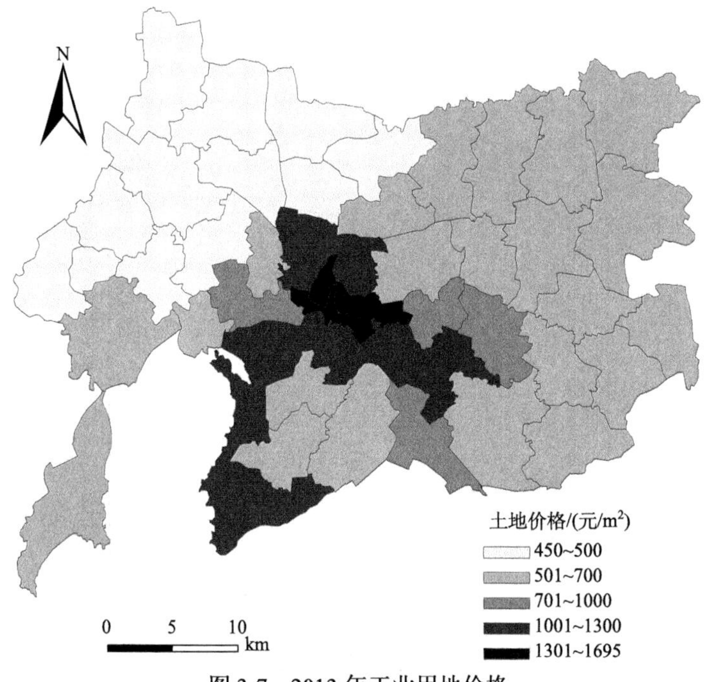

图 3-7　2013 年工业用地价格

私营企业主要布局在除新区以外远近郊区的各个街道和乡镇中。一方面，这主要是因为 20 世纪 90 年代中期以来远近郊区集体所有制乡镇企业的私有化；另一方面，无锡大多数私营企业都属于小型和低产出类型的企业，土地承租能力较弱，为避免承担中心城区高昂的地价，更倾向于布局在远离中心城区的外围地带（图 3-7）。与 2004 年相比，2013 年私营企业的空间集聚区域在临近中心城区和新区的区域缩小，这证实了由于级差地租，新成立的私营企业更倾向于布局在那些远离中心城区的土地价格较低的乡镇。此外，新区作为国家级和省级开发区的所在地，与其他三个区相比，其吸引投资的对象是外资企业、港澳台资企业和一些大型企业，大多数私营企业不能达到新区的准入门槛。

相较于私营企业，外资和港澳台资企业的空间布局更为集中。2004 年区位商高于 1 的空间单元主要集中在中心城区和一些拥有国家级或省级开发区的街道或乡镇。2013 年外资和港澳台资企业的空间分布更加集中，其在中心城区的集聚度减少，主要集中在东亭、马山和新区，新区成为无锡最大的外资和港澳台资企业集聚区。这表明在外商投资和港澳台商投资的早期阶段，外资和港澳台资企业更倾向于集中在中心城区，然而随着时间的推移，受中心城区发展空间限制以及高地价的影响，中心城区对外资和港澳台资企业的吸引力下降。至 2013 年，已有 47 家外资和港澳台资企业由中心城区迁至郊区。在 2004～2013 年成立的 476 家外资和港澳台资企业中，仅有 7 家选择布局在中心城区或其边缘。同时，外资和港澳台资企业布局的街道/乡镇的土地价格较私营企业要高，这反映了外资和港澳台资企业具有较高的土地承租能力。外资和港澳台资企业的区位选择变化与无锡远近郊区设立的国家级和省级开发区高度相关，外资和港澳台资企业倾向于在优惠政策集中和专业服务以及基础设施条件更好的开发区布局。

3.5 制造业的时空集聚演变特征

3.5.1 核密度估计分析

图 3-8 为利用核密度估计分析得到的无锡不同时期制造业集聚区。核密度估计的空间分析结果进一步印证了无锡制造业集聚中心逐步从中心城区向郊区扩散，

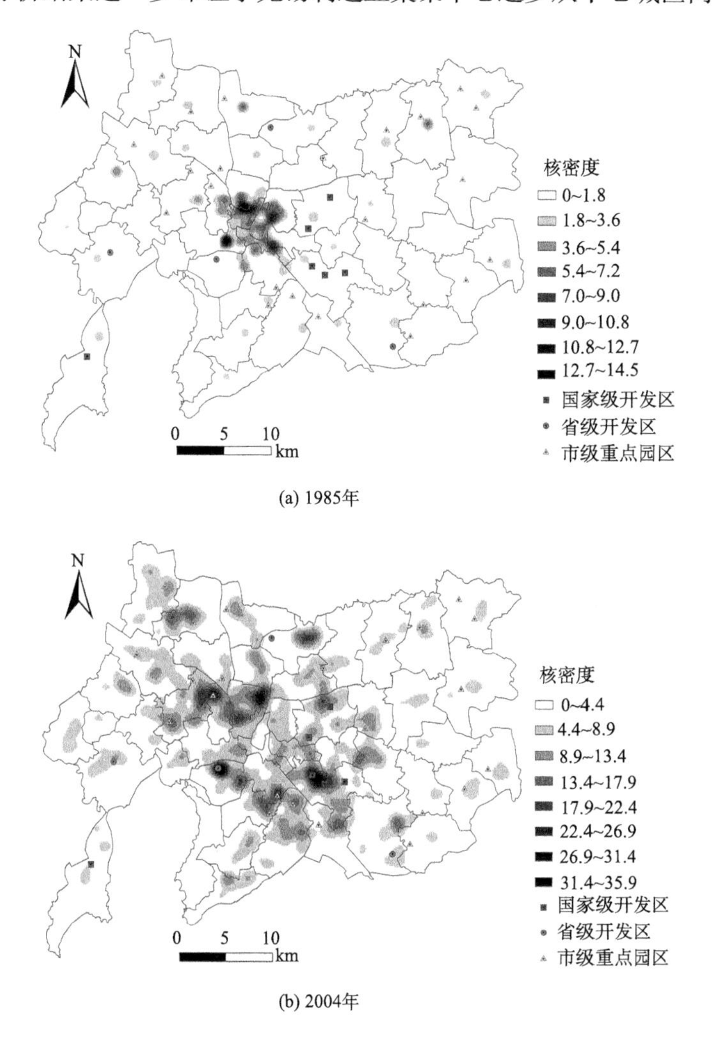

(a) 1985年

(b) 2004年

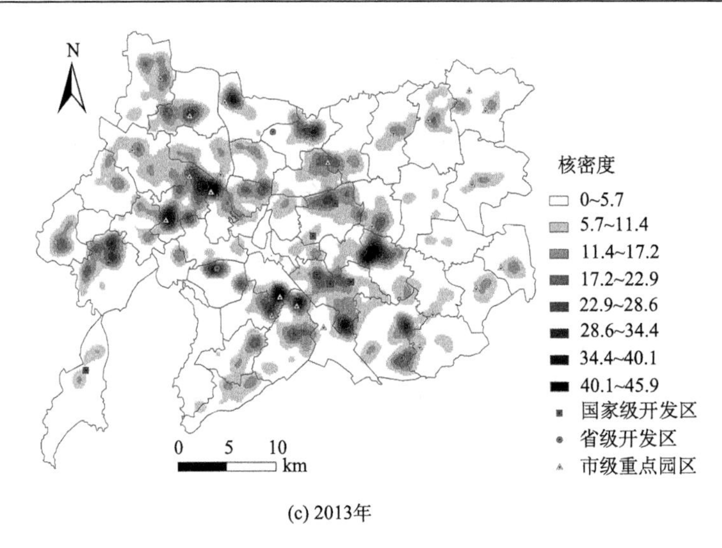

(c) 2013年

图 3-8 1985 年、2004 年和 2013 年制造业整体核密度估计分析

并形成若干集聚极核，多中心趋势明显。通过对比企业核密度估计值的空间分布格局与无锡开发区、产业园区的区位发现，制造业企业的核心集聚区和次级核心集聚区往往是开发区和产业园区的所在地。两者空间分布的一致性说明开发区、产业园区是无锡制造业企业集聚的主要空间载体。

1985 年制造业规模较小，核密度估计值较低，呈现出“中心城区-弱单中心”集聚分布的特点。2004 年在中心城区边缘和近郊区的核密度估计值显著增长，无锡制造业呈现出“中心城区外围-多中心发展”的空间分布格局，并形成了三个核心集聚区，分别是以无锡高新技术产业开发区、新加坡工业园为依托的核心集聚区，蠡园经济开发区核心集聚区和金山北私营工业园核心集聚区。2013 年制造业在空间上进一步向外扩散的同时，呈现出“近郊区-多中心集聚连片发展”之势，形成了三个较大规模的核心集聚区，分别为以无锡高新技术产业开发区、新加坡工业园、无锡出口加工区为依托的核心集聚区，以钱桥工业区、金山北私营工业园为依托的核心集聚区，及以扬名高科技产业园、滨湖经济技术开发区、黄金湾工业园区为依托的核心集聚区。同时，也形成了无锡经济开发区、硕放工业园区、蠡园经济开发区、堰桥工业园区、惠山经济开发区、锡山经济技术开发区这六个次级核心集聚区。总体而言，无锡制造业在区位演变过程中扩散与集聚效应并存：其中 1985～2004 年以扩散为主，表现为在此期间制造业的集聚区范围显著扩大；2004～2013 年以集聚为主，表现为制造业集聚程度进一步提高，核心集聚区连片发展。

2013 年不同所有制制造业核密度估计分析结果显示，各所有制制造业的空间集聚形态各异（图 3-9）。从其具体的分布空间来看，国有、集体企业由于企业数

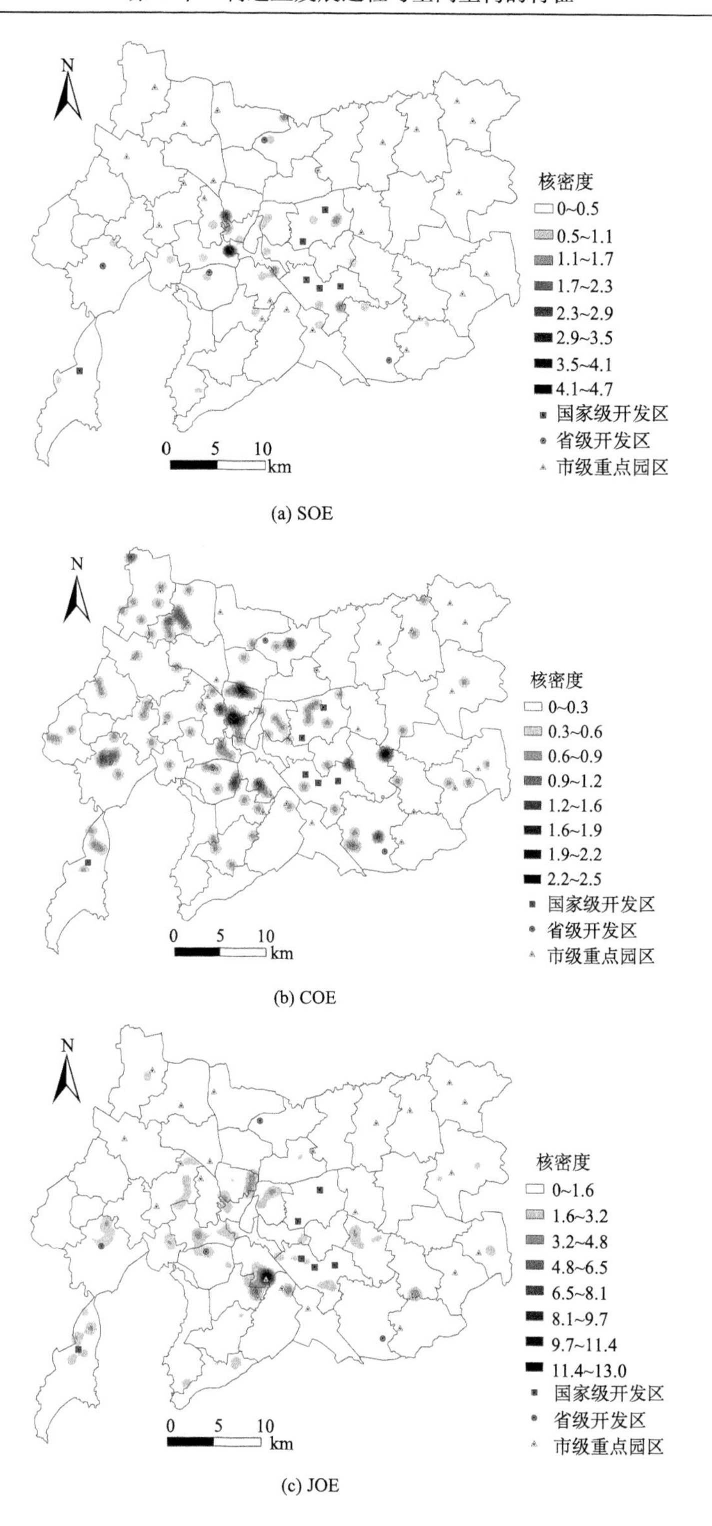

(a) SOE

(b) COE

(c) JOE

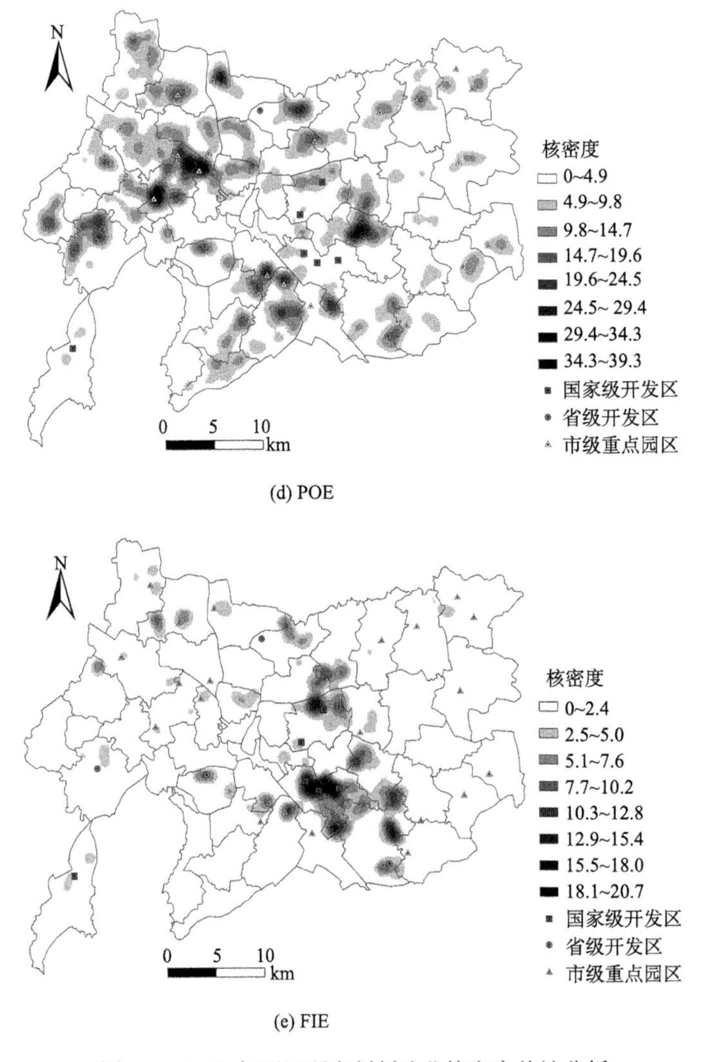

(d) POE

(e) FIE

图 3-9　2013 年不同所有制制造业核密度估计分析

量较少、分布分散，其核函数密度估计值相对较低，集聚特征不明显。混合所有制企业主要在扬名高科技产业园形成核心集聚区。私营企业数量最多，呈多中心分散式集聚，在近郊区形成若干核心集聚区和次级核心集聚区，其核心集聚区大多为市级园区所在地，而次级核心集聚区主要为省级园区和部分市级园区。外资和港澳台资企业的空间布局更为集中，形成了以无锡高新技术产业开发区、新加坡工业园、无锡出口加工区为依托的核心集聚区和以锡山经济技术开发区为依托的核心集聚区，其核心集聚区与国家级开发区的分布直接相关。总体而言，各类所有制企业的集聚区存在显著的空间差异化现象。

3.5.2　产值热点分析

图 3-10 显示 1985 年、2004 年、2013 年无锡制造业整体的产值热点逐渐从中心城区向郊区转移，新区的无锡国家级高新技术产业开发区、新加坡工业园、无锡出口加工区的所在地逐渐成为制造业整体的产值高热点区。这与上文的基于行政区的分析结果具有一致性（表 3-5）。土地有偿使用制度的建立，以及“退二进三”政策实施以后，原本在中心城区集聚的企业，特别是那些占地规模大的大型企业逐步迁往郊区，而那些仍在中心城区布局的企业多是一些小型企业。

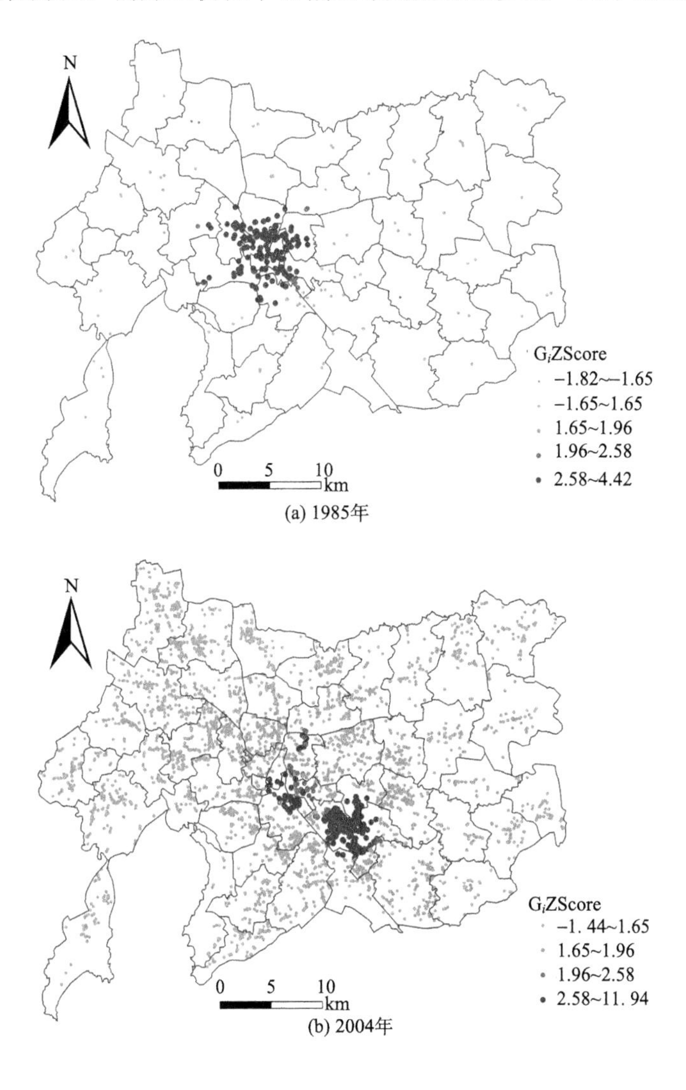

(a) 1985年

(b) 2004年

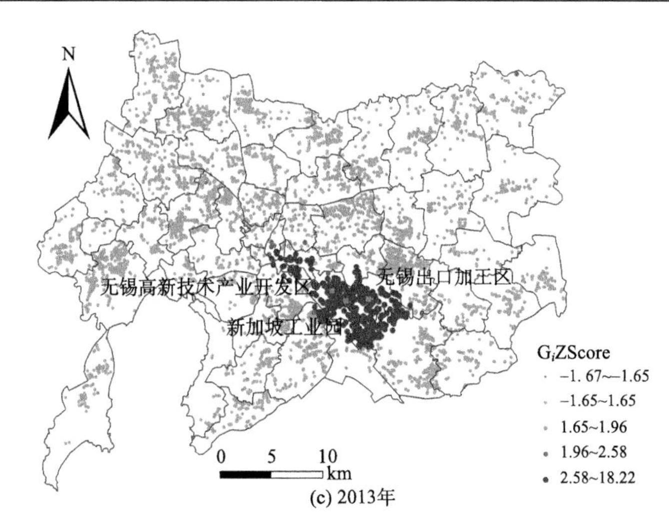

图 3-10　1985 年、2004 年和 2013 年无锡制造业整体基于产值的热点分析

不同级别的开发区其产业政策不同，并且同一开发区对不同类型的企业也会采取不同的产业政策。我国开发区的产业政策包括税收优惠、补助和市场可达性等（Oman，2000；Meyer and Nguyen，2005）。总体而言，高级别的开发区不仅拥有良好的基础设施，而且优惠政策较多，能够为入驻企业提供更为稳定、优良的投资环境（Wei et al.，2008）。例如，2013 年在国家级、省级和市级开发区、产业园区内，入驻企业需分别缴纳 15%、24%、30%的企业所得税，开发区、产业园区级别越低，企业需缴纳的所得税税率越高。此外，高级别的开发区也会通过设定一些特殊的优惠政策来吸引特定类型的制造业投资。但另一方面，高级别开发区的平均土地价格和租金相对较高，这会在某种程度上对企业的入驻有驱散作用。表 3-7 介绍了无锡国家级和省级开发区在功能定位、发展重点、制度安排等方面的详细信息。通过将制造业企业的产值热点区域与开发区、产业园区的区位进行比较，试图发现不同级别开发区在吸引特定所有制类型制造业企业中的作用。

如图 3-11 所示，由于 2013 年国有企业数量较少且分散分布，其企业的产值热点并不显著。通过比较各个国有企业的产值发现，高产值的国有企业主要分布在无锡国家级高新技术产业开发区、锡山经济技术开发区和惠山经济开发区等国家级和省级开发区。与在郊区布局的国有企业相比，位于中心城区的国有企业产值较低。中心城区土地资源稀缺限制了大型国有企业的发展，因此，规模较大的国有企业都迁至高级别的开发区，而规模相对较小的企业仍分布在中心城区。例如，无锡东方进口汽车修理厂，仅有 40 名职工，2013 年仍在中心城区南长区布局。对于集体企业而言，其产值的热点主要分布在国家级或省级开发区的所在地，如

表 3-7　2013 年无锡国家级、省级开发区

	名称	成立年份	土地均价/（元/m^2）	优惠政策和进入标准	产业类型
国家级	无锡国家级高新技术产业开发区	1992	1105	所得税税率为 15%； 对高新技术企业实行减免税收政策； 主要吸纳知识、科技密集型企业，主要是国外投资企业； 1992 年 8 月，无锡新区被国家环境保护局批准为“国家生态工业示范园区”，在全国率先制定了《无锡新区制造业项目评估办法》，为入驻企业设置诸多门槛，限制资源能耗大、污染程度高、环境行为差的企业进入。对于存量企业中的化工、“五小”“三高两低”企业，实施关、停、并、转	电子信息产业、集成电路产业、光伏产业、汽车零部件产业、生物医药产业
	新加坡工业园	1993	1045	与无锡国家级高新技术产业开发区相同	电子信息产业、精密机械产业
	无锡出口加工区	2002	770	与无锡国家级高新技术产业开发区相同； 享有简单、快捷的通关服务	集成电路产业、精密机械制造产业
	锡山经济技术开发区	2003	635	所得税税率为 15%； 主要针对内资企业	电子信息及软件、精密机械及机光电一体、高特精密纺织、新型材料
	无锡太湖国家旅游度假区	1992	525	所得税税率为 15%； 工业项目坚持高科技、无污染和环保导向	生物医药产业、汽车零部件产业、机械制造产业

续表

	名称	成立年份	土地均价 /（元/m^2）	优惠政策和进入标准	产业类型
省级	惠山经济开发区	2002	490	所得税税率为24%（通过高新技术企业认定的企业，可享受15%税率征收所得税）； 对新入驻的国际知名软件公司和大型研发机构实行购（租）房减免等优惠政策	汽车及汽车零部件产业、新能源、生命科技医药产业
	硕放工业园	2006	700	所得税税率为24%； 安置吸纳中心城区“退城进园”企业以及国家级高新技术产业开发区外迁企业，针对外迁企业以中小企业为主的特点，大力发展标准厂房，按照产业、行业集中布局的原则，鼓励中小企业进标房	汽车零部件产业、电子信息产业、生物医药产业
	蠡园经济开发区	1993	920	所得税税率为24%； 主要发展技术密集型、高精尖的无污染或微污染的一类工业和极少量微污染的二类工业（主要为乡镇企业），严禁污染较大的工业以及对风景区景观有影响的工业	电子信息产业、精密机械产业
	无锡经济开发区	2006	520	所得税税率为24%；吸纳安置无锡太湖区域附近的大型企业以及“退城进园”的大型企业，而且招商符合环保要求的重大内外资项目	工程机械、高性能机电

锡山经济技术开发区、硕放工业园，而其产值的冷点大多在中心城区集聚。混合所有制企业的产值热点集中在国家级开发区——锡山经济技术开发区和六个市级重点工业园区（图 3-11）。对于私营企业而言，其产值热点除了分布在锡山经济技术开发区、惠山经济开发区和硕放工业园区外，大部分分布在市级重点工业园区（图 3-11）。然而，外资和港澳台资企业的产值热点集中分布在无锡国家级高新技术产业开发区、无锡出口加工区、新加坡工业园、滨湖经济技术开发区、无锡（太湖）国际科技园。同时，无锡制造业整体的产值热点与外资和港澳台资企

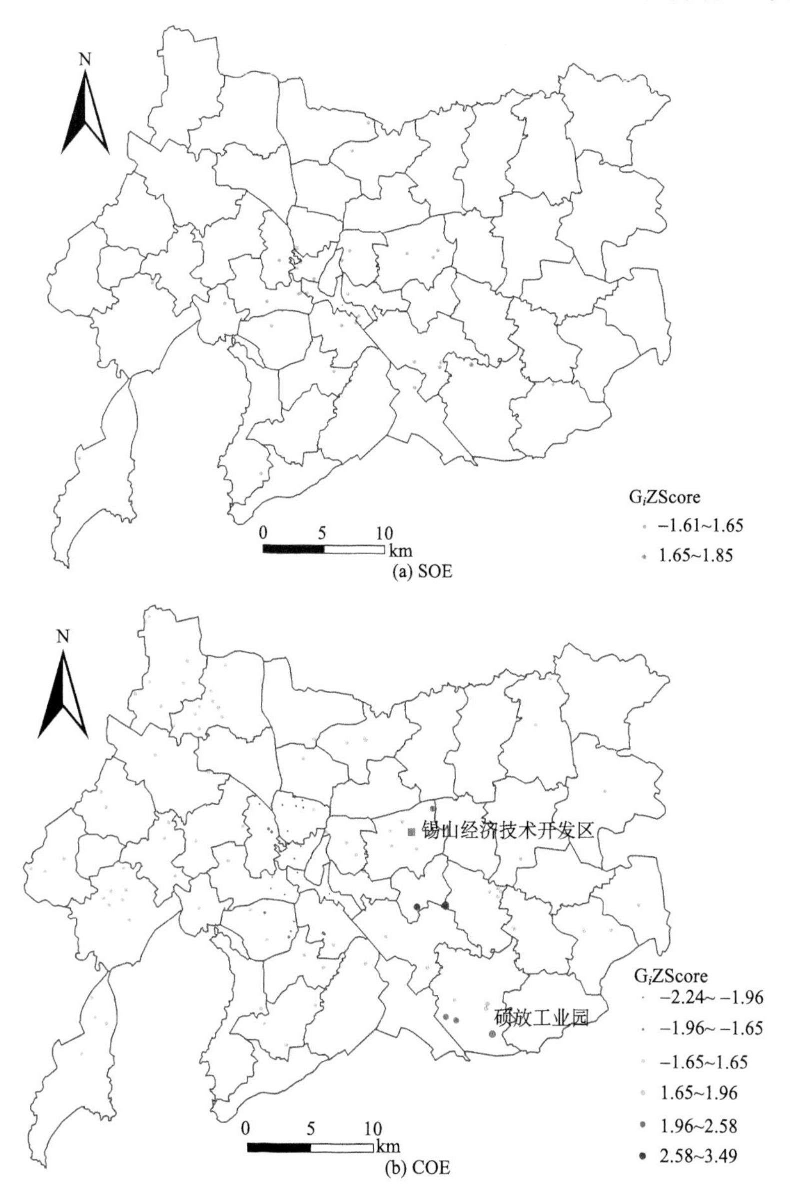

(a) SOE

(b) COE

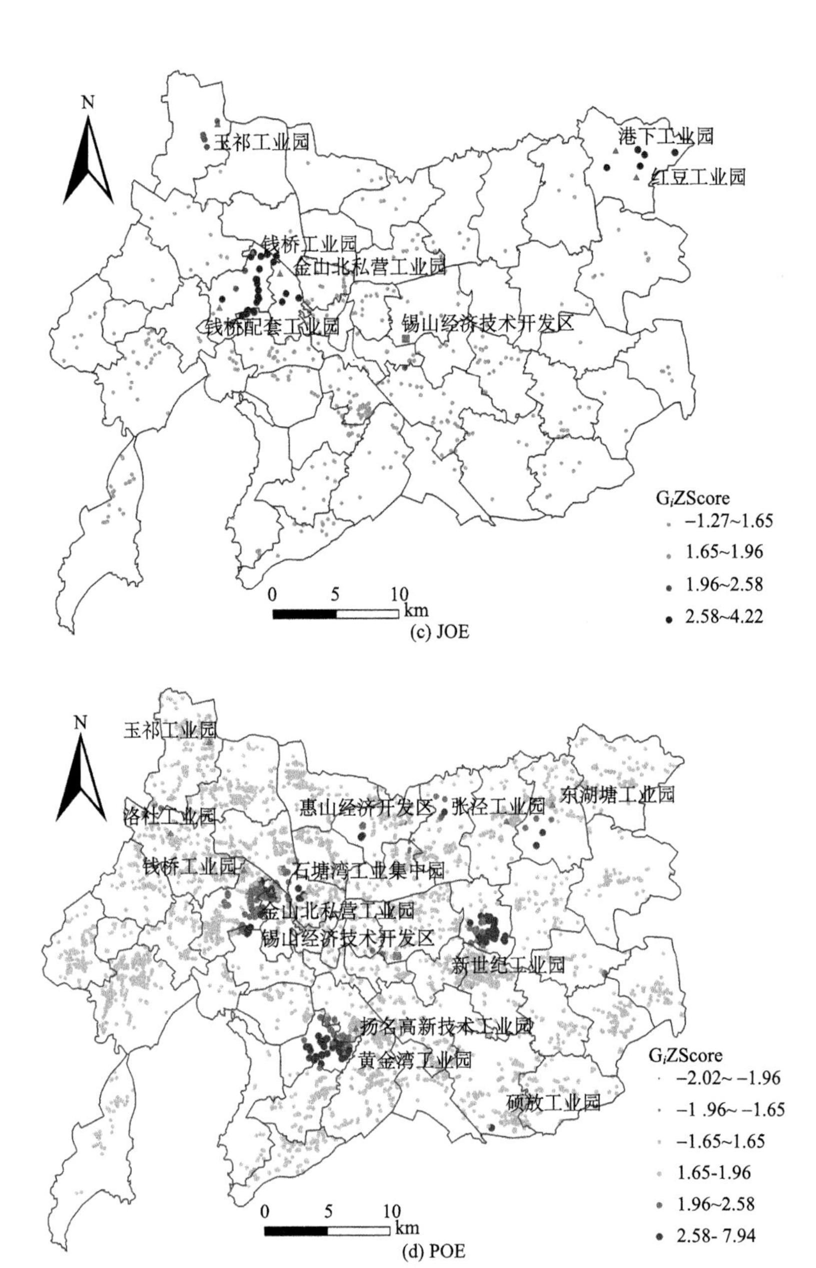
N
玉祁工业园
港下工业园
红豆工业园
钱桥工业园
金山北私营工业园
钱桥配套工业园
锡山经济技术开发区
G_iZScore
−1.27~1.65
1.65~1.96
1.96~2.58
2.58~4.22
0 5 10 km

(c) JOE

N
玉祁工业园
洛社工业园
惠山经济开发区
张泾工业园
东湖塘工业园
钱桥工业园
石塘湾工业集中园
金山北私营工业园
锡山经济技术开发区
新世纪工业园
扬名高新技术工业园
黄金湾工业园
硕放工业园
G_iZScore
−2.02~ −1.96
−1 .96~ −1.65
−1.65~1.65
1.65-1.96
1.96~2.58
2.58- 7.94
0 5 10 km

(d) POE

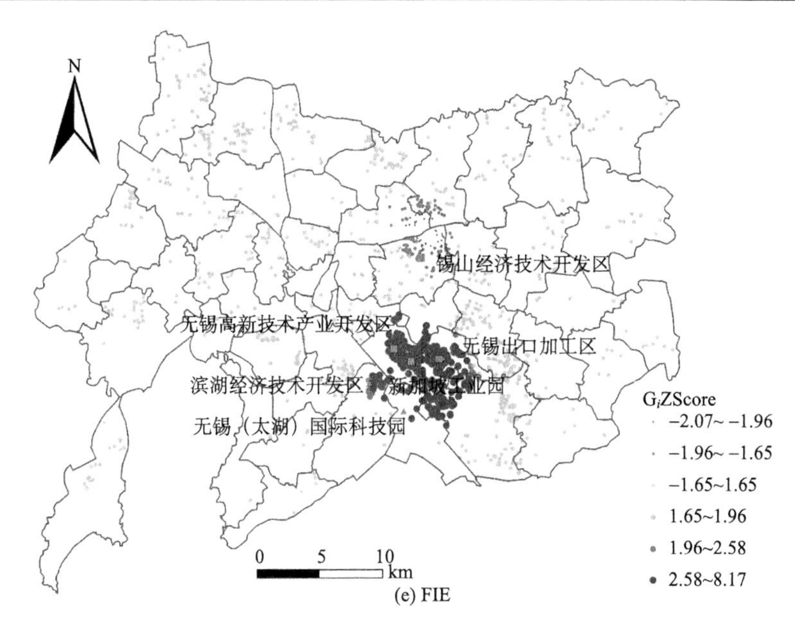

图 3-11　2013 年不同所有制制造业基于企业产值的热点分析

业产值热点分布区域相接近（图 3-11），这是由于外资和港澳台资企业的平均工业产值比集体企业、混合所有制企业和私营企业的工业产值要高（表 3-3），位于该区域的大部分外资和港澳台资企业都是高效率、高附加值的企业，如通信设备、计算机和其他电子设备制造业企业等。

无锡国家级高新技术产业开发区、新加坡工业园、无锡出口加工区，是由中央政府设立，以外资和港澳台资企业为导向的国家级开发区。其中，无锡国家级高新技术产业开发区、新加坡工业园的土地价格和租金是其他开发区的两倍多（表 3-7）。丰厚的优惠政策和补助，以及优质高效的服务和基础设施使得这三家开发区对大型的外资和港澳台资企业具有巨大的吸引力。截至 2013 年，全球五百强中的 82 家企业都在此设立了工厂。为推进开发区的产业结构升级，这三家开发区的管委会对入驻该区的企业设置了评价标准，对于存量企业中的化工、“五小”“三高两低”企业，实施关、停、并、转政策。锡山经济技术开发区 1992 年被设立为省级开发区，2003 年升级为国家级开发区。该开发区主要面向内资企业，是国有企业、集体企业和混合所有制企业的产值热点所在地。同时，该开发区也是外资和港澳台资企业的产值冷点所在地。这是由于锡山经济技术开发区作为国家级开发区享有与无锡国家级高新技术产业开发区、新加坡工业园和无锡经济开发区相同的优惠政策，而其土地的价格却比其他三家开发区要低，这对于小型的外资和港澳台资企业来说无疑具有巨大的吸引力。惠山经济开发区是一家大型的省级开发区，是无锡北部制造业的集聚区。因相对优惠的政策和低廉的土地价格，该开发区对大型的私营企业有巨大的吸引力。硕放工业园原本是市级重点工业园，2006 年被升级为省级工业园。与无锡国家级高新技术产业开发区临近，拥有高等级的基础设施，使得硕放工业园主要承接高新区和中心城区外迁的企业。硕放工业园中大部分的私营企业都是高产值企业，同时一些大型的乡镇企业也在该工业园布局。太湖国家旅游度假区和蠡园经济开发区，临近太湖区域，并严格坚持工业项目高科技、无污染和环保导向。由于注重环境保护，这两个开发区不是制造业的产值热点所在地。

3.6 本章小结

本章首先系统地阐述了经济体制改革以来无锡制造业的发展过程及其所有制改革过程，并且基于 1985 年、2004 年、2013 年制造业企业层面的数据，分析了制造业企业的所有制特征及产业特征，发现不同所有制类型制造业的规模和效率差异明显。其次，采用了企业密度与数量、区位商、核密度估计分析、产值热点分析等空间分析方法，从距离、行政单元和开发区等不同地理空间尺度来研究无锡制造业空间分布与集聚的演变过程与特征，并且总结了经济体制改革下无锡制造业空间重构的模式（图 3-12）：由计划经济体制下以国有企业为主在中心城区集聚的“单中心”格局，向社会主义市场经济体制下多元所有制企业在郊区各级别开发区、产业园区集聚的“多中心”格局演变。

具体而言，无锡制造业在空间重构的过程中扩散与集聚效应并存，表现出显著的郊区化和空间不均衡特征。不同所有制制造业的企业密度与数量、区位商及核密度的差异明显，表现出各不相同的空间分布模式和集聚形态：国有企业呈现出在中心城区集聚并逐步向近郊区国家级园区扩散的特征；集体企业由村村分散布局向乡镇工业园迁移整合；混合所有制企业呈现出多在中心城区和近郊区集聚的态势；私营企业多在远近郊区的市级园区呈多中心分散式集聚，其郊区化特征较其他所有制企业更为明显；外资和港澳台资企业的空间集聚度最高，显著集聚在国家级开发区所在地。产值热点分析结果表明，不同所有制制造业的企业产值热点与开发区、工业园区的级别有着显著的相关性。开发区管委会在招商引资上的选择性，显著地影响了不同所有制企业的分布。通过提供更多的优惠政策，高级别的开发区能够吸引符合其产业发展重点的高效、大型的企业，如外资和港澳台资企业；通过设置较高的企业准入门槛以及较高的土地价格，高级别的开发区能够有效地排除低效、小型、污染型企业集聚，如私营企业；此外，高级别的开发区会为政企关系密切的企业提供优惠政策，如国有企业。

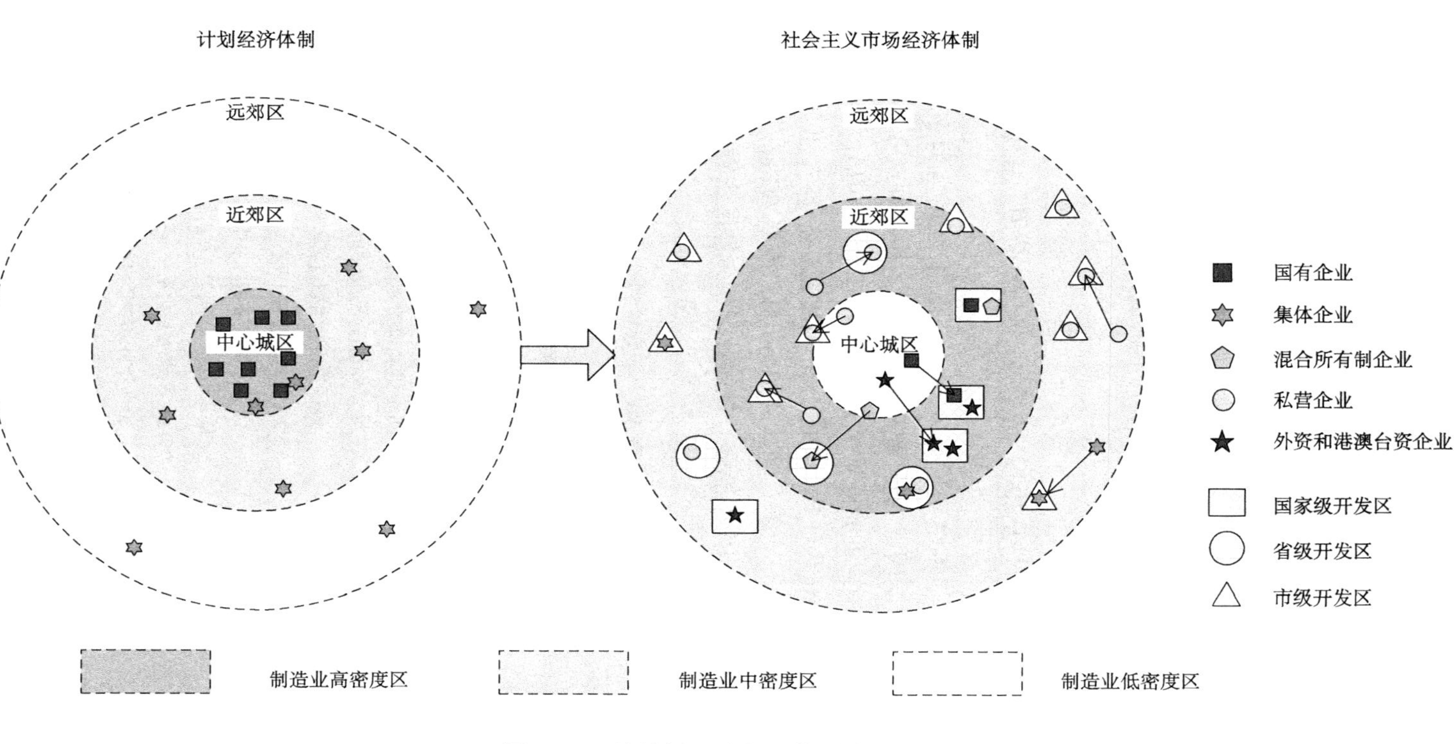

图 3-12　无锡制造业空间重构的模式

第 4 章　制造业空间重构的影响因素

本章以区位理论为基础，通过构建制造业区位影响因素分析模型，分析经济体制改革以来无锡制造业区位演变的影响因素，并通过对比这些影响因素的作用强度随时间变化的差异，以及在不同所有制制造业间的差异，剖析制造业空间重构的体制动因。

4.1　制造业区位影响因素分析模型构建

以街道/乡镇为基本空间单元，以落入街道/乡镇内的企业数量作为因变量（表 4-1），以区位影响因素为解释变量（表 4-2）构建制造业区位影响因素的分析模型。落入街道/乡镇内的企业数量是不连续的，具有明显的离散特性，是统计学中的计数变量。因变量为计数变量的分布不服从正态分布，也不是连续分布，因此假设因变量服从 Poisson 分布，构建 Poisson 回归模型（Greene，2000；张华和贺灿飞，2007）。Poisson 回归模型能够有效统计影响事件发生频次的影响因素（毕秀晶等，2011）。

表 4-1　因变量列表

因变量	指标说明
Y_1	1985 年街道/乡镇内全部制造业企业数量
Y_2	2004 年街道/乡镇内全部制造业企业数量
Y_3	2013 年街道/乡镇内全部制造业企业数量
Y_4	1985 年街道/乡镇内国有制造业企业数量
Y_5	2004 年街道/乡镇内国有制造业企业数量
Y_6	2013 年街道/乡镇内国有制造业企业数量
Y_7	1985 年街道/乡镇内集体制造业企业数量
Y_8	2004 年街道/乡镇内集体制造业企业数量
Y_9	2013 年街道/乡镇内集体制造业企业数量
Y_{10}	2004 年街道/乡镇内混合所有制制造业企业数量
Y_{11}	2013 年街道/乡镇内混合所有制制造业企业数量
Y_{12}	2004 年街道/乡镇内私营制造业企业数量
Y_{13}	2013 年街道/乡镇内私营制造业企业数量
Y_{14}	2004 年街道/乡镇内外资和港澳台资制造业企业数量
Y_{15}	2013 年街道/乡镇内外资和港澳台资制造业企业数量

假设第 i 个街道/乡镇内的制造业数量 Y_i 服从参数为 λ_i 的Poisson分布，参数 λ_i 决定着Poisson分布的特征，而一系列区位影响因素 X_i 决定着 λ_i。根据Poisson分布概率密度函数，某街道/乡镇内的制造业数量为 y_i 的概率是

$$P\left(Y_i = y_i \middle| X_i\right) = \frac{\lambda_i^{y_i}}{y!} \mathrm{e}^{-\lambda i} \tag{4-1}$$

式中，参数 λ_i 取决于一系列的解释变量 X_i，其函数表示为

$$\lambda_i = \mathrm{e}^{\beta X_i} \tag{4-2}$$

两边取自然对数得

$$\ln \lambda_i = \beta X_i \tag{4-3}$$

其中，β 为各变量的回归系数向量，其极大似然估计量可通过如下对数似然函数得到

$$L(\beta) = \sum_{i=1}^{n} y_i \ln \lambda_i - \lambda_i - \ln\left(y_i !\right) \tag{4-4}$$

Poisson回归模型的一个重要假设是因变量的条件均值与条件方差相等，且等于 λ（λ 既为均数也为方差），即

$$\mathrm{Var}\left(Y_i \middle| X_i, \beta\right) = E\left(Y_i \middle| X_i, \beta\right) = m\left(X_i, \beta\right) = \lambda_i = \mathrm{e}^{\beta X_i} \tag{4-5}$$

在满足Poisson分布条件的基础上，采用上述的对数似然函数来估计方差，得到 y_i 的估计值 $\hat{y}_i$，并作辅助回归：

$$\left(y_i - \hat{y}_i\right)^2 - y_i = \alpha y_i^2 + \tau \tag{4-6}$$

式中，τ 是残差。获得回归系数并检验其显著性。

对于非独立事件，它的计数资料一般表现为均数远小于方差，形成超离散，α 显著大于零，该情况不符合Poisson回归模型的前提，研究中则需要对Poisson回归模型进行修正。通常采用负二项回归模型代替得到 β 的准极大似然估计（Wu，2000；吕卫国和陈雯，2009；毕秀晶等，2011；张华和贺灿飞，2007）。

$$E\left(Y_i \middle| X_i, \beta\right) = \lambda_i \tag{4-7}$$

$$\mathrm{Var}\left(Y_i \middle| X_i, \beta\right) = \mathrm{e}^{\beta X_i} + \alpha^{2\beta X_i} \tag{4-8}$$

负二项分布模型中，因变量的方差可以超过平均值，Poisson分布则是附属参数 α 等于0时的负二项分布模型的特殊情况。当 α=0时，该模型便退化为Poisson回归模型。α 越大，表明越强的离散程度。

4.2 区位影响因素的分析与量化

4.2.1 市场区位要素

影响制造业企业区位选择的机制比较复杂，本书将经济体制改革下的制造业空间重构视为是市场区位要素和政府调控因素的综合影响，模型选取的解释变量及各指标说明见表 4-2。

表 4-2 解释变量指标选取及说明

市场区位要素		政府调控因素	
变量	指标说明	变量	指标说明
X_1	土地价格	X_5	有国家级园区为 1，否则为 0
X_2	距市中心的距离	X_6	有省级园区为 1，否则为 0
X_3	高速公路与等级公路路网密度	X_7	有市级重点工业园区为 1，否则为 0
X_4	距硕放机场的距离	X_8	是中心城区为 1，否则为 0
		X_9	距太湖的距离

市场区位要素主要涉及企业的经营成本，具体体现在两方面：一是土地成本，二是交通运输成本。在市场机制下，生产要素成本是企业进行区位决策时需要考虑的重要的区位要素（赵新正等，2011）。我国土地有偿使用制度改革以后，土地成本成了制造业生产要素成本的重要组成，在成本最小、利润最大区位原则的影响下，我国城市制造业的企业区位发生演变（吕卫国和陈雯，2009）。引入变量土地价格 X_1，由于土地有偿使用制度改革自 1987 年开始实施，故不考虑地价因素对 1985 年制造业区位选择的影响。根据无锡市 2004 年、2013 年工业用地级别与基准地价中的工业用地详细地段范围说明及平均地价给各街道/乡镇研究单元土地价格赋值，若一个街道/乡镇内的工业地块土地价格不一，则根据区内地块面积最大的土地价格来定。

基于以上分析，提出假设 1（H_1）：土地价格 X_1 对制造业企业的区位选择具有负向影响作用。预计变量土地价格（X_1）的回归系数显著为负，显著性在各阶段和各所有制类型制造业企业中可能略有差别。

此外，综合交通运输成本也对企业的区位选择有重要影响，良好的交通基础设施可以有效地减少企业生产的交通运输成本，促使企业集聚（张晓平和孙磊，2012；张华和贺灿飞，2007）。通常情况下，距市中心距离越近的区域，其基础设施越完善，道路通达性越高，为此，以变量街道/乡镇到市中心的距离 X_2 来表征区位的通达性。此外，对外交通的通达性对于制造业企业的区位选择也尤为重要，以街道/乡镇内高速公路与等级公路路网密度 X_3 来衡量各街道/乡镇的区域交通通达性和对外连通度。在开放条件下，综合性机场是对外联系的重要节点，以街道/乡镇中心到无锡硕放机场的距离 X_4 作为区位要素之一。

自 1992 年无锡第一条高速公路——沪宁高速公路开工建设以来，无锡高速公路建设得到突飞猛进的发展，截至 2013 年年底，无锡已建成沪宁、锡澄、锡宜、宁杭、沿江、环太湖六条高速公路，总计 240 km，与发达国家路网密度相当，密度达到平均每百 km^2 拥有高速公路 5.1 km。2013 年无锡辖区内已形成二纵四横交织的高速路网，所有乡镇均处于高速公路 25 km 半径辐射范围内。硕放机场始建于 1955 年，位于无锡国家级高新技术产业开发区硕放街道境内，区位优势明显，西北距无锡市中心 12 km。自 2004 年 2 月 18 日正式开通民用航班以来，无锡硕放机场客货并举，当年完成运输旅客 32 万人次，此后每年递增 30 万人次，年旅客、货邮吞吐量位居全国机场前列，对无锡经济发展有着重要作用。

基于上述分析，利用 ArcGIS 分别计算了各街道/乡镇中心点到市中心——“三阳广场”的距离（X_2），各街道/乡镇高速公路与等级公路路网密度（X_3）、到硕放机场的距离（X_4）用以表征企业区位选择的交通成本。基于以上分析，提出假设 2（H_2）：区位的交通成本越高，越不利于企业集聚。预计各街道/乡镇中心点到市中心的距离（X_2）的回归系数为负，各街道/乡镇高速公路与等级公路路网密度（X_3）的回归系数为正，到硕放机场距离（X_4）的回归系数显著为负。

4.2.2　政府调控因素

开发区建设和产业空间政策是政府对制造业区位选择发挥调控作用的主要途径。在远近郊区建设各个级别的开发区、产业园区是地方政府积极引导制造业空间重构的重要措施。开发区通常具有较为完善的基础设施和专业化的企业服务，并且向入驻企业提供土地、税收等优惠政策，这些无疑对制造业企业的区位选择具有很强的吸引力，开发区的规划建设对制造业企业的区位有重要的引导作用（吕卫国和陈雯，2009）。1992 年起无锡开始掀起开发区设置热潮，截至 2013 年，无锡共设立了 5 个国家级和 4 个省级开发区/工业园区，并有 23 个市级重点工业园区（表 4-3 和图 4-1），为此根据街道/乡镇内享有产业政策的差别，引入变量街道/乡镇是否有国家级开发区、产业园区（X_5），是否有省级开发区、产业园区（X_6）和是否有市级重点工业园区（X_7）来分析各级别开发区、产业园区产业发展政策和优惠政策差异对制造业区位选择的影响。

表 4-3　无锡不同级别开发区、产业园区名录

级别	名称	所在街道或乡镇
国家级	1. 无锡国家高新技术产业开发区	旺庄
	2. 新加坡工业园	旺庄
	3. 无锡出口加工区	旺庄
	4. 锡山经济技术开发区	东亭
	5. 无锡太湖国家旅游度假区	马山
省级	1. 惠山经济开发区	长安
	2. 无锡硕放工业园区	硕放
	3. 蠡园经济开发区	蠡园
	4. 无锡经济开发区（原无锡新城工业安置区）	胡埭
市级重点	1. 无锡光电新材料科技园（金山北私营工业园）	山北
	2. 扬名高新技术产业园	扬名
	3. 滨湖经济技术开发区	华庄
	4. 黄金湾园区	东浲
	5. 无锡（太湖）国际科技园	新安
	6. 新世纪工业园	查桥
	7. 八士工业园	八士
	8. 石塘湾工业集中区	石塘湾
	9. 惠山经济开发区钱桥配套区	钱桥
	10. 钱桥工业园	钱桥
	11. 后宅工业园	后宅
	12. 机光电装备制造工业园	鸿声
	13. 鹅湖工业园（锡山开发区新型金属材料产业园）	荡口
	14. 甘露工业园	甘露
	15. 羊尖工业园（锡山经济开发区机械（高铁）装备产业园）	羊尖
	16. 张泾工业园	张泾
	17. 东湖塘工业园	东湖塘
	18. 港下工业园	港下
	19. 红豆工业园	港下
	20. 堰桥工业园	堰桥
	21. 洛社重点开放园区（无锡金属表面处理科技工业园区）	洛社
	22. 前洲工业园	前洲
	23. 玉祁工业园	玉祁

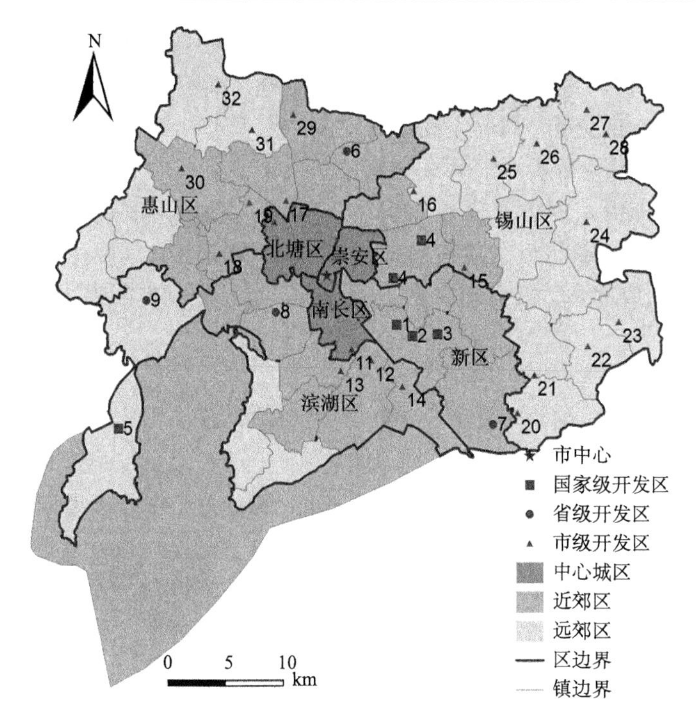

图 4-1　无锡不同级别开发区、产业园区分布图

基于上述三个虚拟变量，提出假设 3（H_3）：开发区、产业园区的优惠政策在制造业的区位决策中发挥着积极的作用。预计变量国家级、省级和市级重点开发区、产业园区（X_5、X_6、X_7）的回归系数均显著为正。总体而言，由于相较于高级别的开发区、产业园区，低级别的开发区、产业园区对入驻企业提供的优惠政策要少，因此其招商引资的能力会较弱；但是由于不同级别开发区对于企业的入驻门槛设定不同，因此各级别开发区、产业园区对不同所有制企业的吸引力并不相同。

无锡政府自 2000 年开始在中心城区大力实施“退二进三”政策，该举措成为制造业空间扩散与郊区化的重要政策驱动力（吕卫国和陈雯，2009）。因此街道/乡镇在城市地域结构圈层中的位置也可能影响到制造业的区位选择，根据上文划的空间范围将 49 个街道/乡镇划分为中心城区、近郊区和远郊区（图 4-1），引入街道/乡镇是否为中心城区（X_8）分析“退二进三”政策对制造业区位选择的影响。

基于以上分析，提出假设 4（H_4）：地方政府的产业空间政策对于不同区位制造业企业的集聚有着重要的引导和限制作用。预计变量街道/乡镇是否为中心城区（X_8）回归系数显著为负。

生态环境对于制造业的空间布局同样具有显著的方向性影响，自 2000 年以来，特别是无锡太湖蓝藻事件后，为改善太湖区域的自然生态环境，无锡政府提出“城市南进，产业北移”的城市空间发展战略（高爽等，2011），严格控制太湖附近区域的制造业发展，临近太湖区域对制造业具有排斥力，为此引入街道/乡镇距太湖的距离（X_9）分析政府环境保护政策对制造业区位选择的影响。

基于以上分析，提出假设 5（H_5）：政府环境保护对制造业企业区位选择具有重要影响作用。即临近太湖区位制造业企业数量较少，预计变量距太湖的距离 X_9 的回归系数显著为正，显著性在各阶段和各所有制类型制造业企业中可能略有差别。

4.3　模型结果解析

模型共有有效样本 49 个，在进行 Poisson 回归分析前，需要对解释变量——各区位影响因素进行相关性检验，由计算得出的 Pearson 相关系数可知，土地价格（X_1）与距市中心的距离（X_2）的相关性较高（表 4-4），为此将这两个解释变量分别单独进行 Poisson 回归分析以消除多重共线性问题。

表 4-4　自变量相关系数表

	X_1	X_2	X_3	X_4	X_5	X_6	X_7	X_8	X_9
X_1	1								
X_2	−0.611**	1							
X_3	−0.413**	0.159	1						
X_4	−0.375**	0.191	0.003	1					
X_5	0.064	−0.005	0.139	−0.219	1				
X_6	−0.039	−0.025	0.132	0.033	−0.114	1			
X_7	−0.383**	0.368**	0.027	−0.032	−0.169	−0.304*	1		
X_8	0.589**	−0.595**	−0.407**	−0.099	−0.138	−0.138	−0.134	1	
X_9	−0.336*	0.421**	0.247	0.042	−0.095	−0.082	0.369**	−0.147	1

**，在 1% 水平（双侧）上显著相关；*，在 5% 水平（双侧）上显著相关。

假设各街道/乡镇的制造业数量符合 Poisson 分布，为此，在 STATA 软件中进行 Poisson 回归分析，由于回归结果的变量均值与方差不相等，无法满足 Poisson 分布的假设，所以采用负二项回归进行分析，模型分析结果见表 4-5 和表 4-6。

4.3.1　制造业整体区位选择影响因素

由于土地有偿使用制度改革自 1987 年开始实施，故 1985 年模型中不考虑土地价格（X_1）对制造业区位选择的影响作用。土地价格（X_1）在 2004 年、2013

年制造业整体模型中回归系数显著为负，且回归系数呈增大趋势，说明土地有偿使用制度改革后，土地价格对于制造业区位选择的影响逐步增大，总体而言，制造业趋向于选择地价较低的区位，以降低企业固定成本，土地价格越高，对制造业的吸引力越弱。

距市中心的距离（X_2）未被引入 1985 年模型，这与 20 世纪 80 年代制造业分布不均衡，大型国有、集体所有制的制造业在中心城区集中分布，而众多小规模乡镇企业在乡村分布有关。但在 2004 年、2013 年模型中 X_2 回归系数为负，且较小，这表明由于交通基础设施在靠近城市核心区的区位较为完善，总体上企业尽量接近城市核心区的趋势并没有改变，但由于距市中心的距离（X_2）与土地价格（X_1）高度相关，受地价因素影响，制造业数量随距市中心距离增加而减少的趋势不明显，故回归系数较低。

高速公路与等级公路路网密度（X_3）均被引入 1985 年、2004 年、2013 年模型，回归系数为正且有增大趋势，说明无锡制造业有靠近高速公路、等级公路布局的演进趋势。而距硕放机场的距离（X_4）均以正回归系数被引入 1985 年、2004 年、2013 年模型，说明就无锡制造业整体而言，靠近机场对制造业企业区位选择的吸引作用相对微弱，相反企业会选择距离机场较远的区域布局。

表 4-5　制造业整体回归结果

变量	1985 年	2004 年	2013 年
X_1		$-0.142\,2^{**}$	$-0.342\,7^{***}$
X_2		$-0.046\,3^{***}$	$-0.020\,3^{***}$
X_3	$0.048\,3^{***}$	$0.034\,0^{***}$	$0.083\,9^{***}$
X_4	$0.134\,3^{***}$	$0.095\,8^{***}$	$0.048\,6^{***}$
X_5		$0.760\,2^{***}$	$0.895\,7^{***}$
X_6		$0.645\,1^{***}$	$0.971\,7^{***}$
X_7		$0.542\,9^{***}$	$0.639\,8^{***}$
X_8	$0.863\,7^{***}$	$-0.214\,2^{***}$	$-0.143\,6^{***}$
X_9		$-0.009\,8^{***}$	$-0.020\,4^{***}$
Cons	$2.136\,8^{***}$	$4.556\,5^{***}$	$4.843\,7^{***}$
Pseudo-R^2	0.373 2	0.344 0	0.498 2

***，1%水平上显著；**，5%水平上显著。

国家级、省级、市级重点开发区、产业园区（X_5、X_6、X_7）三个变量在 2004 年、2013 年制造业企业整体模型中均被引入，回归系数呈增加趋势且均为正向作用，说明开发区良好的政策环境条件对制造业企业具有巨大的吸引力，此外无锡政府的“退城进园”政策也促进企业向开发区和产业园区集聚。

是否为中心城区（X_8）以正回归系数被显著引入 1985 年模型中，以负回归系数被显著引入 2004 年、2013 年模型中，20 世纪 80 年代制造业倾向于分布在中心城区，但自 2000 年起无锡政府在中心城区大力推进“退二进三”政策，在郊区设置大量的开发区和产业园区，对制造业区位选择具有较强的引导作用，是导致制造业郊区化的重要动因。

距太湖的距离（X_9）未被引入 1985 年模型中，而以负回归系数被引入 2004 年、2013 年模型中，且回归系数有增大趋势（表 4-6）。

4.3.2 不同所有制制造业区位选择影响因素

不同所有制制造业的企业布局受土地价格（X_1）因素影响差异较大。X_1 未能引入 SOE 模型，说明 SOE 的区位选择对地价因素不敏感，由于国有企业与地方政府联系紧密，一直是地方政府政策优惠和扶植对象，政府向国有企业无偿或以远低于土地市场的价格配置土地资源，国有企业在区位选择时不受地价因素影响。X_1 以负回归系数引入 COE 和 POE 模型，以正回归系数引入 JOE 和 FIE 模型，表明在其他条件相同的情况下，JOE 和 FIE 倾向于布局在土地价格较高的街道/乡镇。这是由于土地价格较高的乡镇/街道通常基础设施较为完善，并且通达性较高，另一方面也说明了基础设施和通达性对 JOE 和 FIE 的重要性，JOE 和 FIE 具有较高的土地产出效率，即具有较高的土地竞租能力，而 COE 和 POE 的土地承租能力较弱，趋向于选择地价较低的区位，以降低企业固定生产成本。

街道/乡镇到市中心的距离（X_2）被显著引入 2004 年 SOE 模型中，且回归系数为负，表明国有企业集聚在离城市中心较近的地方。X_2 被引入 POE 和 FIE 模型中，回归系数为负，但非常小，对因变量解释力度不大。

高速公路与等级公路路网密度（X_3）以负回归系数被引入 SOE 模型，说明在国有企业集聚的区域高速公路与等级公路路网密度较低，高速公路与等级公路多布局在城市外围，距城市中心较近的区域路网密度较低，该结果验证了 X_2 的回归结果。X_3 以正回归系数被引入 JOE、POE、FIE 模型中，说明这些企业倾向于在高速公路与等级公路密集、对外交通通达性高的区位布局。而距硕放机场的距离（X_4）以负回归系数被引入 FIE 模型中，但在其他所有制类型模型中其回归系数均为正，说明仅有外资和港澳台资企业表现出明显的靠近机场布局的特点。

虽然开发区、产业园区是影响制造业整体空间布局的主要因素，不同级别的开发区、产业园区在吸引不同所有制类型制造业时各具特点。在 SOE 模型中仅有 2013 年国家级开发区（X_5）被显著引入模型，且回归系数高达 1.57，这表明与不存在国家级园区的街道/乡镇相比较，有国家级园区的街道/乡镇吸引的国有企业数量平均高出 157%，表明国有企业享受地方政府的优惠政策，倾向于布局在基础设施和区位优越的国家级开发区、产业园区。X_5、X_6、X_7 均被显著引入 COE、

表 4-6　不同所有制制造业回归结果

变量	SOE			COE			JOE		POE		FIE	
	1985 年	2004 年	2013 年	1985 年	2004 年	2013 年	2004 年	2013 年	2004 年	2013 年	2004 年	2013 年
X_1						-0.9714^{**}	1.1291^{***}		-0.4908^{***}	-0.6872^{***}	0.2798^{***}	0.5439^{***}
X_2	-0.4827^{***}	-0.2078^{***}	-0.0934^{**}						-0.0538^{***}	-0.0209^{***}	-0.0462^{***}	-0.0211^{***}
X_3		-0.2699^{**}					0.0430^{**}		0.0379^{***}	0.0915^{***}		0.0420^{**}
X_4					0.3081^{***}	0.4181^{***}	0.3189^{***}		0.1004^{***}	0.1126^{***}	-0.2646^{***}	-0.4106^{***}
X_5			1.5735^{***}		0.4493^{***}	0.2912^{***}	0.6643^{***}	0.9145^{***}	0.3691^{***}	0.5136^{***}	1.5344^{***}	1.7682^{***}
X_6					0.6028^{***}	0.4624^{***}	0.8181^{***}	0.6437^{***}	0.5213^{***}	0.8032^{***}	0.9891^{***}	1.4538^{***}
X_7					0.6356^{***}		0.6861^{***}	0.4893^{***}	0.6277^{***}	0.7582^{***}		0.4801^{***}
X_8					-0.5453^{**}		0.3469^{**}	0.6734^{***}	-0.4673^{***}	-0.1035^{**}	0.2963^{**}	-0.5134^{***}
X_9							-0.0660^{***}	-0.0709	-0.0051^{*}	-0.0352^{***}	0.0119^{*}	0.0217^{***}
Cons	2.1631^{*}	2.5397^{**}	2.3582^{*}		0.2925^{*}	0.4592^{*}	1.2466^{***}	1.7562^{***}	4.5216^{***}	4.8351^{***}	3.1260^{***}	2.8305^{***}
Pseudo-R^2	0.3027	0.4818	0.305		0.1924	0.1668	0.3774	0.2577	0.3645	0.5241	0.4827	0.5721

***，1%水平上显著；**，5%水平上显著；*，10%水平上显著。

JOE、POE、FIE 各个年份模型中，但相较而言，国家级开发区对 FIE 的吸引力最大，省级和市级重点开发区、产业园区对 POE 有较大的吸引力，集体企业更倾向于布局在省级开发区，混合所有制企业倾向于布局在国家级或省级开发区。国家级开发区是在我国经济体制改革初期设立的级别最高的一类开发区，享有更多的优惠政策，招商引资能力强，为此其企业准入门槛也相应地不断提高，一些小型的、产出较低的集体或私营企业无法达到其准入门槛；而地方政府为达成“退城进园”的目标，根据城市产业的发展特点在各个乡镇设立的市级工业园区，更适合集体、私营企业的区位选择。

是否为中心城区（X_8）没有被引入 SOE 模型中，这可能与国有经济在各个圈层中分布不均衡相关。X_8 以负回归系数被引入 2004 年 COE 模型中说明集体所有制企业具有中心城区以外区位布局的趋势。X_8 以正回归系数被引入 2004 年、2013 年 JOE 模型中，说明相较而言在圈层结构中混合所有制企业倾向于在中心城区布局。X_8 以负回归系数被引入 2004 年、2013 年 POE 模型中，说明私营企业倾向于在中心城区以外区位布局。X_8 分别以正、负回归系数被显著引入 2004 年、2013 年 FIE 模型中，说明外商和港澳台商在早期倾向于投资在中心城区，受“退二进三”政策的影响，外资和港澳台资企业布局向郊区转移。中心城区（X_8）的回归结果验证了“退二进三”政策对制造业空间分布的引导作用，但在不同所有制企业间仍有差异。这既与计划经济时期多年来无锡制造业布局的历史有关（如乡镇企业布局在远郊区），也与经济体制改革以来不同所有制企业的所有制类型，企业规模、产业特征，以及享受政府的优惠政策有关。政府在“退二进三”“退城进园”空间置换规划的实施中，对不同类型制造业的区位引导不同，如由于大部分外资和港澳台资企业属于科技含量高、污染低、产出高的制造业，该类企业多在中心城区或临近中心城区的区域布局，私营企业规模小、产出低，郊区化趋势更为明显，这表明政府的产业空间置换具有选择性。

街道/乡镇距太湖的距离（X_9）在 FIE 模型中其回归系数为正，在其他所有制企业类型模型中回归系数均为负。

4.4 本 章 小 结

本章基于 1985 年、2004 年和 2013 年制造业企业数据，运用计量模型，以不同所有制制造业的区位演变为视角，探讨无锡制造业空间重构的体制动因。结果表明：经济体制改革以来，制造业区位选择由计划经济体制下单一行政主导的模式，转向社会主义市场经济体制下市场配置与行政引导相结合的模式。在市场配置与行政调控的共同作用下，无锡制造业空间发生重构，土地价格与政府产业空间政策对企业区位选择发挥着双重叠加影响，其中，土地价格的市场调节是制造业郊区化的核心驱动力，政府产业空间政策的引导进一步加剧了制造业的空间分布的不均衡，而区位通达性因素的影响相对较弱。

不同所有制制造业的区位演变呈现出差异化的体制响应特征：国有企业对土地价格不敏感，但对国家级园区政策高度敏感；集体企业主要受政府产业空间集中政策的影响向乡镇工业园迁移整合；私营企业对土地价格的市场调节高度敏感；外资和港澳台资企业受国家级园区优惠政策影响显著。无锡不同所有制制造业的空间布局是在历史基础、市场机制、政策引导的共同作用影响下形成的。不同所有制企业的区位差异首先源自各自成长环境不同，受历史基础的影响，国有企业主要布局在中心城区，“苏南模式”下的集体所有制乡镇企业成长于乡镇。其次，不同所有制企业由于其所有权不同，经营运行机制、政企关系、企业社会网络、规模、产业特征都存在差异，导致其对地价的反应不同，对区位通达性的要求不同，更重要的是政府对不同所有制企业的政策不同。当前国有企业主要存在于关系国民经济命脉的重要行业，是政府重点扶植发展的对象，其区位行为更多体现为行政机制作用的结果。私营企业具有天然的市场经济特征和灵活的经营机制，其区位决策更多遵循市场机制。外资和港澳台资企业是政府招商引资的重点，地方政府通过一系列的政策导向使高级别开发区、产业园区成为外资和港澳台资企业的理想区位，对外资和港澳台资企业的区位选择具有很大的引导作用。

私营、外资和港澳台资企业作为我国市场经济体制下新兴的所有制类型，其区位决策是相对理性的经济行为，因此可为其他所有制企业的空间布局调整提供借鉴方向。具体而言，政府应合理引导各所有制企业根据企业规模与效率进行空间布局，发挥市场机制下的规划调控机制。同时，由于开发区、产业园区的设立对制造业集聚有重要的影响，政府对其选址时也应考虑符合经济规律，以更好地支撑制造业的发展。

第5章　城乡空间结构的响应过程与机制

在由计划经济体制向社会主义市场经济体制改革的过程中，我国中央与地方政府的权力结构、资本的来源与配置方式都发生了根本性改变。城乡空间的生产主体由原来的中央政府转为地方政府，同时，多元资本也加入空间生产的过程，从而导致城乡空间的生产模式发生根本改变。具体而言，中央政府“空间生产者”的角色逐渐弱化，地方政府逐步承担城乡空间生产的主要职能，从体制改革前单一的空间生产计划的执行者转变为规划者、执行者以及其他“空间生产”主体的协调者。政府的权力在城乡空间生产中依然发挥着重要作用，但往往必须与强势资本联盟，才能够有效地推进城乡空间的更新演变（杨宇振，2009）。在市场化与全球化的背景下，多元化的制造业资本投资主体——国有企业、混合所有制企业、私营企业、外资和港澳台资企业等成为主要的“空间生产”主体，并且与权力主体——中央与地方政府共同推动了城乡空间的发展演变。

本章基于“空间生产”理论，从宏观（权力）与微观（资本）的视角，分别展开政府权力结构调整下的城镇空间扩张响应、制造业投资主体多元化下的城乡地域结构响应的研究，剖析经济体制改革下城乡空间结构对地方政府职能转变与制造业投资主体多元化的宏观与微观响应过程与机制；并以无锡新区为微观案例，从空间生产的主体——“权力”与“资本”出发，解析城乡空间对制造业发展及其空间重构的响应过程。

5.1　政府权力结构调整下的城镇空间扩张响应过程

从权力发出者层面来看，权力对城乡空间发展演变的塑造作用可分为中央政府与地方政府两个层面（图5-1）。

中央政府主要通过宏观的经济体制改革，如分税制改革、土地使用制度改革、市场化改革等，以及对地方实施优惠政策，如财政支持等对地方城市的发展产生影响。

地方政府在城乡空间生产中的作用则主要体现在以下几个方面：通过城市规划进行行政区划的调整，为城市土地开发和空间扩展提供支持；通过城市与产业基础设施建设，为招商引资创造良好的环境，同时带动城市发展；通过设置一系列的产业优惠政策与产业空间政策，引导城市的产业布局，促进城市产业空间有效更新（赵新正，2011）。

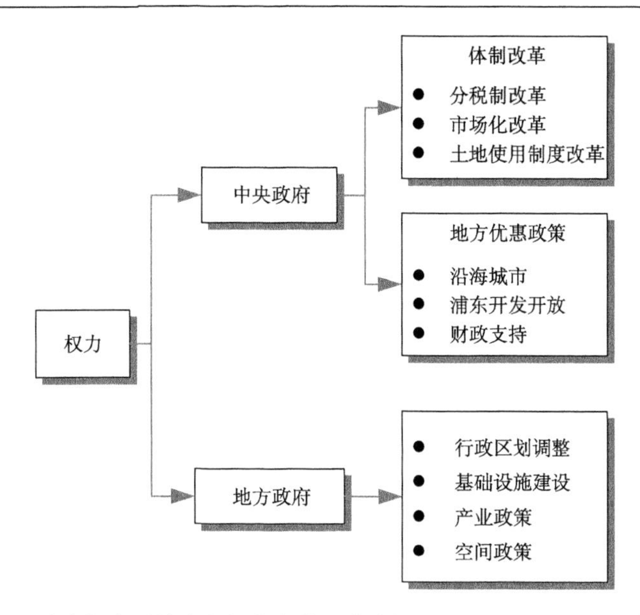

图 5-1　政府权力对城乡空间生产的影响路径（根据赵新正，2011 修改）

5.1.1　分权化改革下的地方公共财政与土地开发

分权化改革是我国经济体制改革以来最重要的一项体制改革。分权化改革并不单单是思想意识形态变化的结果（Wu，2000）。杨宇振（2009）认为 1994 年我国财政制度的分权化改革可以看作是一次“局部危机”的调节，公共财政的不合理和严重的财政赤字是我国进行分权化改革的主要动因（Wu，2000）。此次改革是政府部门内部运行机制的一次转变，其核心是中央政府与地方政府基于财政分配和权力结构关系的改革。中央政府将投资和发展经济的权限和职责下放到地方政府。地方经济发展和基础设施建设的投资来源主要转为地方自筹，国家的财政预算不再是主要的投资来源（Lin and Yi，2011），图 5-2 中无锡 1983～2010 年基础设施建设的固定资产投资结构的变化就印证了这一点。与此同时，在这次改革中所体现出来的“政治集权与财政分权并置的约束与激励机制”强烈地激发了地方政府发展经济的意愿和积极性（杨宇振，2009）。

在中央政府进行财政制度分权化改革的同时，我国的土地使用制度也面临着改革。在经济体制改革初期，资金短缺严重制约着我国城市基础设施的建设，筹措资金成为土地使用制度改革的重要动因。1990 年国务院颁布相关实施条例，指出土地可采取合理的方式进行出让，相关收益在中央和地方政府间实行分成，并主要用于城市建设。地方政府在土地使用制度改革和土地出让金制度的形成与发展过程中扮演着重要角色。20 世纪 80 年代末期，市级政府开始享有土地规划、

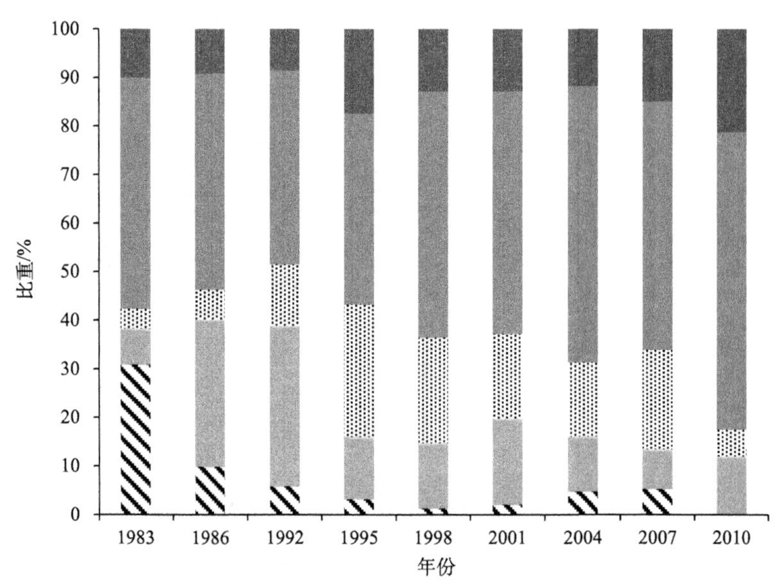

图 5-2　无锡基础设施建设的固定资产投资来源

开发和出让方面的权利，成为最大的“土地拥有者”（Yeh and Wu，1996；Wu，1998；Wu，2000）。与其他可用资源相比，“城市建设”与“土地”是地方政府掌控的相对自主和灵活的“生产资料”。地方政府以低价将农村集体所有制土地征收为城市建设用地，并通过招标、协议或拍卖的方式以市场价格将土地使用权出售或出租给私人使用者（工业、商业或房地产）（Lin and Yi，2011）。隐藏在城乡二元土地市场下的土地价格差成为地方公共财政的主要来源（Lin and Yi，2011）。通过大规模地开发城市建设用地，地方政府可获得不菲的土地收入。分税制改革迫使地方政府寻找新的收入渠道，而与土地相关的收入则成为地方政府财政收入的重要途径。因此，自 20 世纪 90 年代中期以来，以“城市总体规划”“土地利用规划”等规划的调整为契机，地方政府开始通过行政区划范围的扩张、更多的“规划”城市用地来获得土地，地方政府扩张自身发展空间的意愿和行为更加强烈（杨宇振，2009）。

进入 21 世纪以后，地方政府开始以土地财政作为主要收入形式。图 5-3 为 1998～2011 年我国土地出让金数额及其占地方财政收入的比重。自 1998 年有确切的土地出让金数据以来，土地出让金处于持续增长的态势。自 2001 年起，土地财政收入在地方财政收入中所占比例逐步增大，使得地方政府对其依赖性更加明显。由具体数据可以看出，自 2001 年起，我国土地出让金开始大幅快速增长；2001～2011 年其收入共计近 13 万亿元；从 2001 年的 1296 亿元增长至 2011 年的

32 126 亿元。与此同时，土地出让金在地方财政收入中的比例也大幅增大，从 2001 年 16.6%增长至 2011 年的 61.1%，逐步成为地方政府的主要收入来源。

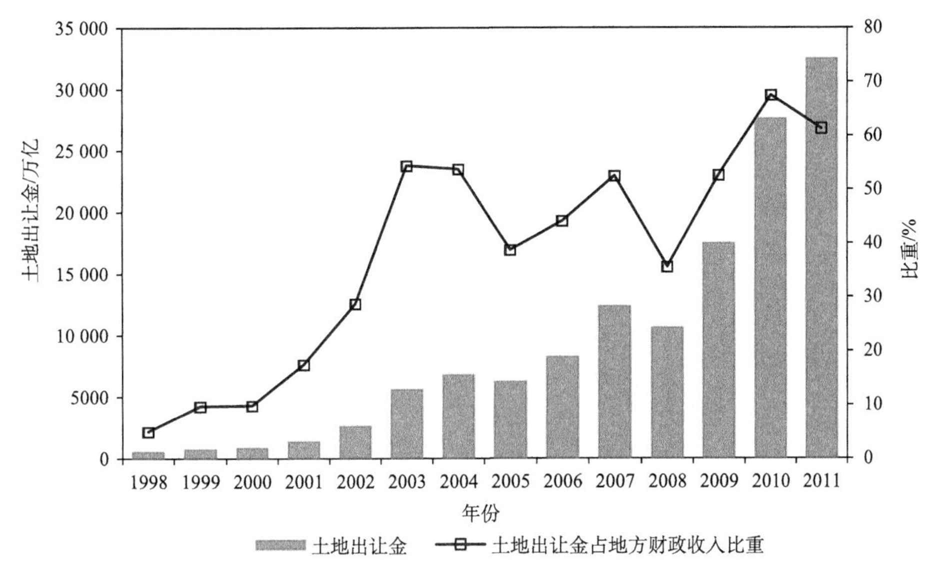

图 5-3　土地出让金及其占地方财政收入的比重

根据 1999～2012 年《中国国土资源统计年鉴》计算得出

城市维护建设资金是城市开发建设和维护的主要资金来源。1996 年，财政部颁布的《城市维护建设资金行政管理办法》指出，国有土地有偿使用收入是城市维护建设资金最重要的组成部分。私人开发商向政府支付的土地出让金在很大程度上增加了城市维护建设资金的流动性，缓解了城市开发建设的资金压力（图 5-4）。将土地出让金在城市维护建设资金中的比重视为衡量土地财政推动城镇空间加速扩张的指标，可以反映地方政府权力在城乡空间生产中的影响作用。表 5-1 为无锡土地出让金占城市维护建设资金的比重，2002 年无锡的土地出让金为 4.3 亿元，2006 年增加至 18.1 亿元，而土地出让金占城市维护建设资金的比重从 2002 年的 8%增至 2006 年的 32%。这些数据表明在分权化改革和土地使用制度改革下，土地出让金在城市开发中占有愈加重要的地位，在增加了地方政府财政收入的同时，也直接带动了城镇空间的迅速扩张。图 5-5 为无锡城镇建设用地的扩展，无锡城镇建设用地的面积从 2001 年的 296.6 km^2 增长到 2010 年的 579 km^2。此外，土地出让金成为地方政府推进市政设施和园区开发建设的重要资金来源，在推动城镇空间扩张的同时也提升了区域竞争力，为地方政府招商引资创造了有利条件。

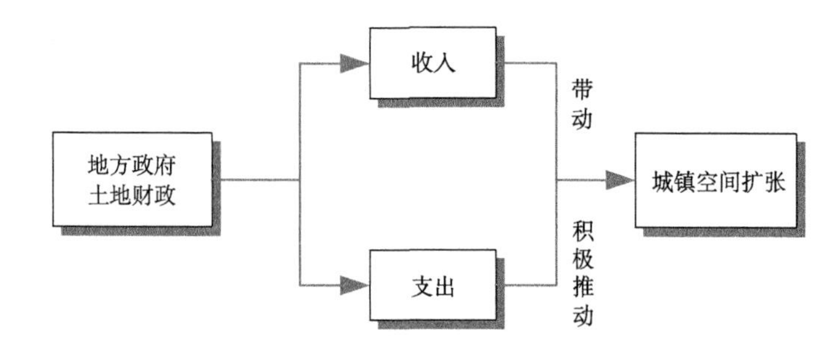

图 5-4　地方政府土地财政与城镇空间扩张的关系（根据崔军和杨琪，2014 修改）

表 5-1　土地出让金占城市维护建设资金的比重

年份	城市维护建设资金/亿元	土地出让金/亿元	土地出让金比重/%
2001	18.9	N/A	N/A
2002	56.2	4.3	8
2005	81.6	18.8	23
2006	56.2	18.1	32

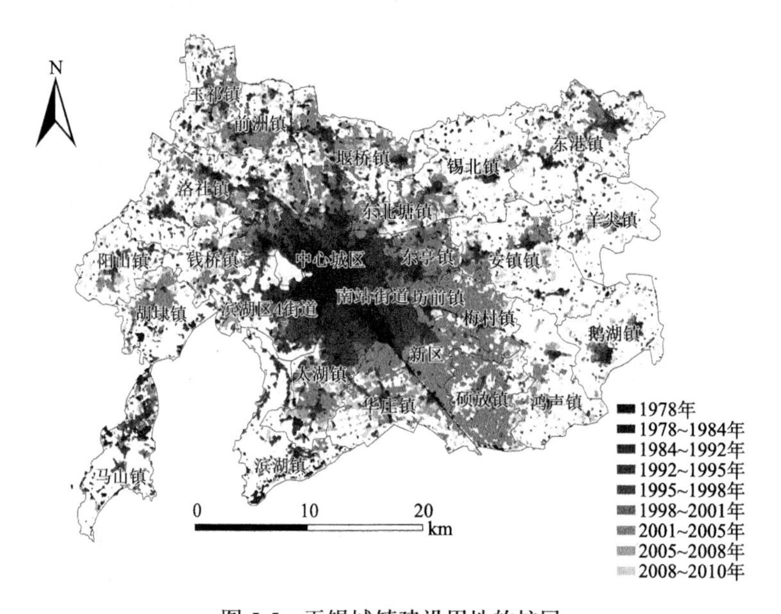

图 5-5　无锡城镇建设用地的扩展

5.1.2　产业空间政策与城镇空间扩张响应

地方政府发展制造业的产业空间政策决定了城镇建设用地扩展的强度、方向与模式。为此，本书对产业空间政策与城镇空间扩张响应的研究主要从两个方面展开：一是城镇空间扩张强度与方向的响应；二是城镇空间扩张模式的响应。

1. 产业空间政策

地方政府的产业空间政策，一方面包括“退二进三”“退城进园”等宏观产业空间政策；另一方面主要是通过地方政府设置各个级别的开发区、产业园区体现。无锡国家级、省级开发区方位、成立年份与面积如表 5-2 所示。

表 5-2　无锡国家级、省级开发区方位、成立年份与面积

方位	开发区名称	成立年份	面积/km^2
北	惠山经济开发区	2002	5.96
东北			
东	锡山经济开发区	2003	9.2
东南	高新技术开发区	1992	20
	新加坡工业园	1993	2.31
	无锡出口加工区	2002	1.7
	硕放工业园	2006	4.53
南			
西南	太湖旅游度假区	1992	5.72
	蠡园经济开发区	1993	2.5
西	无锡经济开发区	2006	2.84
西北			

2. 城镇空间扩张强度与方向

为揭示无锡城镇空间扩张强度与方向在不同时期的变化，以无锡市区“三阳广场”为中心，将无锡划分成八个夹角相等的扇形区域（图 5-6），并运用方差和标准差对各个时期不同方位的城镇建设用地扩张面积进行统计分析，以揭示城镇建设用地扩张的空间分异程度。

方差和标准差用来表征各方位城镇建设用地扩张面积的差异程度，其值越大表明差异程度越大。方差是各数据离差平方和除以其数据的个数，其计算公式为

$$S^2 = \sum_{i=1}^{n}\left(x_i - \overline{x}\right)^2 \Big/ (n-1) \tag{5-1}$$

由于方差中单位均为原数据单位的平方值，为了单位的一致性，常对方差进行开方，即为标准差，其计算公式为

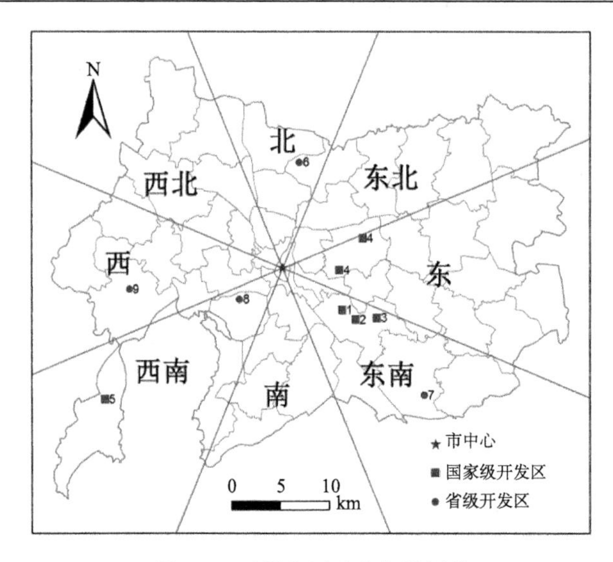

图 5-6　无锡市区八个象限划分

$$S=\sqrt{\sum_{i=1}^{n}\left(x_i-\bar{x}\right)^2\Big/(n-1)} \tag{5-2}$$

城镇空间扩张强度指数（urban built-up area expansion，UBE）是通过对比同一时段不同方位城镇建设用地扩张的强弱、快慢，来确定城镇建成区各方位空间分异程度的定量指标。其表达式为

$$\mathrm{UBE}=\frac{\Delta U_i}{\mathrm{TA}\times\Delta t}\times 100 \tag{5-3}$$

式中，ΔU_i 为某一时段某一方位城镇建设用地扩张的面积；Δt 为某一时段的时间跨度；TA 为研究单元土地总面积，此处TA 为无锡市区的行政区面积。

1978 年无锡城镇建设用地的规模仅有 46.2 km^2，至 2010 年已扩张至 577 km^2，建设用地净增长量高达 530.8 km^2，增加了约 11.5 倍（图 5-5）。从八个方向城镇建设用地年均扩张面积的总和来看（表 5-3），2005～2010 年城镇建设用地的扩张面积最大，其次是 1992～1995 年；1978～1992 年的城镇建设用地扩张面积最小。从城镇建设用地扩张面积的方差和标准差来看，自 1978 年至 2010 年各时段的方差和标准差呈增大趋势，表明城镇建设用地扩张的方向不均衡性在不断增大。早期城镇建设用地扩张在各个方向较为均衡，方差和标准差的值偏小，而后期城镇建设用地扩张的空间不均衡性愈加突出。

表 5-3　1978～2010 年各时段城镇建设用地年均扩张规模及差异　（单位：km²）

项目	1978～1984 年	1984～1992 年	1992～1995 年	1995～1998 年	1998～2001 年	2001～2005 年	2005～2008 年	2008～2010 年
北	0.62	0.09	3.19	0.92	2.67	2.21	2.33	6.51
东北	0.65	0.19	3.31	3.17	2.86	3.37	8.38	0.80
东	1.02	0.10	5.44	3.07	4.43	7.12	8.62	0.05
东南	0.59	0.20	4.09	2.54	2.04	8.61	4.02	5.33
南	0.67	0.53	4.07	2.06	0.95	1.59	3.16	7.77
西南	0.27	0.04	3.95	0.51	0.06	0.28	0.87	0.01
西	0.41	0.30	3.14	2.81	0.76	0.86	3.60	6.77
西北	0.64	0.78	3.43	3.14	5.22	1.92	5.53	7.26
总和	4.87	2.22	30.61	18.21	18.98	25.96	36.52	34.50
平均值	0.61	0.28	3.83	2.28	2.37	3.25	4.57	4.31
方差	0.05	0.06	0.58	1.07	3.24	9.12	7.69	11.66
标准差	0.22	0.25	0.76	1.04	1.80	3.02	2.77	3.41

从各时段城镇空间扩张强度指数 UBE 的变化来看（图 5-7），无锡城镇空间扩张可明显分为三个阶段。1978～1992 年均衡缓慢扩张阶段：该阶段城镇建设用地的面积扩张了 46.9 km²，1978～1984 年、1984～1992 年两个时段的城镇空间扩张强度指数集中在 0.01～0.09 之间，各方位的扩张强度较小且基本相同，城镇建设用地向多个方向均衡缓慢扩展，空间分异性很小。1992～2001 年异向快速扩张阶段：该阶段城镇建设用地面积的增加速度较前一阶段有所提升，面积扩大了 203.4 km²；1992～1995 年扩张强度指数集中在 0.2 左右，但城镇空间的扩张方向已呈现分化倾向，受高新技术开发区和新加坡工业园开发建设的影响，东南方位扩张迅速，扩张指数最大；1995～1998 年、1998～2001 年两个时段的扩张强度指数分散在 0.07～0.4 之间，扩张强度指数开始具有明显的空间差异性，城镇空间扩张主要集中在东、东南。2001～2010 年异向加速扩张阶段：该阶段城镇建设用地面积增量高达 282.4 km²，空间分异性愈加显著；2001～2005 年东南方位上的扩展强度指数达到 0.67，远高于其他方位，东部扩展也较快，这主要由于锡山经济开发区在这一时期开发建设；2008～2010 年受惠山经济开发区、无锡经济开发区建设的影响，无锡北部、西北部和西部也开始加速扩张。

无锡城镇建设用地扩张经历了均衡缓慢扩张-异向快速扩张-异向加速扩张三个变化阶段。城镇建设用地在不同方向的扩张强度不同。这一方面是由于空间自然条件的差异，城镇建设用地扩张在某个方向受到限制，如在 20 世纪 90 年代初，无锡在西南方向就已扩展至惠山，受自然条件的阻碍，无锡在后期的发展过

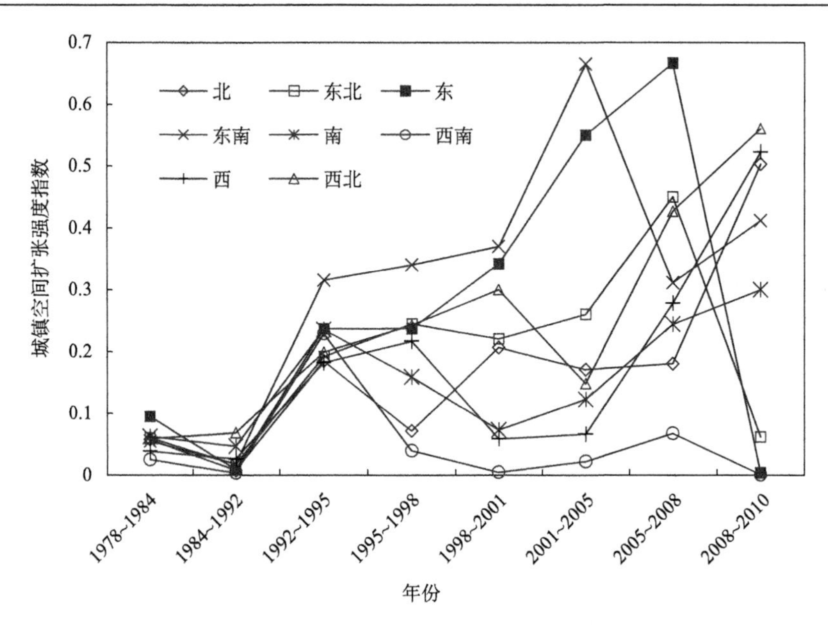

图 5-7　无锡城市建成区不同方位扩展强度指数变化

程中只能选择其他方向。另一方面主要是受不同时期政府宏观产业空间发展规划影响，如 20 世纪 90 年代初期在规划高新技术产业开发区时，由于无锡西北和北面为污染较为严重的化工和重工业区域，为使高新技术产业与传统重工业错位发展，故将高新技术产业开发区布局在无锡的东南方位。

3. 城镇空间扩张模式

采用刘小平等（2009）提出的景观扩张指数（LEI）来判别无锡不同时期的城镇空间扩张模式，进一步深入探讨分权化改革后政府的产业空间政策对城镇空间扩张的影响。

城镇空间扩张主要存在三种基本模式（刘小平等，2009），即填充式、边缘式、飞地式（图 5-8）。其中，填充式扩张是指新增建设用地填充原有的非建设用地的过程[图 5-8（a）]，边缘式扩张是指新增建设用地在原有建设用地的边缘进行扩张[图 5-8（b）]，而飞地式扩张是指新增建设用地在原有建设用地外以分离的形式进行扩张[图 5-8（c）]。

刘小平等（2009）基于景观斑块的最小包围盒来定义景观扩张指数（LEI）。最小包围盒是指斑块（建设用地）的外包矩形，该矩形边界与坐标系平行。图 5-8 分别给出了三种扩张模式新增加建设用地的最小包围盒。以最小包围盒来定义新增建设用地的景观扩张指数，其计算公式为

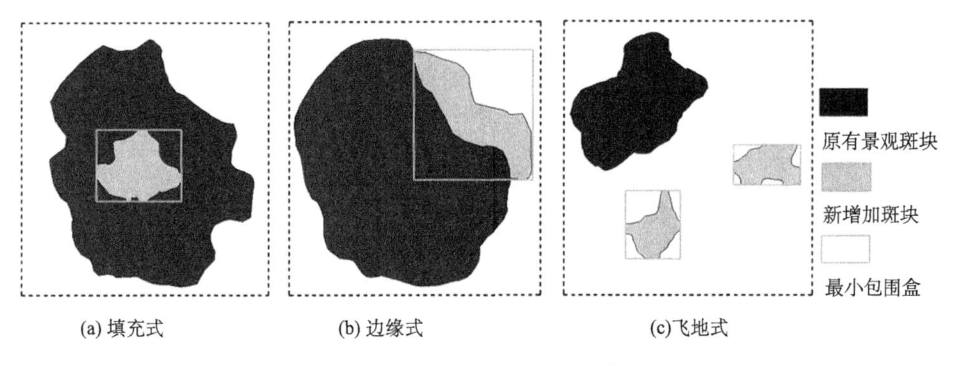

图 5-8　城镇空间扩张模式（刘小平等，2009）

$$\mathrm{LEI}=100\times\frac{A_{\mathrm{O}}}{A_{\mathrm{E}}-A_{\mathrm{P}}} \tag{5-4}$$

式中，LEI 为建设用地的景观扩张指数；A_{E} 为建设用地的最小包围盒面积；A_{P} 为新增建设用地本身的面积；A_{O} 为最小包围盒里原有建设用地的面积。由式（5-4）可知，LEI 的取值介于 0～100 之间。

但三种扩张模式在新增建设用地为矩形时（图 5-9），由式（5-4）计算得出的景观扩张指数都为 0，式（5-4）存在着不足，需要对其进行修正。为此将图 5-9 中的最小包围盒放大一定的倍数（经多次实验调试，本书将倍数确定为 1.2 倍），景观扩张指数修正公式（5-5）如下：

$$\mathrm{LEI}=\begin{cases}100\times\dfrac{A_{\mathrm{O}}}{A_{\mathrm{E}}-A_{\mathrm{P}}} & \text{新增斑块不为矩形}\\[2ex] 100\times\dfrac{A_{\mathrm{LO}}}{A_{\mathrm{LE}}-A_{\mathrm{P}}} & \text{新增斑块为矩形}\end{cases} \tag{5-5}$$

式中，A_{LE} 为新增建设用地放大包围盒的面积；A_{LO} 为放大包围盒里原有建设用地的面积。

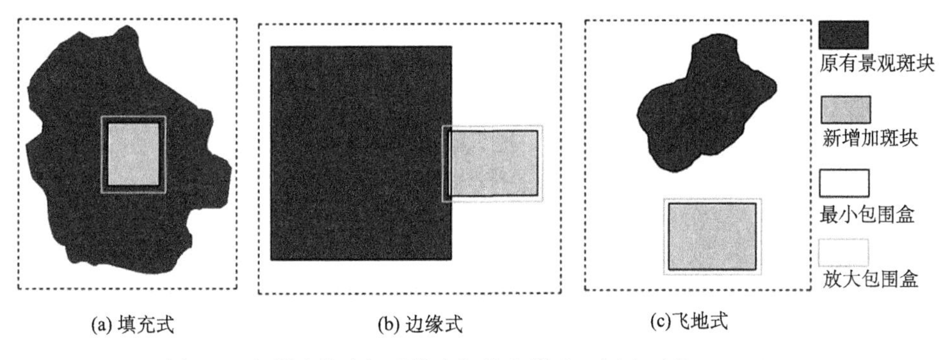

图 5-9　新增斑块为矩形的空间扩张模式（刘小平等，2009）

参考相关研究的阈值划分城镇空间扩张模式（刘小平等，2009；曾永年等，2012；周翔等，2014），LEI 介于 51～100 之间的新增建设用地斑块属于填充式扩张；介于 2～50 之间属于边缘式扩张；LEI 为 0 或 1 的新增建设用地斑块，与原有建设用地斑块完全分离，属于飞地式扩张。

图 5-10 为无锡不同时段三种城镇建设用地扩张模式的斑块数目比重。在八个时段内，飞地式扩张斑块数目所占的比重呈明显的下降趋势，而填充式扩张斑块数目所占比重表现出明显的上升趋势，边缘式扩张斑块数目所占比重呈小幅波动变化。总体而言，无锡城镇建设用地的空间扩张模式在前期以飞地式和边缘式扩张为主，而在 2001 年以后逐步转为边缘式和填充式为主。图 5-11 为无锡不同时段三种城镇建设用地扩张模式的斑块面积比重。1978 年至 2010 年，边缘式扩张在三种扩张模式中始终处于主导地位，其面积占各时段新增城镇建设用地总面积的比重约为 60%左右。1978～1995 年，飞地式扩张也是主要的城镇建设用地扩张模式，其面积约占新增城镇建设用地总面积的 35%左右，填充式扩张所占的比重很少，仅为 1%～3%；1995～2005 年，飞地式扩张所占比重逐步减少至 20%左右，填充式扩张在新增建设用地中的比重大幅上升，增至 20%左右；2005～2010 年，飞地式扩张所占比重继续减少，2008～2010 年其比重仅为 8%，填充式扩张所占比重则持续上升，2008～2010 年其比重增至 36%。

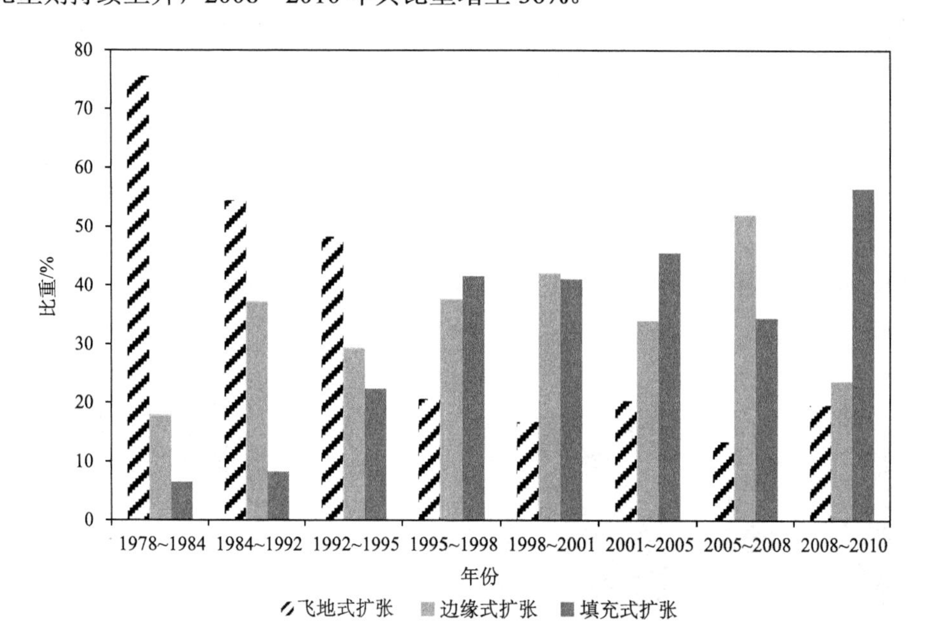

图 5-10　无锡不同时段三种城镇建设用地扩张模式的斑块数目比重

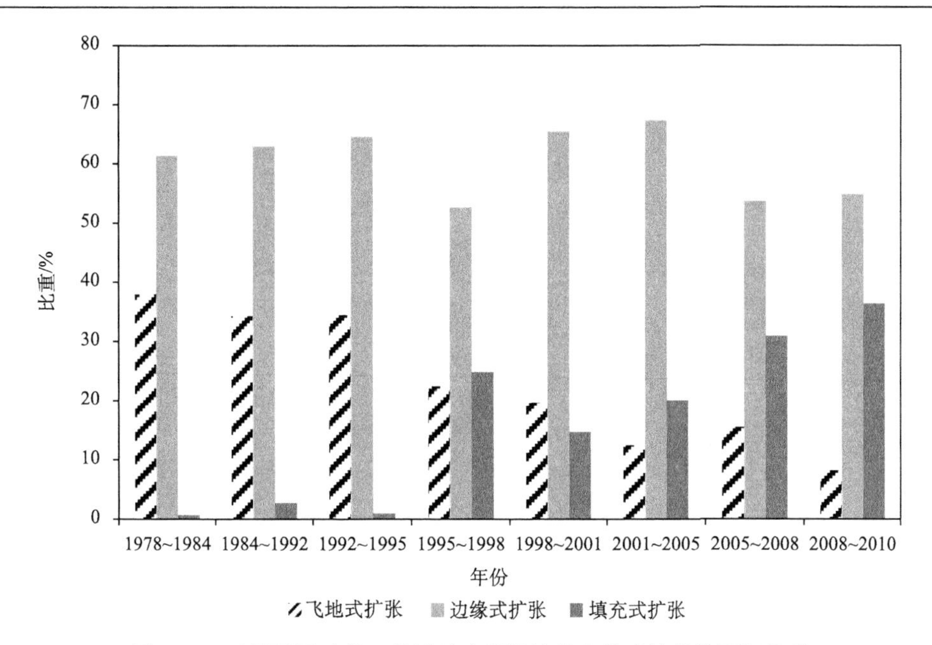

图 5-11　无锡不同时段三种城镇建设用地扩张模式的斑块面积比重

图 5-12 为无锡不同时段城镇建设用地扩张模式的空间分布图。1978～2010 年间城镇建设用地迅速扩张，并且各个时段城镇建设用地具有各不相同的空间扩张模式。1978～1995 年，城镇建设用地主要以边缘式、飞地式进行扩张。边缘式扩张绝大部分位于中心城区，沿着原有中心城区边界向外扩张；飞地式扩张广泛地

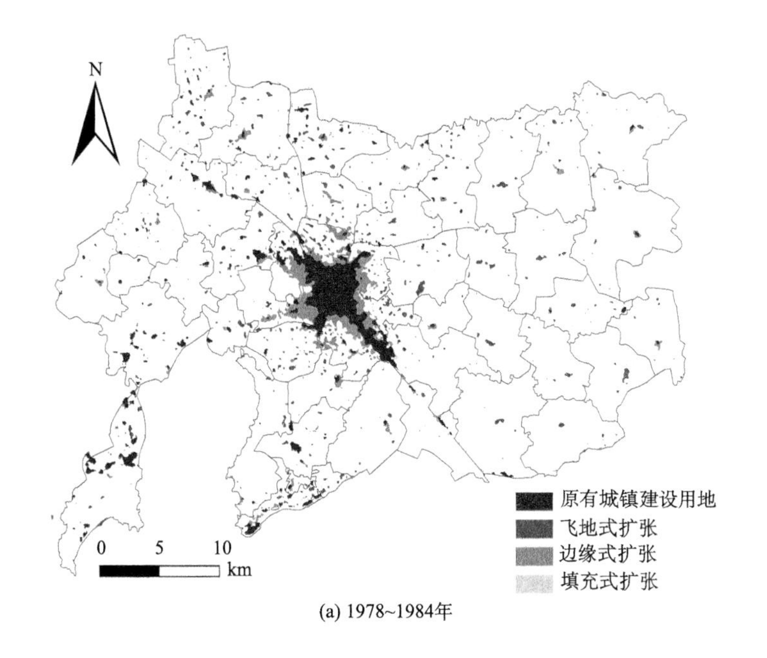

(a) 1978~1984年

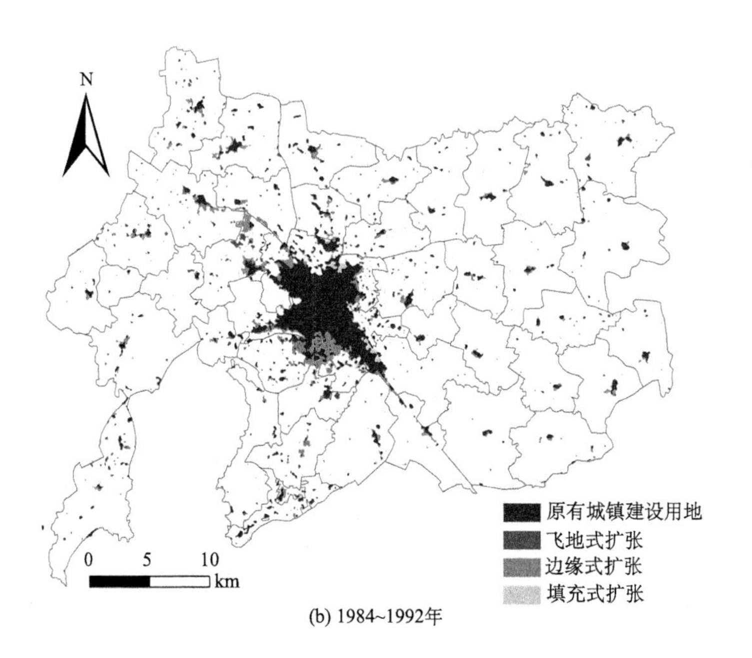

(b) 1984~1992年

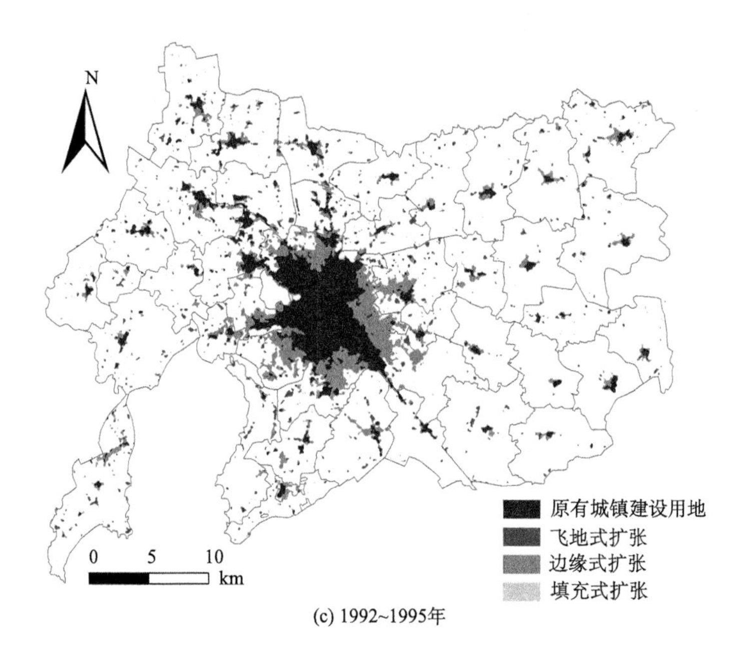

(c) 1992~1995年

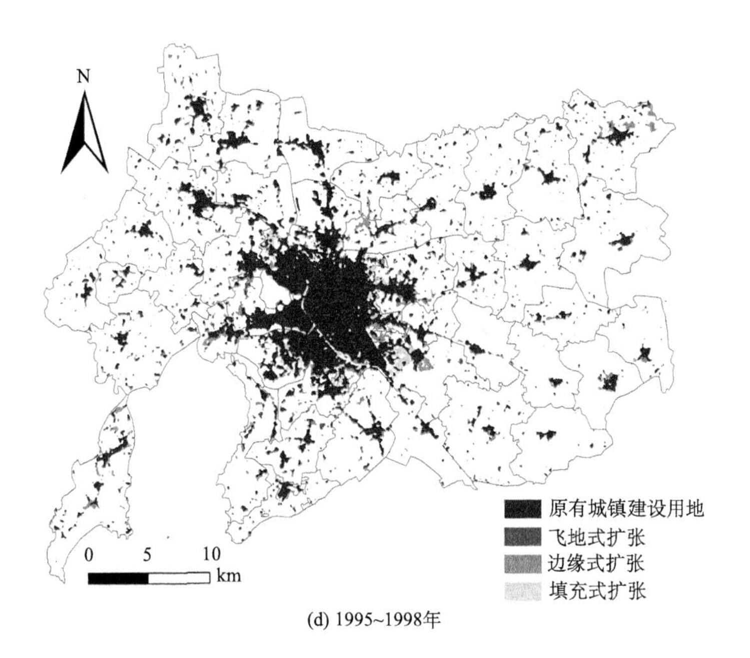

(d) 1995~1998年

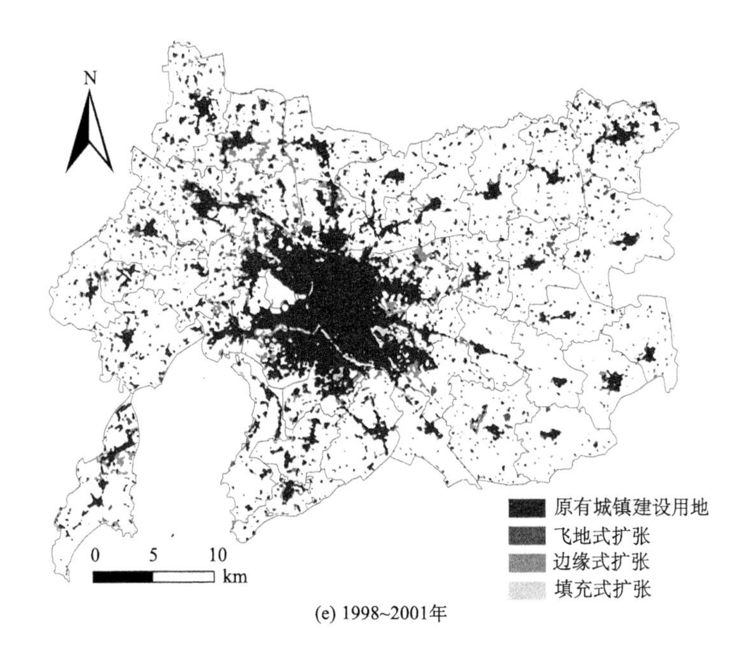

(e) 1998~2001年

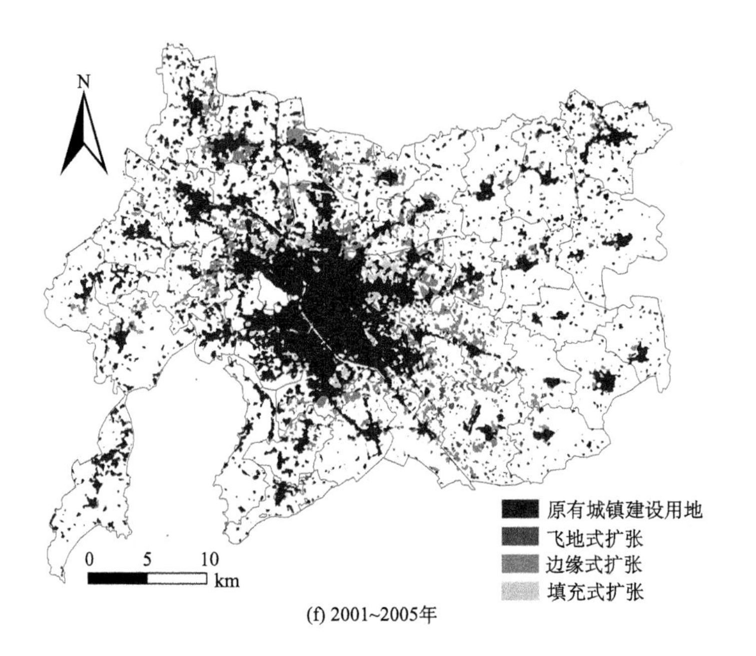

(f) 2001~2005年

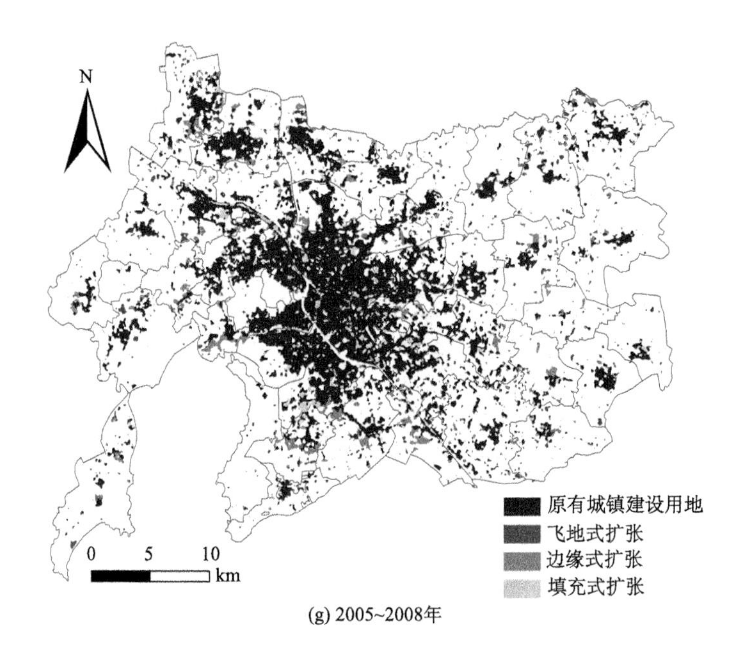

(g) 2005~2008年

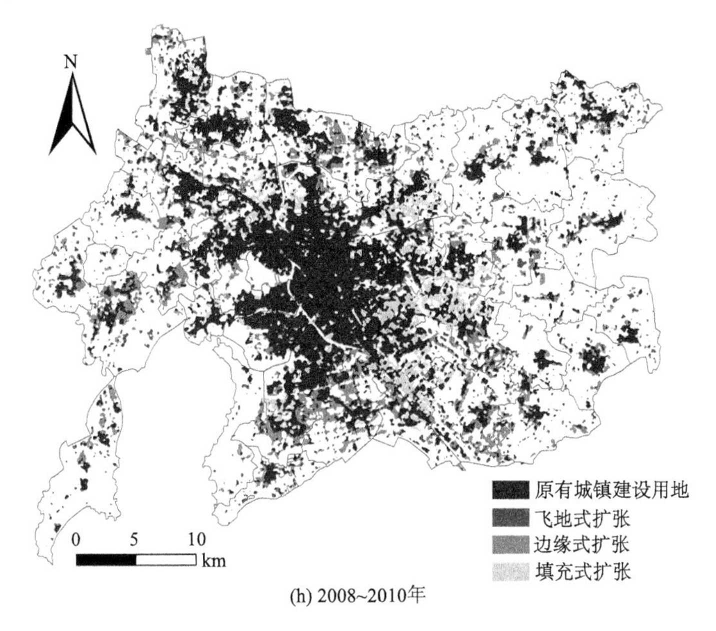

(h) 2008~2010年

图 5-12　无锡不同时段城镇建设用地扩张模式的空间分布图

分散于各个乡镇之中，这主要是源于这一时期“苏南模式”下的集体乡镇企业蓬勃发展；此外，中心城区有小部分新增加建设用地是以填充式进行扩张的。1995～2005 年，中心城区的填充式扩张开始逐步增多，边缘式扩张仍然是主要的扩张模式，但主要集中在中心城区周边的各个乡镇中，受产业向园区集中政策的影响，乡镇企业的布局趋于集中，各个乡镇内小斑块的飞地式扩张逐渐减少，飞地式扩张的斑块面积明显增大，高新技术产业开发区所在乡镇有面积较大的飞地式扩张，但整体而言，飞地式扩张的比重在这一阶段有所下降。2005 年以后，城镇建设用地扩张处于聚合阶段，飞地式扩张大幅锐减，取而代之的是填充式扩张，除了中心城区内部的填充以外，各个乡镇建设用地的填充式扩张也趋于增多；边缘式扩张以沿各乡镇原有建设用地扩张为主，城镇建设用地空间形态逐渐趋向紧凑。

通过对无锡 1978～2010 年城镇空间扩张强度、方向与模式的分析发现，城镇空间扩张与政府产业空间政策调整具有高度的关联性。20 世纪 80 年代经济体制改革初期，无锡掀起了乡镇企业热潮，在带动无锡经济快速发展的同时，也引发了大规模的乡镇建设热潮。20 世纪 90 年代以来，随着无锡工业化与城镇化的深入推进，开发区建设成为推动城市经济发展的新模式，1992 年无锡高新技术产业开发区、锡山经济开发区，2002 年惠山经济开发区、无锡出口加工区，2006 年硕放工业园、无锡经济开发区的相继开发建设推动了城镇建设用地的持续扩张，同时对原有开发区进行大幅扩张，也导致各个乡镇边缘式扩张显著增长。

5.2　制造业投资主体多元化下的城乡地域结构响应机制

5.2.1　城乡地域结构演变的阶段与特征

无锡城镇建设用地的急剧增多导致城乡地域结构发生巨大变化，其中城乡过渡地域的变化尤为显著（图 5-13）。在 1978 年、1984 年及 1992 年的 MSS、TM 遥感影像中，城市建成区外围是以种植蔬菜为主的郊区农业用地，其空间范围与郊区行政管辖区基本一致，在地理空间上该地域是城市建成区与乡村之间的城乡过渡地域。郊区农业用地范围在 1992 年之前表现为与城市建成区同幅缓慢扩展，面积从 1978 年的 22.1 km^2 增长到 1992 年的 39.5 km^2。1992 年以后随着城市土地使用制度改革的推进和土地市场机制的逐步完善，城镇建设用地向城乡过渡地域急剧扩张，郊区农业用地开始减少。1995 年 TM 遥感影像中郊区农业用地在城市建成区周围呈零散分布状态，面积减少至 15.1 km^2，与 1978 年、1984 年、1992 年郊区农业用地的大面积集中分布对比显著（图 5-13），在郊区行政管辖范围内大量农业用地转变为工业和居住用地。1998 年以后的 TM 遥感影像中郊区蔬菜用地基本消失，城市建成区外围不再有蔬菜用地圈层，城乡过渡地域的用地形态发生演变，呈现出建设用地与蔬菜、园林旱作用地、水稻耕作用地等多种用地类型混合的形态，且与乡村之间界限不再清晰。无锡的乡村范围也伴随城市建成区的快速扩展不断减少，占城乡地域的比重从 1978 年的 94.7%下降到 2010 年的 55.4%（图 5-14）。

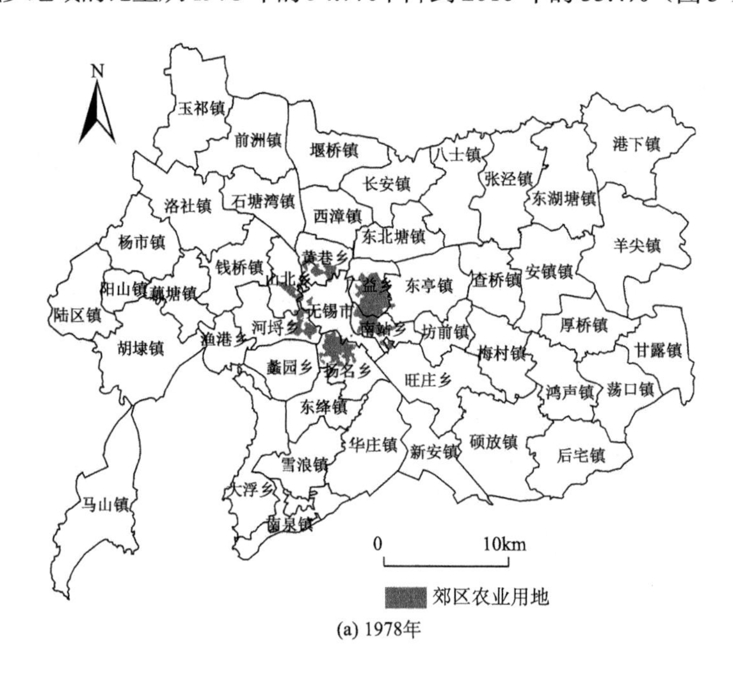

(a) 1978年

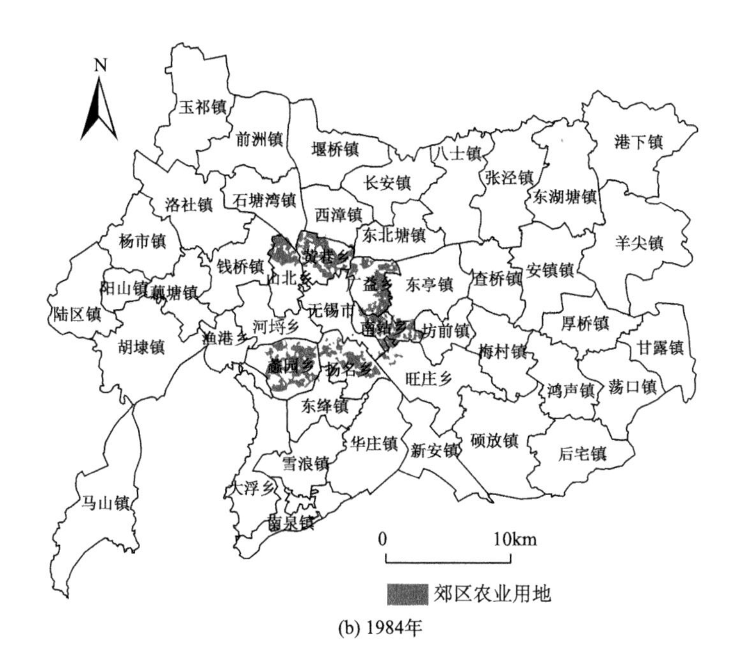

(b) 1984年

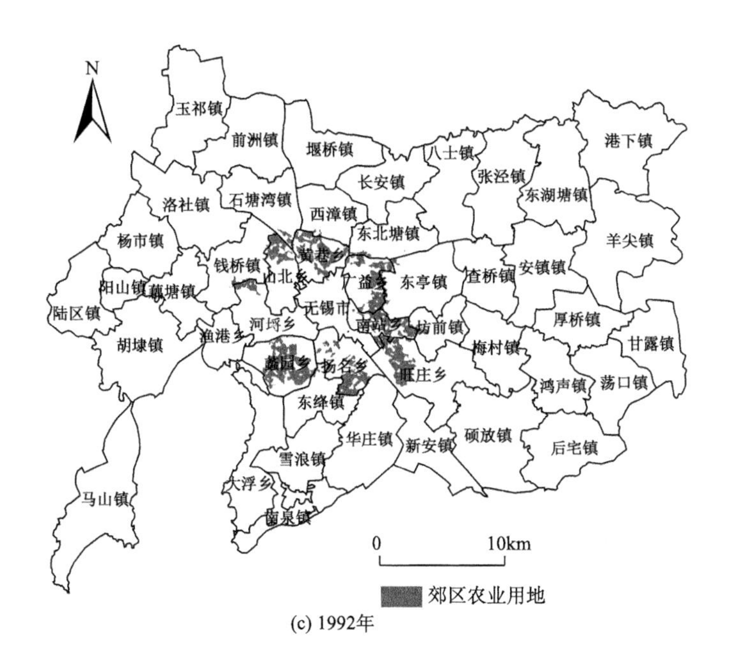

(c) 1992年

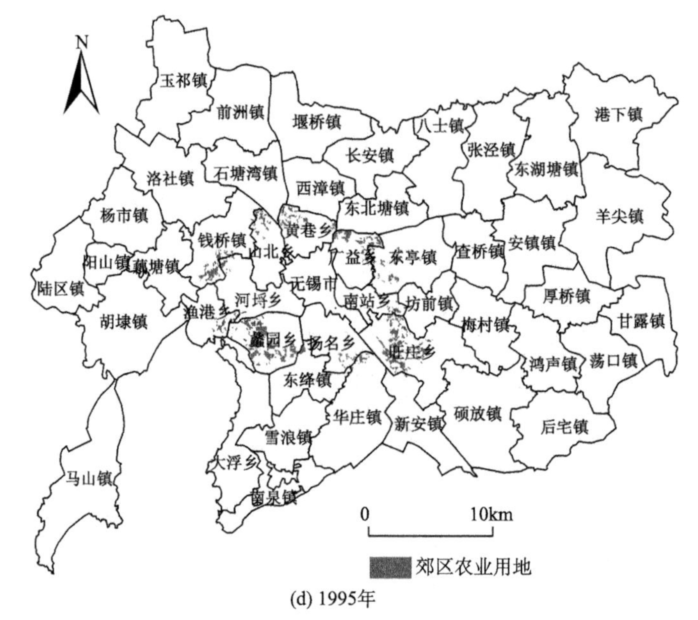

(d) 1995年

图 5-13　无锡郊区农业用地变化

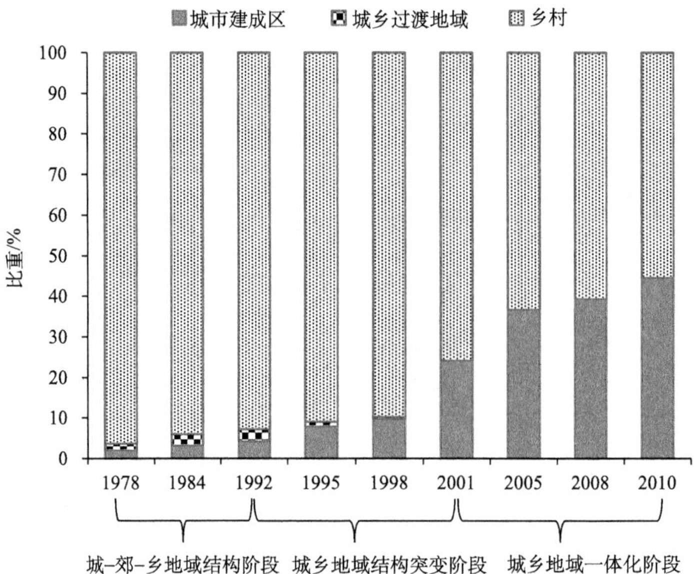

图 5-14　城乡地域结构各组分所占比重

总体而言，无锡城乡地域结构的演变过程可划分为三个阶段。

1. 城-郊-乡地域结构阶段（1978～1992 年）

此阶段农村经济体制改革全面深入展开，城市经济体制改革初步实施，乡村经济是促进无锡经济快速发展的重要力量。但城乡分割的传统计划经济体制仍占主导作用，城乡间仍按照国家计划进行生产组织和产品分配，商品经济不发达，城市对乡村的辐射带动作用十分有限，无锡城区规模较小，城市建成区伴随城市人口增长和经济发展沿中心城区行政边界向郊区均衡缓慢扩展，1978～1992 年建成区面积仅扩大了 1 倍多（图 5-14）。城乡过渡地域是根据城市人口规模和经济需求形成的一定规模以郊区农业用地为主的空间，其范围与郊区行政管辖区高度一致。此阶段无锡城市建成区、郊区和乡村相对独立、地域界限清晰分明。

2. 城乡地域结构突变阶段（1992～2001 年）

该阶段是城市经济体制改革的快速推进时期，资源要素配置的市场化改革基本完成，城乡交流日益频繁密切，市场经济的繁荣促使城乡经济加速发展。20 世纪 90 年代初，城市实施土地使用制度改革，逐步允许土地使用权的有偿和市场化交易后，在人口集聚和开发区、工业园区建设的巨大用地压力下，无锡城市建成区突破了原有计划经济体制下承载着城乡分割制度的城乡行政区划界限的刚性约束快速扩展，1992～2001 年城市建成区面积增大了 87.8 km^2，其空间形态成为市场选择的结果，受不同时期区位条件和土地价格的差异影响，空间分异的市场区位指向性越来越显著。为响应市场经济体制下城市空间扩展的需求，无锡市对中心城区以外的地域采取“择优而切划入中心城区”的行政区划调整方式（崔庆仙等，2012）（图 5-15）。

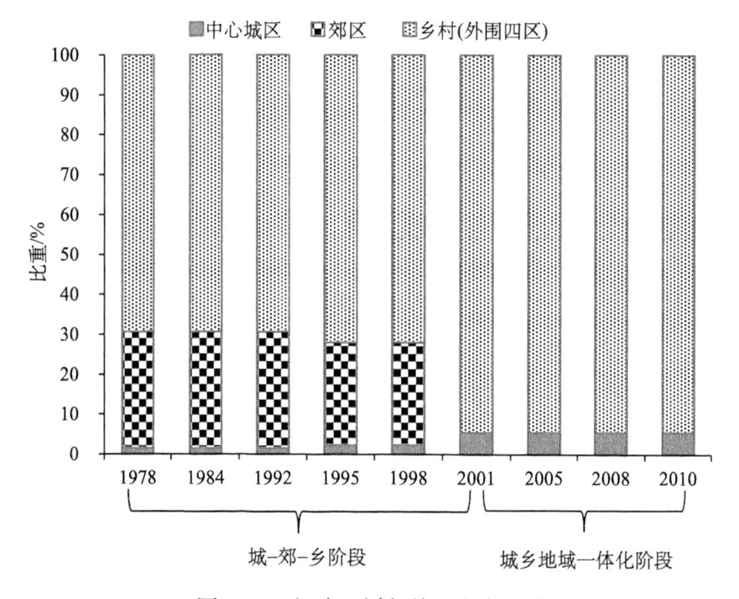

图 5-15　行政区划各单元所占比重

城市建成区和人口规模的不断扩大导致对农副产品需求数量增多，郊区供应农副产品已不能满足城区的需求，随着市场机制在农副产品资源配置中起基础性作用以及区域范围交通通达性增强，城区可依据市场机制从乡村或其他地域获得农副产品。20 世纪 90 年代中期以后蔬菜等旱作种植用地形态不再集中于城乡过渡地域，而是分散在整个乡村更广阔的地域，与行政区划中郊区的行政范围关联度不高，为响应市场机制影响作用下的城乡地理空间变化，无锡市 2000 年底撤销郊区行政建制。此阶段无锡处于城乡地域结构性突变阶段，20 世纪 90 年代中期以后以郊区农业用地形态存在的城乡过渡地域消失，城乡地域结构由城市建成区、郊区和乡村三部分组成演变为由城市建成区和乡村两部分组成（图 5-14）。

3. 城乡地域一体化阶段（2001～2010 年）

进入 21 世纪以来，无锡经济高速增长，2001～2010 年城市建成区面积增量高达 223.7 km^2，城市建成区范围已扩展到周围各个乡镇。这一阶段由于建设用地需求巨大，频繁地将城市建成区外围的部分乡镇划入中心城区归属范围的行政区划调整，已经无法满足无锡城市快速发展的用地需求。为合理安排城市产业、居住布局及交通等基础设施建设，实现城乡一体化，整建制的政区属性转型成为行政区划变更的新举措，2000 年年底无锡实施“整县改区”的行政区划调整，将建制“县”转为城市型政区建制“区”，将远郊的地域型政区建制“县”转为城市型政区建制“区”，形成了中心城区（崇安、南长和北塘）和外围四区（锡山、惠山、滨湖和新区）的行政区划管理体制（图 5-15）。而在地理空间上，城市建成区以外的城乡地域界限模糊，无锡进入城乡地域一体化阶段，城乡地域空间是由城市建成区和乡村组成的渐变离散的城乡地域结构。

行政区划变更是不同发展阶段城乡特定发展战略调整和政府管理体制变革的反映，与城乡经济社会发展存在紧密联系，通过比较城乡地理空间尺度与行政建制尺度之间整合与否（图 5-14 和图 5-15），可以发现在城乡地域结构演变的外在表征中实际蕴含着影响城乡地域空间发展的体制变迁。20 世纪 90 年代中期以前城乡地域结构处于城-郊-乡地域结构阶段与计划经济体制下构建的城区-郊区-乡镇（乡村）的行政区划管理体制具有一致性，反映了在经济体制改革的初期计划经济体制仍深刻影响城乡地域空间的发展；20 世纪 90 年代中期以后城乡地域结构发生结构性突变，由城-郊-乡地域结构向城乡地域一体化格局演变，政府行政区划依照城乡地域空间结构发展而被动调整，反映伴随经济体制改革的不断深入完善，市场机制对城乡地域空间的调控影响作用。

5.2.2　制造业投资主体变化的阶段与特征

图 5-16 为无锡制造业固定资产投资的所有制结构①。1978～1992 年所有制改革起步阶段：该阶段制造业固定资产投资总额较小，国有企业在固定资产投资中的比重在 70%以上，占绝对主体地位，集体所有制的乡镇企业迅速发展，其投资增长较快，从 1978 年占制造业固定资产投资的 11.9%增长到 1992 年的 25.7%。1992～2001 年所有制改革全面开展阶段：伴随着多种所有制经济的崛起，行政指令性、计划纵向资本配置的方式开始向多元投资主体竞争、市场横向资本配置的方式转变，制造业固定资产投资总额从 1992 年的 46.3 亿元增加到 2001 年的 277 亿元，私营企业、外资和港澳台资企业经过体制改革从无到有迅速发展，2001 年其固定资产投资比重分别达到 17.1%、17.3%，国有企业固定资产投资比重下降至 2001 年的 59.4%，集体企业固定资产投资比重也逐年下降到 2001 年的 6.1%。2001～2010 年所有制改革提高阶段：2010 年制造业固定资产投资总额增加至 1999 亿元，私营企业、外资和港澳台资企业持续发展，二者在固定资产投资总额中的比重在 60%左右，成为无锡制造业固定资产投资的主体。

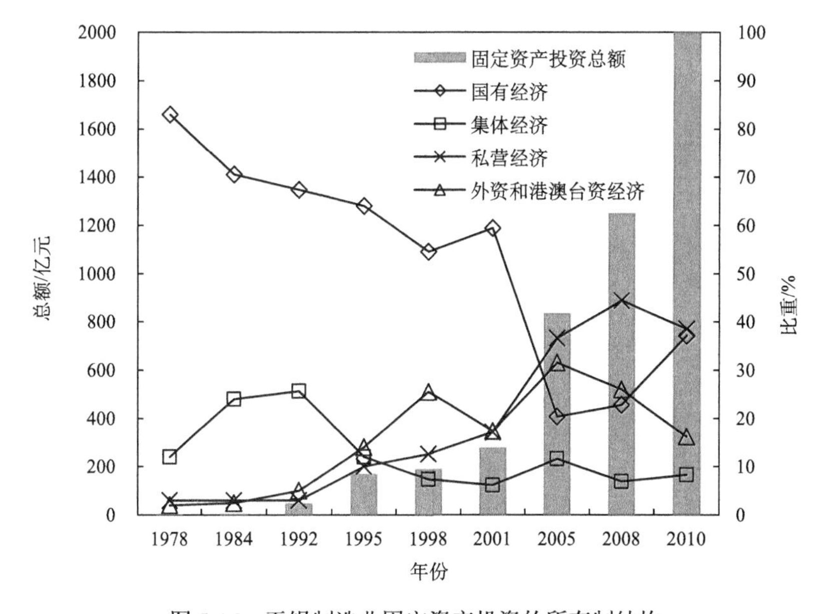

图 5-16　无锡制造业固定资产投资的所有制结构

①本章研究将所有制类型分成国有企业、集体企业、私营企业、外资和港澳台资企业四个大类，其中私营企业包括国有和集体单位以外的内资企业，如私营、股份制和个体企业等类型。

无锡城乡地域结构的演变与制造业固定资产投资所有制结构的变化具有时空协同性（表 5-4），这反映了二者存在内在的逻辑响应关系。本书构建了基于向量自回归（VAR）模型的脉冲响应函数（IRF）和方差分解函数（VD），通过测度城乡地域空间对多元制造业投资主体的响应状态以及多元制造业投资主体对城乡地域结构演变的贡献率，试图深入剖析城乡地域结构对制造业投资主体多元化的响应过程与机制。

表 5-4　无锡制造业固定资产投资多元化与城乡地域结构演变的阶段与特征

<table>
<tr><th>经济体制改革</th><th>所有制改革</th><th>制造业固定资产投资所有制结构</th><th>地域结构演变</th></tr>
<tr><td>1978～1984 年
经济体制改革启动阶段
（计划经济为主）</td><td rowspan="2">所有制改革起步阶段</td><td rowspan="2">国家集体单一投资主体</td><td rowspan="2">城-郊-乡地域结构阶段：城乡地域结构演变缓慢，城市建成区、城乡过渡地域和乡村三者地域界限分明，城乡过渡地域以郊区农业用地形态存在</td></tr>
<tr><td>1984～1992 年
经济体制改革探索阶段
（计划经济与市场经济相结合）</td></tr>
<tr><td>1992～2001 年
市场经济体制初步建立阶段</td><td>所有制改革全面开展阶段</td><td>资本投资由国家集体投资向更能适应市场需求的国家、集体、私营企业、外资和港澳台资企业多元化投资主体转变，其中外资和港澳台资企业投资快速增长</td><td>城乡地域结构突变阶段：城乡地域结构演变加快，城市建成区快速扩展，城乡过渡地域的郊区农业用地形态在 20 世纪 90 年代中期以后消失。城乡地域结构由城市建成区、城乡过渡地域和乡村三部分组成演变为由城市建成区和乡村两部分组成</td></tr>
<tr><td>2001～2010 年
市场经济体制完善阶段</td><td>所有制改革提高阶段</td><td>私营企业、外资和港澳台资企业成为投资主体，其中私营企业投资快速增长</td><td>城乡地域一体化阶段：城乡地域结构演变剧烈，城市建成区加速扩展，城市建成区以外形成无空间距离差异的乡村，城市建成区和乡村两者融合，地域界限模糊</td></tr>
</table>

5.2.3　响应测度模型构建

1. 变量选取

经济体制是一个社会在一定时期内关于资源占有方式（生产资料所有制）和资源配置方式的系统化制度安排，前者是核心并决定后者（黄新华，2005）。经济体制改革首先从所有制结构调整开始，所有制结构调整形成了多元投资主体，并引起资本空间配置方式的改变。城乡地域结构在某种程度上可视为是制造业固定资产投资在城乡地域空间上积累运作的结果（吴启焰等，2012），其对制造业投资主体多元化的响应是不同所有制制造业固定资产投资配置方式变化在城乡土地利用状况上的时空体现（图 5-17）。基于制造业投资主体多元化的城乡地域结构响应分析框架如图 5-18 所示。

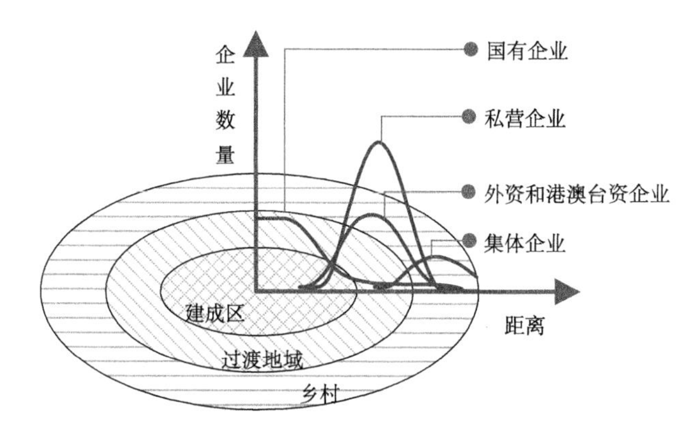

图 5-17　基于制造业投资主体多元化的城乡地域结构响应概念图解

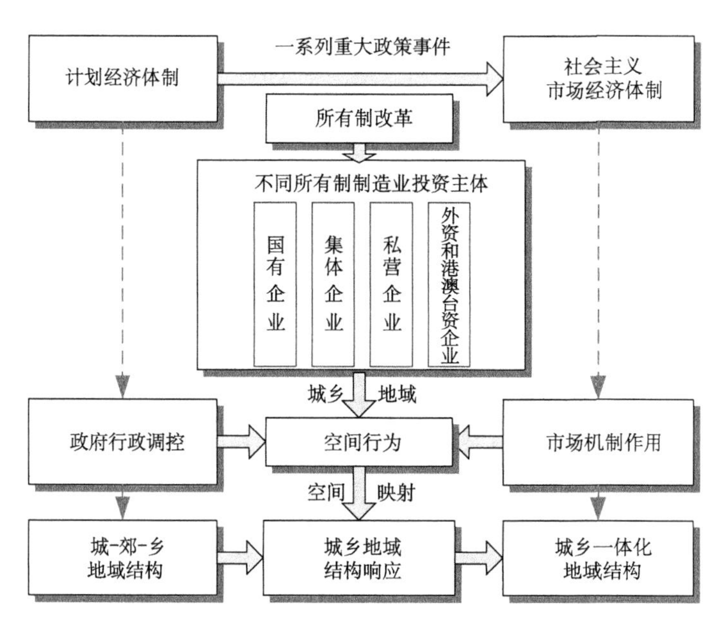

图 5-18　基于制造业投资主体多元化的城乡地域结构响应分析框架

城乡地域结构是城乡内部经济、社会、人口、资源、环境等要素相互作用形成的功能分区，是城乡职能分化在地域空间上的表现形式，由城市建成区、城乡过渡地域和乡村组成。根据城乡地域不同空间对制造业投资主体多元化的响应特征，遴选城乡地域结构演变特征变量（表 5-5）。城乡过渡地域是城乡地域中变化最显著的空间，2001 年前表现为与计划经济体制相适应的郊区形式，其职能是为城市提供蔬菜等农副产品（崔功豪和武进，1990），2001 年后郊区行政建制撤销，表现为与社会主义市场经济体制相适应的过渡形式，故选取郊区农业用地变化面积表征城乡过渡地域动态变化（杨山和陈升，2009）；制造业投资主体的多元化加速了城乡建设用地的扩张，故选取城市建成区扩展面积和乡村建设用地增加面积反映城市建成区和乡村非农空间的动态变化。以制造业固定资产投资所有制结构表征制造业投资主体的多元化（表 5-5）。

表 5-5　地域结构特征变量与投资结构特征变量的指标体系

目标层	指标层	分指标层
城乡地域结构演变	城乡地域结构 URS	城市建成区扩展面积 URS_1 郊区农业用地变化面积 URS_2 乡村建设用地增加面积 URS_3
制造业投资主体多元化	制造业固定资产投资所有制结构 IOS	国有企业固定资产投资比重 IOS_1 集体企业固定资产投资比重 IOS_2 私营企业固定资产投资比重 IOS_3 外资和港澳台资企业固定资产投资比重 IOS_4

2. 响应模型

向量自回归模型是一种非结构化的多方程模型，用于描述多变量时间序列之间的变动关系，该模型中所有当期变量对滞后变量进行回归，从而估计出全部变量之间的动态关系（易丹辉，2011）。VAR 模型从数据出发建立模型，不要求通过解析变量之间复杂的相互作用机理、预先设定全局函数来拟合数据，较少地受到既有理论的约束，在很大程度上减小了模型系统误差，能够全面、准确地解析和归纳多变量长时间尺度的动态响应关系，与传统结构化建模方法相比具有显著优势（易丹辉，2011）。该模型为城乡地域结构演变与制造业投资主体多元化响应关系的量化研究提供了新思路。

设定城乡地域结构某一特征变量 URS=Y_1，制造业投资结构变量 $IOS_1=Y_2$，$IOS_2=Y_3$，$IOS_3=Y_4$，$IOS_4=Y_5$，对于 $Y_{1t},Y_{2t},\cdots,Y_{5t}$ 序列，可以建立 5 维 p 阶 VAR（p）模型。

$$Y_t = \alpha + \phi_1 Y_{t-1} + \cdots + \phi_p Y_{t-p} + \varepsilon_t \qquad t = 1,2,\cdots,T \tag{5-6}$$

式中，Y_t 是 5 维变量序列；$\phi_i\ (i=1,\cdots,p)$ 是 5×5 维系数矩阵；ε_t 是 5 维随机扰动项；p 是滞后阶数；T 是样本个数。

脉冲响应函数度量 VAR 模型系统中某投资结构变量受到干扰或冲击的意外变化，即其随机扰动项 ε_t 发生变动时，城乡地域结构特征变量对其变化的反应（易丹辉，2011）。

考虑 VAR（p）模型，Y_t 的 VMR（∞）的表达式为

$$Y_t = \left(\varphi_0 I + \varphi_1 L + \varphi_2 L^2 + \cdots\right)\varepsilon_t \tag{5-7}$$

假如 VAR（p）可逆，Y_t 的 VMR 的系数可由 VAR 的系数得到。设 $\varphi_q = \varphi_{q,ij}$，$q = 1,2,\cdots$ 则 Y 的第 i 个变量 Y_{it} 可以写成

$$Y_{it} = \sum_{j=1}^{k}\left(\varphi_{0,ij}\varepsilon_{jt} + \varphi_{1,ij}\varepsilon_{jt-1} + \varphi_{2,ij}\varepsilon_{jt-2}\cdots\right) \tag{5-8}$$

假定在基期给 Y_j 一个单位的脉冲，即 $\varepsilon_{jt} = \begin{cases}1, t=0\\ 0, 其他\end{cases}$，（$\varepsilon_{it}$=0），则由 Y_j 的脉冲引起的 Y_i 的响应函数为 $\varphi_{0,ij}, \varphi_{1,ij}, \varphi_{2,ij}, \varphi_{3,ij}, \cdots$

方差分解是将城乡地域结构某一特征变量的预测均方误差分解成系统中各变量的随机冲击所做的贡献，可以被用来计算各投资结构变量的随机冲击对 VAR 系统变量影响的相对重要程度（易丹辉，2011）。计算公式为

$$\mathrm{RVC} = \frac{\sum_{q=0}^{\infty}\phi_{ij}^{(q)^2}\sigma_{ij}}{\sum_{j=1}^{k}\sum_{q=0}^{\infty}\phi_{ij}^{(q)^2}\sigma_{ij}} \qquad (i, j = 1, \cdots, k) \tag{5-9}$$

式中，RVC 反映第 j 个变量对第 i 个变量的影响。

5.2.4　响应测度结果

1. 城乡地域结构演变脉冲响应分析

为消除模型的异方差，使变量之间拟合效果更好，对各指标变量进行对数处理。运用 ADF 单位根检验方法、按 AIC 准则选取最佳滞后阶数来对时间序列数据进行平稳性检验（王强等，2011；聂巧平和张晓峒，2007），结果显示（表 5-6），可以将城乡地域结构特征变量 $\Delta \ln URS_1$、$\Delta \ln URS_2$、$\Delta \ln URS_3$ 分别与体制变量 $\Delta \ln IOS_1$、$\Delta \ln IOS_2$、$\Delta \ln IOS_3$、$\Delta \ln IOS_4$ 建立 VAR 模型。由于郊区农业用地在 2001 年消失，$\Delta \ln URS_2$ 与体制变量建立的 VAR 模型采用 1978～2001 年时间序列数据。图 5-19 为模拟的相应的脉冲响应曲线，横轴表示追踪期数（设定为 10 期）；图 5-20 为方差分解结果。

表 5-6　数据的平稳性检验结果

变量	检验形式	ADF 检验值	各显著水平下的临界值			检验结论
			1%	5%	10%	
$\ln IOS_1$	（C，T，0）	1.46	–4.27	–3.56	–3.21	不平稳
$\Delta\ln IOS_1$	（C，T，0）	–4.54	–4.28	–3.56	–3.22	平稳
$\ln IOS_2$	（C，T，1）	–2.44	–4.28	–3.56	–3.22	不平稳
$\Delta\ln IOS_2$	（0，0，0）	–2.64	–2.64	–1.95	–1.61	平稳
$\ln IOS_3$	（C，T，4）	–3.56	–4.32	–3.58	–3.23	不平稳
$\Delta\ln IOS_3$	（0，0，1）	–2.04	–2.64	–1.95	–1.61	平稳
$\ln IOS_4$	（C，T，2）	–1.62	–3.63	–2.94	–2.65	不平稳
$\Delta\ln IOS_4$	（C，0，1）	–4.02	–3.63	–2.96	–2.67	平稳
$\ln URS_1$	（C，T，0）	–1.15	–4.27	–3.56	–3.21	不平稳
$\Delta\ln URS_1$	（C，0，0）	–5.42	–3.66	–2.96	–2.62	平稳
$\ln URS_2$	（0，0，1）	–0.54	–2.67	–1.96	–1.61	不平稳
$\Delta\ln URS_2$	（C，T，0）	–2.78	–3.54	–2.59	–1.98	平稳
$\ln URS_3$	（C，0，1）	–1.7	–3.66	–2.96	–2.62	不平稳
$\Delta\ln URS_3$	（C，0，0）	–3.07	–3.66	–2.96	–2.62	平稳

注：（C，T，P）分别表示 ADF 检验方程中包括常数项、时间趋势项和滞后阶数。

城市建成区扩展面积（URS_1）对国有企业固定资产投资比重（IOS_1）变化表现为负响应[图 5-19（a）]，该负响应在第 2 期迅速显现并达到最大负值–0.24，此后逐渐减弱，自第 6 期起响应值趋向于 0，响应持续时间较短，说明受政府行政力量主导的国有企业投资是一种对空间影响较强的短期行为。URS_1 与 IOS_1 呈反向变动，即当国有企业投资比重减少时城市建成区依然加速扩展，这一方面是因为国有企业投资主要集中在城市建成区内部空间，另一方面是因为国有企业投资占据建成区投资而导致非公有制企业更倾向于在城市建成区的外围空间进行投资，从而促进城市建成区扩展，这点在 URS_1 对私营企业（IOS_3）、外资和港澳台资企业（IOS_4）固定资产投资比重变化的正响应特征中得到印证。URS_1 对 IOS_3 变化的响应在前 3 期逐渐增加至 0.16，之后保持稳定，自第 6 期起响应值缓慢收敛，响应持续性较长；IOS_4 变化对 URS_1 的短期推动效应较 IOS_3 明显，第 2 期便达到响应最大值 0.14，但此后稳态收敛，IOS_4 对 URS_1 的正向推动效应趋小时间较 IOS_3 提前，表明外资和港澳台资企业对城市建成区扩展只具有即时影响。URS_1 对集体企业固定资产投资比重（IOS_2）变化表现为较弱的负响应，响应值在–0.01 至–0.02 间波动，表明 IOS_2 对城市建成区扩展影响作用微弱。

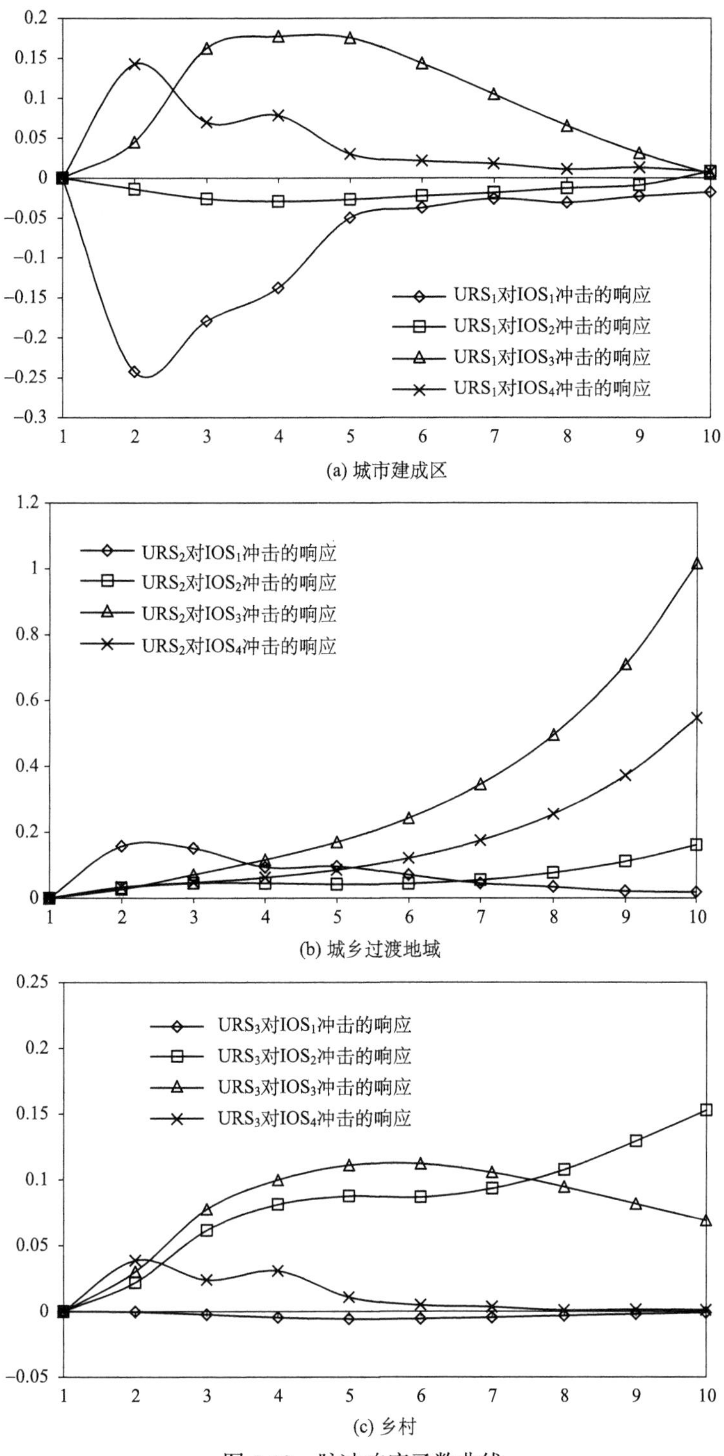

(a) 城市建成区

(b) 城乡过渡地域

(c) 乡村

图 5-19　脉冲响应函数曲线

郊区农业用地变化面积（URS_2）对国有企业固定资产投资比重（IOS_1）变化表现为正响应[图 5-19（b）]，响应在第 2 期显现并达到最大值 0.16，此后逐渐减弱，由于受中心城区“退二进三”产业政策和企业自身规模扩张用地需求的影响，国有企业也逐步向城乡过渡地域投资寻找新的发展空间，因此其变化会直接引起 URS_2 的同向变化。URS_2 对集体企业固定资产投资比重（IOS_2）变化呈现缓慢增长的正响应，反映投资难以在短期内引起空间的重大变化，体现了无锡集体企业投资分散、规模小的特征。而 URS_2 对私营企业投资比重（IOS_3）、外资和港澳台资企业投资比重（IOS_4）变化均表现为快速增长的正响应，响应值在追踪期限内持续增加，在第 10 期分别增加至 1.01 和 0.55。20 世纪 90 年代以来多数私营企业、外资和港澳台资企业在无锡城乡过渡地域建设的工业园区投资，导致郊区农业用地大量消失，同时城乡过渡地域因紧邻城区的区位优势和相对低廉的地价，对投资实力不强的非公有制企业具有更强的吸引力。

乡村建设用地增加面积（URS_3）对国有企业固定资产投资比重（IOS_1）变化表现为较弱的负响应[图 5-19（c）]，响应值趋近于 0，表明国有企业在乡村地区投资较少。集体企业固定资产投资比重（IOS_2）对 URS_3 的正向推动效应逐渐增大，至第 10 期达到响应最大值 0.15，这一响应特征与城乡过渡地域一致。URS_3 对私营企业投资比重（IOS_3）变化表现为正响应，响应值逐渐增至第 6 期的最大值 0.11 后缓慢稳态收敛，这反映了 20 世纪 90 年代中期以后由集体所有制乡镇企业改制而来的私营企业对乡村建设用地增加的推动作用。URS_3 对外资和港澳台资企业投资比重（IOS_4）变化表现为较弱的正响应，响应值在第 2 期达到最大值 0.04 后缓慢收敛，表明外资和港澳台资企业投资对乡村影响很小。

2. 城乡地域结构演变贡献率方差分解

方差分解结果（图 5-20）表明，在响应初期，城乡地域各空间演变主要受其自身发展状态影响，其自身变化的贡献率占主导地位。随着时间推移，城乡地域各空间自身变化的贡献率逐步减小，其中，城市建成区缓慢下降到第 10 期的 63%，城乡过渡地域迅速下降至第 2 期的 50%后，缓慢下降到第 10 期的 30%，乡村逐渐下降到第 10 期的 27%。与此相对应，制造业投资结构变化对城乡地域结构演变的贡献率逐渐增加，且各投资结构变量的方差分解结果与脉冲响应结果相一致。具体而言，国有企业投资变化对城市建成区和城乡过渡地域的影响迅速显现；集体企业投资变化对城乡过渡地域和乡村产生影响的时滞较长；私营企业投资变化对城乡地域各空间都有一定的影响，同样也具有影响时滞较长的特征；外资和港澳台资企业投资变化对城乡过渡地域影响相对较大，对城市建成区和乡村仅具有微弱的即时影响。

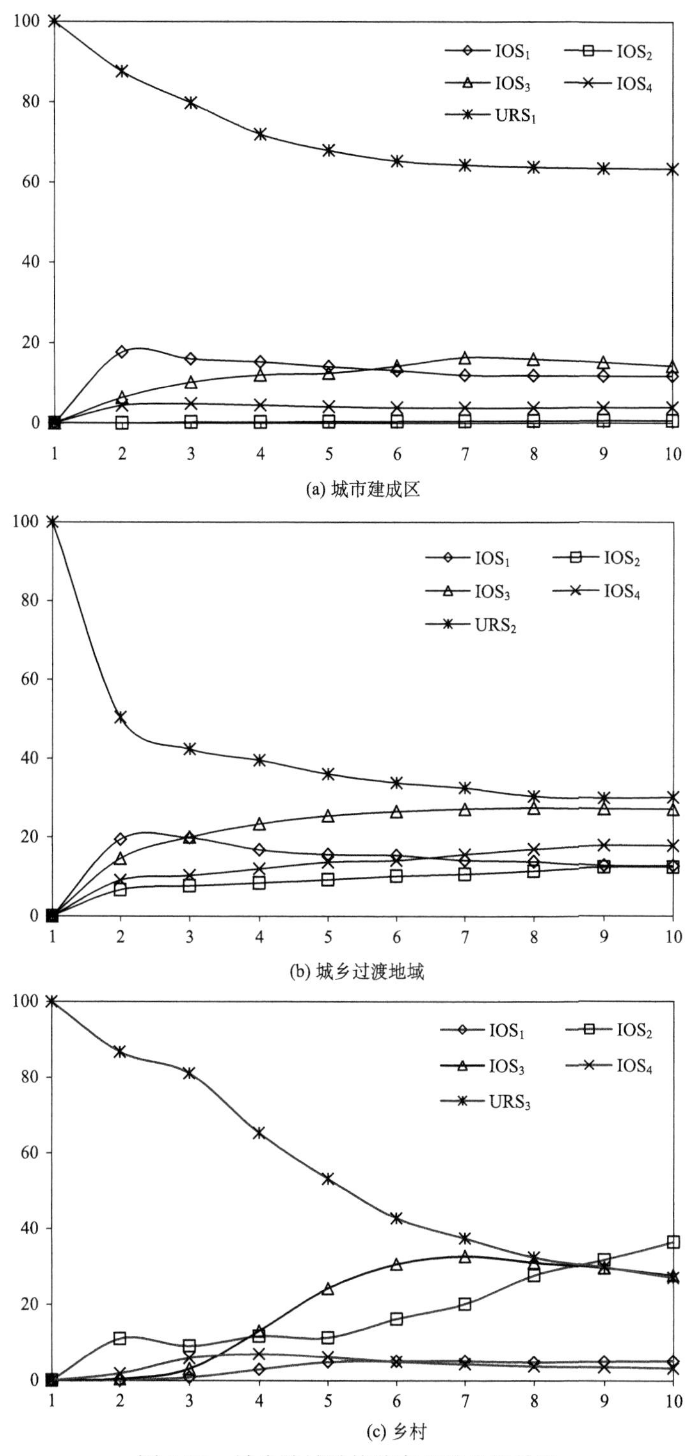

(a) 城市建成区

(b) 城乡过渡地域

(c) 乡村

图 5-20　城乡地域结构演变方差分解结果

5.3 城乡空间系统耦合测度

5.3.1 城乡空间系统耦合测度方法

1. 城乡空间系统耦合测度模型构建

城市系统与乡村系统的演化过程是非线性的，其动力学系统由一系列与时间有关的变量组成（相空间），设为 N 维，系统演化的运动方程为

$$X(t)=\left(x_1(t),x_2(t),\cdots,x_N(t)\right) \tag{5-10}$$

对于时间连续的情况，系统演化可由一系列常微分方程描述为

$$\frac{\mathrm{d}X(t)}{\mathrm{d}t}=f(X;Y) \tag{5-11}$$

式中，$f(X;Y)$ 是一系列非线性函数；Y 为控制参量集，$Y=(Y_1,\cdots,Y_m)$。在某一时刻 t_0 与给定的 Y，系统的状态由 $X(t_0)$ 决定；对于给定的 Y，$X(t)$ 的演化构成 N 维相空间中的一条轨迹。本书时间变量 t 是离散的，因此形式上系统演化的映像为

$$X(t+1)=f\left(X(t);Y\right) \tag{5-12}$$

为便于解析研究，对微分方程做多项式展开，考虑系统稳定性由一次近似系统特征根决定以及解释因素的量化描述，采用泰勒级数展开，并略去高次项可近似表示为

$$\frac{\mathrm{d}X(t)}{\mathrm{d}t}=\sum_{i=1}^{n}a_i x_i \tag{5-13}$$

因此城市系统（U）与乡村系统（R）的演化可以表示为

$$f(U)=\sum p_i x_i \quad i=1,2,\cdots,n \tag{5-14}$$

$$f(R)=\sum q_i y_i \quad i=1,2,\cdots,n \tag{5-15}$$

城市系统与乡村系统耦合形成一个复合的城乡系统，按照一般系统理论（Bertalanffy，1987），该复合系统的演化方程可以表示为

$$\begin{cases} A=\dfrac{\mathrm{d}f(U)}{\mathrm{d}t}=f_1\left(f(U);f(R)\right) \\ B=\dfrac{\mathrm{d}f(R)}{\mathrm{d}t}=f_2\left(f(U);f(R)\right) \end{cases} \tag{5-16}$$

式中，A，B 为受自身与外界影响下城市系统与乡村系统的演化状态，其演化速度为

$$\begin{cases} V_A = \dfrac{\mathrm{d}A}{\mathrm{d}t} \\ V_B = \dfrac{\mathrm{d}B}{\mathrm{d}t} \end{cases} \tag{5-17}$$

整个系统的演化速度 V 就可以表示为

$$V = f\left(V_A, V_B\right) \tag{5-18}$$

整个系统的演化速度 V 可以看作是 V_A 和 V_B 的函数，以 V_A 和 V_B 为控制变量，通过分析 V 的变化来研究城乡系统之间的耦合。常用的耦合度计算方法就是根据静态子系统间距离的大小来判断系统耦合程度（李萍和谭静，2010），基于城乡平等的思想，把城乡系统作为两个对等的系统，受形相似度量方法启发，定义城市系统与乡村系统演化轨迹的距离为

$$V = \frac{V_A + V_B}{\sqrt{V_A^2 + V_B^2}} \quad V \in \left[0, \sqrt{2}\right] \tag{5-19}$$

2. 系统耦合度概念性解译

城市系统与乡村系统之间不断进行着物质与能量的交换与传输过程，一个系统演化状态的改变会对另一个系统产生深远影响，导致另一个系统演化状态的改变，进而引起整个城乡系统的耦合发生改变。系统的演化速度是系统演化状态的行为特征，一个子系统演化速度的变化会导致另一个子系统演化速度的变化，根据城市系统和乡村系统的演化速度的变化可以分析城乡系统耦合程度的变化。

V 的变化是由城市系统演化速度 V_A 与乡村系统演化速度 V_B 及其相互关系确定的，即 V 的变化体现一个系统变化以另一个系统变化为量度的敏感程度，V 体现了城市系统与乡村系统间耦合程度的大小，故城乡系统耦合测度结果耦合度以 V 表示。耦合度 V 的大小反映了城乡系统在不同时期的演化态势，它不仅表征了城乡系统互动关系中的相互作用，还表征了系统间的相互反馈过程，当城乡系统中某一子系统的发展背离了其原本演化趋势影响到系统整体发展时，另一子系统会自发调节对其进行反馈，约束其过度发展。耦合度最大表示城乡系统之间的相互作用强、反馈强度大，耦合度最小表示城乡系统之间处于独立状态。通过对城乡系统演化速度 V_A、V_B 和城乡系统耦合度 V 的动态变化过程进行研究，可以对城乡系统关系的发展进行评价和调控。

5.3.2　城乡空间系统耦合测度过程

1. 城乡空间系统耦合测度指标体系

城乡系统是一个复杂的灰色系统（张振杰等，2007），存在着众多要素的相

互作用关系和反馈过程。耦合测度模型涉及的要素无法覆盖全部城乡内容，必须探寻城乡系统演化过程中的主要要素及其相互关系，建立反映城乡系统耦合过程的指标体系。Rondinelli（1985）认为区域系统中的城乡联系最重要的是人口移动联系和经济联系，城乡系统以城乡空间格局为载体通过人口移动联系和经济联系发生耦合，同时耦合的结果最终又直观地反映在城乡空间格局上。为此在遵循系统性、全面性、主导性、可操作性和有效性等原则的基础上，参照已有相关指标变量体系研究（曾磊等，2002；王富喜等，2009；杨山等，2009），从人口表征、经济发展、空间格局三个方面出发对城市系统与乡村系统内各要素进行提取分析，并应用相关分析、因子分析对提取的变量进行独立性筛选（刘耀彬等，2005），最终确定城乡系统耦合测度的指标体系（表 5-7）。

表 5-7　城乡系统耦合测度指标体系

类型	一级指标变量	二级指标变量	指标注释
城市系统 U	人口表征 U_1	城镇建成区人口密度 U_{11}	城镇建成区人口除以面积
		非农产业从业人口比 U_{12}	第二、三产业就业人口占总就业人口比
	经济发展 U_2	规模以上企业密度 U_{21}	统计年鉴定义规模企业的分布密度
		非农产业比重 U_{22}	第二、三产业占地区生产总值比重
		人均固定资产投资 U_{23}	固定资产投资额除以城镇建成区人口
		非农产业人均 GDP U_{24}	第二、三产业的人均 GDP
		货物运输量 U_{25}	主要代表城市系统要素的延伸，故选入
		服务业增加值占 GDP 比 U_{26}	调查统计资料直接获取
	空间格局 U_3	城镇建成区面积比 U_{31}	遥感影像提取的城镇建成区比重
		建设用地扩散指数 U_{32}	建设用地相邻边界长度比重
乡村系统 R	人口表征 R_1	农业从业人口比 R_{11}	第一产业从业人口占总从业人口比
		农民纯收入 R_{12}	调查统计资料直接获取
	经济发展 R_2	农业产值比重 R_{21}	第一产业占地区生产总值比重
		人均农产品产量 R_{22}	调查统计资料直接获取
	空间格局 R_3	耕地面积比 R_{31}	遥感影像提取耕地面积比重
		生态用地破碎度 R_{32}	以非建设用地斑块密度衡量

2. 城乡空间系统演化速度及城乡系统耦合度变化

将城市系统数据进行 Z 标准化处理并做主成分分析，实现数据的降维，根据对城市系统各因子解释方差分析（表 5-8），结合具体研究，选取前两个主成分，得到城市系统成分矩阵（表 5-9）。

表 5-8　城市系统各因子解释方差

T 成分	初始特征值		
	合计	方差的/%	累积/%
1	8.72	87.18	87.18
2	0.72	7.24	94.43
3	0.39	3.91	98.34
4	0.1	0.97	99.31
5	0.05	0.54	99.85
6	0.01	0.12	99.98
7	0.002	0.03	100.00
8	3.39×10^{-16}	3.39×10^{-15}	100.00
9	-1.45×10^{-16}	-1.45×10^{-15}	100.00
10	-3.21×10^{-16}	-3.21×10^{-15}	100.00

表 5-9　城市系统成分矩阵

变量	成分	
	1	2
U_{11}	0.99	0.1
U_{12}	0.98	−0.19
U_{21}	0.99	0.11
U_{22}	0.91	−0.36
U_{23}	0.92	0.37
U_{24}	−0.84	0.54
U_{25}	0.98	−0.1
U_{26}	0.82	0.11
U_{31}	0.97	0.23
U_{32}	0.93	0.18

主成分表达如下：

$$\begin{aligned}F_1 = &0.34U_{11} + 0.33U_{12} + 0.34U_{21} + 0.31U_{22} + 0.31U_{23}\\ &- 0.28U_{24} + 0.28U_{25} + 0.33U_{26} + 0.33U_{31} + 0.31U_{32}\end{aligned} \tag{5-20}$$

$$\begin{aligned}F_2 = &0.12U_{11} - 0.22U_{12} + 0.12U_{21} - 0.43U_{22} + 0.44U_{23}\\ &+ 0.63U_{24} - 0.12U_{25} + 0.13U_{26} + 0.28U_{31} + 0.21U_{32}\end{aligned} \tag{5-21}$$

以主成分方差贡献为权重的综合表达如下：

$$F_U = 0.87F_1 + 0.07F_2 \tag{5-22}$$

把标准化后的初始数据代入式（5-22），对结果进行非线性拟合，依据复合系

统演化模型得到城市系统演化方程为

$$A=\frac{\mathrm{d}f(U)}{\mathrm{d}t}=0.029t^3-0.348y^2+2.117t-5.397 \qquad R^2=0.989 \tag{5-23}$$

相应的城市系统演化速度为

$$V_A=\frac{\mathrm{d}A}{\mathrm{d}t}=0.087t^2-0.696t+2.117 \tag{5-24}$$

同样将乡村系统数据进行 Z 标准化处理并做主成分分析，实现数据的降维，乡村系统各个因子解释方差如表 5-10 所示，根据研究需要选取的乡村系统成分矩阵如表 5-11 所示。

表 5-10　乡村系统各因子解释方差

成分	初始特征值		
	合计	方差的/%	累积/%
1	5.49	91.32	91.32
2	0.25	4.16	95.48
3	0.12	1.99	97.47
4	0.09	1.49	98.96
5	0.06	0.99	99.95
6	0.002	0.05	100

表 5-11　乡村系统成分矩阵

变量	成分	
	1	2
R_{11}	0.94	0.26
R_{12}	−0.92	0.35
R_{21}	0.96	−0.05
R_{22}	0.96	−0.14
R_{31}	0.98	0.16
R_{32}	−0.97	−0.11

主成分表达如下：

$$F_1=0.28R_{11}-0.27R_{12}+0.29R_{21}+0.28R_{22}+0.29R_{31}-0.29R_{32} \tag{5-25}$$

$$F_2=0.51R_{11}+0.70R_{12}-0.11R_{21}-0.28R_{22}+0.33R_{31}-0.22R_{32} \tag{5-26}$$

以主成分方差贡献为权重的综合表达如下：

$$F_R=0.87F_1+0.07F_2 \tag{5-27}$$

把标准化后的初始数据代入式（5-27），对结果进行非线性拟合，依据复合系统演化模型得到乡村系统演化方程为

$$B=\frac{\mathrm{d}f(R)}{\mathrm{d}t}=-0.013t^3+0.232t^2-1.766t+4.068 \quad R^2=0.98 \tag{5-28}$$

相应的乡村系统演化速度为

$$V_B=\frac{\mathrm{d}B}{\mathrm{d}t}=-0.039t^2+0.464t-1.766 \tag{5-29}$$

将城市系统演化速度 V_A、乡村系统演化速度 V_B 代入式（5-19）中，得到城乡系统耦合度为

$$V=\frac{V_A+V_B}{\sqrt{V_A^2+V_B^2}}=\frac{0.048t^2-0.232t+0.351}{\sqrt{0.009t^4-0.157t^3+1.206t^2-4.586t+7.60}} \tag{5-30}$$

其中，对 t 的取值为 1～8，代表文章研究的 8 个离散时间点，分别对应 1979 年、1984 年、1992 年、1995 年、1998 年、2002 年、2005 年、2008 年，城乡系统演化速度及城乡系统耦合度变化如图 5-21 所示。

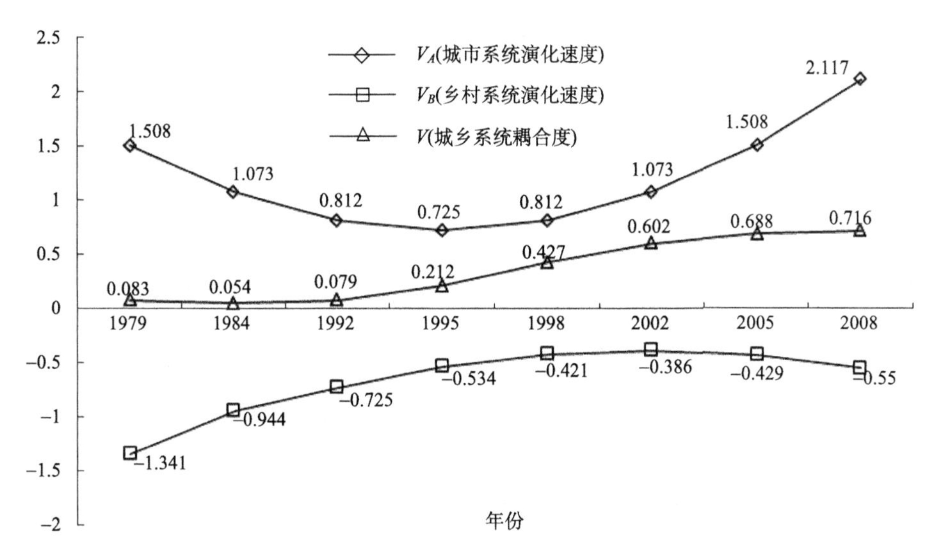

图 5-21　城乡系统演化速度及城乡系统耦合度变化

5.3.3　城乡空间系统耦合测度结果

1979～2008 年间无锡市城市系统的演化速度 V_A 呈现出先下降后上升的趋势，转变节点在 20 世纪 90 年代中期；乡村系统的演化速度 V_B 在 20 世纪 90 年代中期以前一直处于不断提高状态，但速度增幅不断减小，20 世纪 90 年代中期以后速

度开始下降。城乡系统耦合度变化过程明显分为三个阶段，并呈现拉平“S”形。在不同城乡系统发展时期，城市系统与乡村系统耦合的强度、重点均在不断变化，通过分析城乡系统演化速度，并结合城乡系统耦合测度指标的动态变化，对城乡系统耦合关系变化及其主要影响因素进行解析。

20 世纪 90 年代初期以前，尚处在国家经济体制改革的初期，乡村改革率先展开，城市改革尚未开始，虽然乡村系统加速发展，但城市系统演化速度 V_A 与乡村系统演化速度 V_B 互相制约关系很弱，城乡系统的耦合作用处于低级水平，反映城乡系统各自较为独立发展，呈现城乡二元结构。城乡系统耦合度在低水平徘徊主要是由国家行政指令不同程度控制城乡系统人口转移、产品流动、土地资源配置，城乡系统之间物质与能量的交换与传输数量少、速度慢造成的。

20 世纪 90 年代初期开始至 21 世纪初，此阶段是全面实行经济体制改革时期，1992 年邓小平南方谈话和党的十四大确立社会主义市场经济体制的改革目标后，城市系统快速扩张并主动介入乡村地域，城乡系统的耦合作用日益增强，反映城乡联系日益紧密。逐步完善的社会主义市场经济体制促进城乡经济社会资源要素流动性增强，城市系统的人口集聚与经济快速发展成为促使城乡系统耦合度快速提高的主要因素，这一点可以从 1992～2002 年城镇建成区人口密度 U_{11}、非农产业从业人口比 U_{12}、规模以上企业密度 U_{21}、货物运输量 U_{25} 四项指标的变化率远远高于城乡系统其他指标的变化率得到印证，这四项指标主要从城市的居民生产与生活、企业生产与销售、交通运输与建设均向乡村扩张的角度较为全面地反映出城乡系统的耦合关系变化。

21 世纪以来，我国加入 WTO 后全面融入世界经济，城市系统全面快速扩张，演化速度 V_A 持续升高；而乡村系统则受到不同程度的挤压，演化速度 V_B 开始不断降低，城乡系统耦合作用失谐，反映城乡系统潜伏着二者之间不协调的危机。城乡系统耦合度缓慢上升趋于停滞主要是受乡村系统空间格局演化状态的影响，这一点可以从 2002～2008 年耕地面积比 R_{31}、生态用地破碎度 R_{32} 两项指标的变化率远远低于城乡系统其他指标的变化率得到印证，这两项指标主要从基本农田保护对城市发展空间约束的角度反映出城乡系统的耦合关系变化。

对无锡市 1979～2008 年八个时相遥感影像进行城乡地域用地形态分析发现，无锡市城乡地域用地形态的演变过程与城乡系统耦合度的变化规律具有一致性，证明了“耦合度”对于分析城乡系统耦合态势具有重要意义。1979 年、1984 年及 1992 年遥感影像分析表明在 20 世纪 90 年代初期以前城乡系统在地域空间上由城市建成区、城乡过渡地域和乡村地域三部分组成，且地域结构分明，城乡过渡地域的用地形态是蔬菜等旱作种植用地的郊区农业用地，城市建成区与乡村地域各自较为独立的发展致使需要有郊区农业用地的存在为城市生活服务。1995 年遥感影像中郊区农业用地仅在建成区周围零散分布、规模很小，1998 年后的遥感影像中郊区农业用地形态已经消失，城乡、区域之间农副产品自由流通，不再需要郊区农业为城市提供农副产品，促使郊区农业用地消失，自 20 世纪 90 年代初期以后，城乡系统在地域空间上由城市建成区和乡村地域组成。2002 年、2005 年、2008 年遥感影像中出现了建设用地与非建设用地交错在一起的复杂用地形态，城乡地域很难找到乡村系统占优势的地域空间，农业用地破碎化现象严重。

5.4　城乡空间响应过程解析——以无锡新区为例

在制造业空间布局发展变化及其城乡空间结构响应的过程中，涉及权力、资本与阶层（政府、企业及个人）三类主体。政府是权力的发出者、政策制度的制定者，其在制造业空间布局及其城乡空间结构响应中扮演着重要角色。地方政府以发展经济为目标，进行土地开发、基础设施建设，并设立了多个级别的开发区、产业园区，通过制定优惠政策来改善当地的投资环境，进行招商引资。在市场经济体制下，企业是资本的主要来源，为城乡空间的发展演变提供了重要动力。个人也是空间生产的主体，在开发区的建设发展过程中逐步形成了分化的社会阶层，包括农民（新市民）、外来务工者、引进人才和投资商等。随着开发区内企业的集聚程度增高，人口的数量增多和结构分化，开发区对生产型服务业与生活型服务业的需求也逐步增大。但开发区的单一功能不仅造成职工的生活依赖中心城区，而且企业对生产型服务业的需求也无法得到满足，同时产生了一系列的农民征地补偿安置等社会问题。这些矛盾与问题需要政府制定开发区发展的新型战略目标，转变早期单纯发展制造业的思路，推动开发区向功能综合、配套完善的新城发展。在政府、企业和个人的共同推动作用下，产生了城镇空间不断扩张、土地利用变化和社会空间分异等一系列空间响应结果（图 5-22）。

5.4.1　政府权力主导过程

在 20 世纪 80 年代，新区是无锡郊区管辖下以农业种植为主的传统乡村地域。在 1990 年浦东开发开放的辐射发展机遇带动下，1991 年无锡市委、市政府决定在无锡东南建立外商投资规划区锡南片区，规划用地面积为 5.45 km^2。1992 年，在原有规划的基础上，国务院批准成立无锡国家级高新技术产业开发区。1993 年，无锡进一步加快了对外开放的步伐，与新加坡共同合资开发建设了新加坡工业园。1995 年，无锡市政府将旺庄乡整建制从郊区划出，硕放镇以及坊前、新安、梅村 3 镇的金桥等 19 个村整建制从无锡县划出，与无锡国家级高新技术产业开发区、新加坡工业园构成无锡新区，无锡新区行政区域扩展至 83 km^2（图 5-23）。随着外资和港澳台资的大量涌入，无锡新区发展很快触碰到土地瓶颈，2002 年，无锡新区行政区域扩展至 141 km^2（图 5-23），其辐射和带动能力进一步增强。2005

年，无锡政府提出了“二次创业”“创新型国际科技新城”的发展战略，新区从此摆脱单纯工业区的发展格局，逐步从高科技工业园区向创新型国际化科技新城发展。与此同时，无锡政府将面积约 60 km²，工业化和城镇化进程都明显落后的鸿山镇，纳入了新区的统一管理，新区行政面积扩展到 220 km²（表 5-12 和图 5-23）。

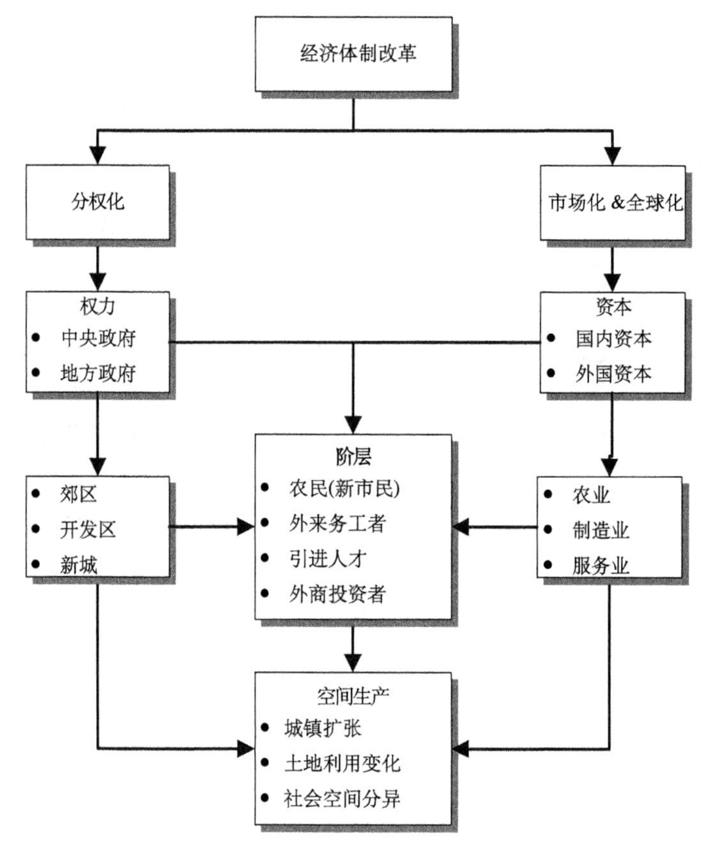

图 5-22　无锡新区城乡空间响应分析框架

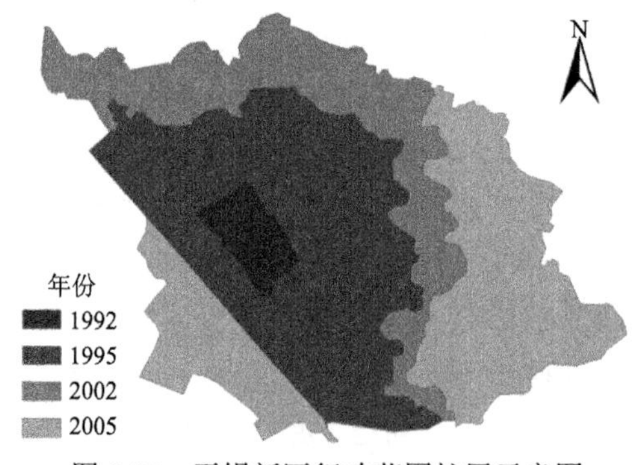

图 5-23　无锡新区行政范围扩展示意图

表 5-12　无锡新区的城乡空间响应过程

年份	权力发出者	政策与行为	行政面积	土地利用结构
1991	市委、市政府	在无锡东南建立外商投资规划区锡南片区	5.45 km^2	以农业用地为主，建设用地以农村居民点为主，散落分布
1992	国务院	批准在外商投资规划区锡南片区的基础上成立无锡国家级高新技术产业开发区		
1993	国务院	批准无锡市开发区发展总公司与新加坡科技工业有限公司合资共同开发新加坡工业园		
1995	市委、市政府	在无锡国家级高新技术产业开发区和新加坡工业园的基础上成立无锡新区，并将周边乡镇并入新区管辖	83 km^2	建设用地迅速增长，并以工业用地增长为主
2002	市委、市政府	行政区划调整	141 km^2	
2005	市委、市政府	确定新区要实现从高科技工业园区向创新型国际化科技新城的历史性跨越，提出了“二次创业”即“产业升级”的发展战略	220 km^2	
2010	市委、市政府	未来五年加快建设具有现代化商务中心和生活社区、生产和生活配套完备、大企业总部和研发中心集聚、园区环境优美和功能完善的新城区		新区居住用地快速扩张，同时商业金融用地、公共服务设施用地和教育用地的增幅也有显著的增加

自无锡国家级高新技术产业开发区启动开发建设以来，权力在新区空间的生产中发挥着重大作用。中央或地方政府颁布的各项关于新区的发展政策是新区空间生产的重要驱动力，体现了权力在空间生产过程中的重要作用。首先，开发区设立以及行政建制变革导致大量的农业用地被地方政府征收用于开发区建设，推动了乡村城镇化的进程。其次，新区发展的政策事件也对开发区的批准建设面积和基础设施建设投资有重大影响，1995～2010 年开发区的批准建设面积和基础设施建设投资的峰值与新区行政区划调整的时间具有高度的一致性，也印证了这一点（图 5-24）。

5.4.2　企业资本集聚过程

自 1992 年国家政府批准设立无锡国家级高新技术产业开发区以来，新区吸引外商投资和港澳台投资数量迅速增多。1992 年批准外资和港澳台资企业 81 家，协议外商投资和港澳台投资金额达到 0.34 亿美元，超过了新区之前 12 年的外资和港澳台资总额。自 1992 年至 2007 年间，新区累计合同利用外商投资和港澳台投资 143.46 亿美元，实际利用外资和港澳台资 59.08 亿美元。图 5-25 为无锡新区开发区历年企业投资额及投资结构，1995～2010 年开发区企业投资额总体上呈增加趋势，从 1995 年的 38.6 亿元增加至 2010 年的 533.6 亿元。在投资比重上，外资和港澳台资企业在无锡新区开发区中处于主导地位，总体上占开发区每年新增

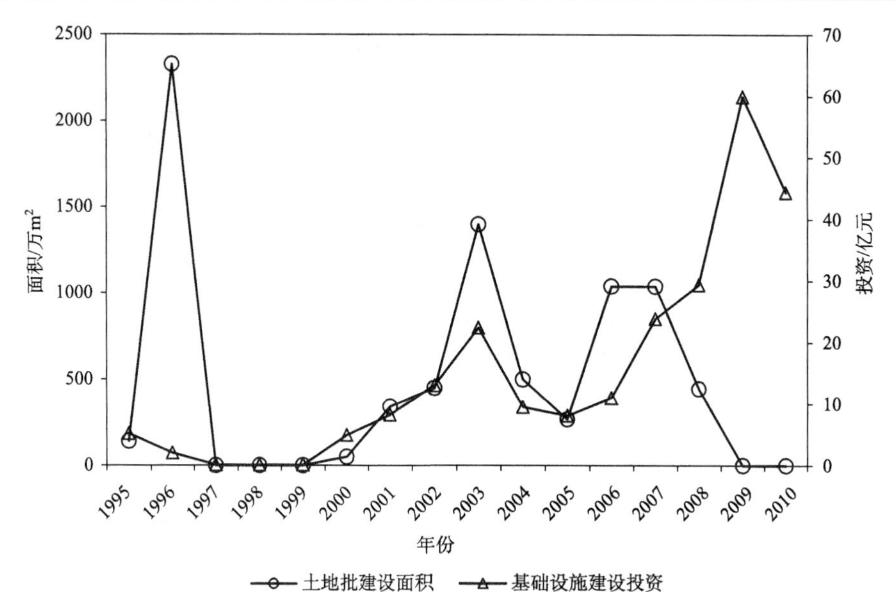

图 5-24　无锡新区开发区的历年土地批租面积与基础设施建设投资

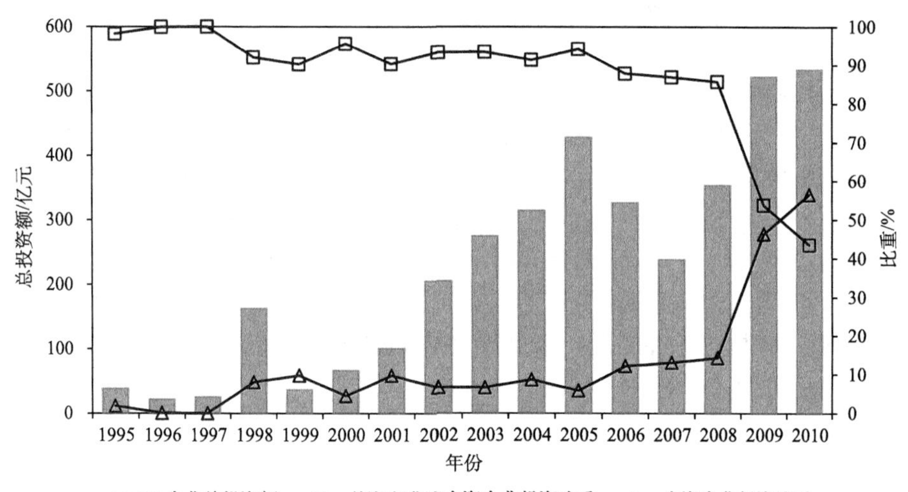

图 5-25　无锡新区开发区历年企业投资额及投资结构

企业投资的 90%左右，2008 年以来受全球金融危机的影响，外向型工业发展的市场空间遭遇压缩，外资和港澳台资企业投资缩紧，投资份额开始呈下降趋势，从 2008 年的 80%降低到 2010 年的 40%。经济体制改革初期，资金短缺是长期制约经济发展和开发建设的一个主要因素。20 世纪 90 年代以来，伴随吸引外资和港澳台资的增多，新区的城市建设资金得到了有效地补充，同时经济也快速发展。无锡新区的 GDP 从 1992 年的 2.7 亿元增加到 2010 年的 932 亿元，其占无锡市区 GDP 的比重从 1996 年的 4.4%增长至 2010 年的 31.2%（图 5-26）。

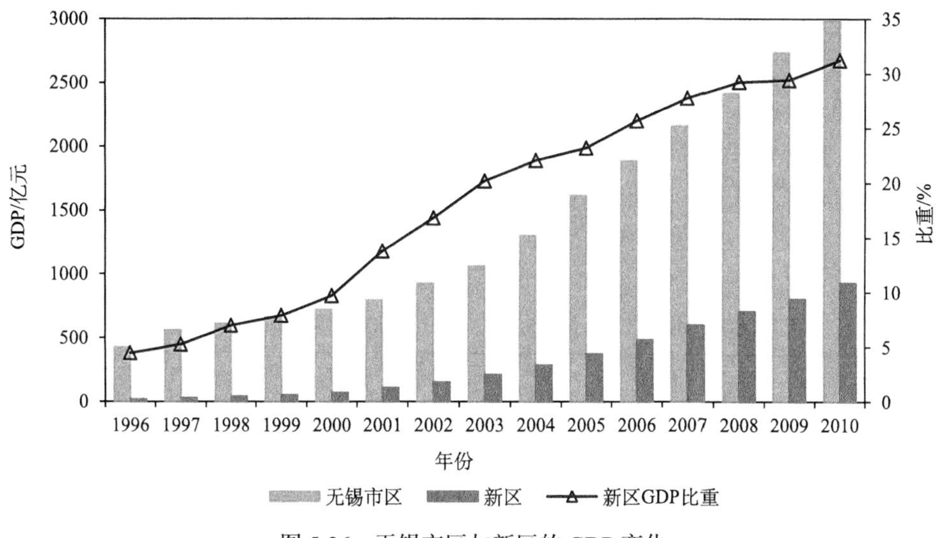

图 5-26　无锡市区与新区的 GDP 变化

新区制造业产值占 GDP 的比重一直保持在 70%以上，是新区经济的主要组成部分。表 5-13 为无锡新区 2004 年产值规模在 500 万元以上与 2013 年产值规模在 1000 万元以上制造业的所有制结构分析。总体而言，外资和港澳台资企业在新区制造业中占绝对优势。2004～2013 年外资和港澳台资企业在职工人数、产值和资产上的比重仍呈增长趋势，而其中港澳台投资企业所占的份额较小，且呈下降趋势，这主要是由于无锡新区与苏州开发区区位临近，在吸引外资方面与苏州错位发展，2013 年无锡制造业外资企业以日、韩、美等国家为主，形成了“日资高地”“韩资板块”和“欧美组团”，汇聚了 80 多家世界 500 强企业的 110 个项目。内资企业中国有、集体和混合所有制企业的份额呈下降趋势，私营企业的份额略有增加。

表 5-13　无锡新区制造业所有制结构

	2004 年				2013 年			
	企业数量	职工人数	产值/亿元	资产/亿元	企业数量	职工人数	产值/亿元	资产/亿元
	796	144 155	940.4	719.1	1358	261 258	2474.0	1982.7
其中占比（%）								
SOE	0.5%	2.3%	3.1%	3.5%	0.4%	1.3%	2.1%	1.4%
COE	5.3%	2.4%	1.5%	1.2%	1.0%	0.3%	0.2%	0.1%
JOE	9.4%	8.1%	6.6%	10.7%	5.5%	6.2%	6.3%	7.4%
POE	43.3%	16.0%	11.1%	7.6%	55.4%	18.6%	11.1%	9.0%
FIE	41.5%	71.2%	77.7%	77.1%	37.8%	73.7%	80.3%	82.0%
其中港澳台	31.5%	23.3%	16.0%	19.4%	22.4%	15.5%	10.8%	10.0%
外资	68.5%	76.7%	84.0%	80.6%	77.6%	84.5%	89.2%	90.0%

长期以来，无锡新区以发展制造业为主，服务业功能相对不足。2005 年以来新区招商引资遇到土地瓶颈，无锡市委、市政府在调整行政区划、扩展新区发展空间的同时，提出了“二次创业”的口号，并将新区的功能定位为具有独特优势的国际化创新型科技新城。自此，无锡新区从以先进制造业为主，向制造业与现代服务业协调发展转变。在现代服务业方面，生产型服务业被列为发展重点，逐步形成了高新技术企业、外资金融机构、跨国公司研发机构、风险投资机构和区域性总部五大集群。新区在 2005～2010 年累计引进 60 余家世界 500 强跨国公司，12 家外资独立研发机构，212 家企业内设研发机构，4 家外资金融机构，60 余家区域性总部，36 家各类风险投资机构。新区集聚了无锡超过三分之一的区域性总部企业，以集成电路设计和光伏研发设计与销售等服务总部型经济为主导，形成以深港国际商务中心、江溪工博园的总部经济园、金融科技商务区、太科园和空港物流园为主体的商务服务空间布局。2001～2010 年新区的服务业销售收入从 55.01 亿元增长到 1195 亿元，通过对比 2001 年和 2010 年服务业销售收入的内部结构发现，新区服务业已从以服务于新兴工业区为目的的批发商贸零售业为主的传统生产型服务业态，向强调高品质生活载体营建，服务业结构多元化方向发展（图 5-27）。新区第三产业比重持续增加，占 GDP 总值的比重从 2005 年的 25%，增长到 2010 年的 30%（图 5-28），到 2015 年年底二、三产业结构比例达到 6∶4。

5.4.3 城乡空间响应结果分析

1. 土地利用变化

无锡新区从郊区功能单一的工业开发区发展成为生活设施齐全、配套服务完善的综合性新城的过程也映射在其迅速变化的土地利用结构之中。从 1996 年至 2010 年，新区的建设用地快速扩张，从 16.4 km^2 增长到 94 km^2，其占新区行政面积的比重从 7.5 %增长到 42.7 %。

从建设用地的具体分类来看，土地利用类型也趋于多样化。将新区建设用地的土地利用类型分为工业用地、居住用地、商业金融用地、公共服务设施用地和教育用地五种类型（图 5-29），总体而言，工业用地和居住用地是主要的建设用地类型，以制造业为主的经济结构决定了新区工业用地比例畸高，而商业金融用地、公共服务设施用地和教育用地的比重严重偏低，1996 年三者的比重仅占 4.3%，2010 年缓慢增至 10.3%（图 5-30）。从各类建设用地面积扩张的速度来看（图 5-31），2005 年之前是工业用地扩张速度最快的阶段，1996～2000 年和 2000～2005 年工业用地新增面积占新增建设用地总面积的比重分别为 95%和 92.5%。受早期各乡镇居民点分散布局影响，1996 年居住用地所占比重较大。自 2000 年以来，农民向安置房社区搬迁，促进了居住用地的集约使用，1996～2000 年居住用地面积减

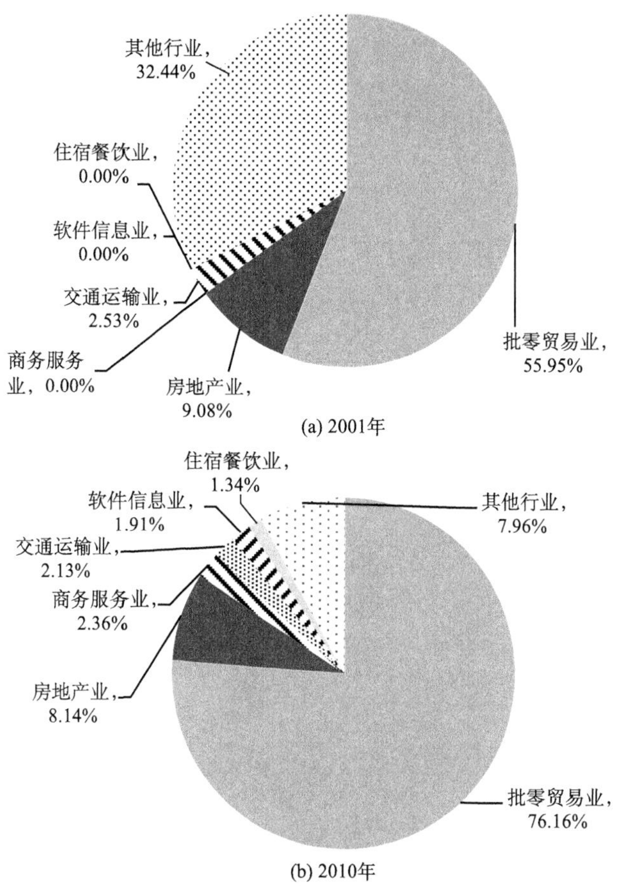

图5-27　2001年、2010年服务业销售收入内部结构

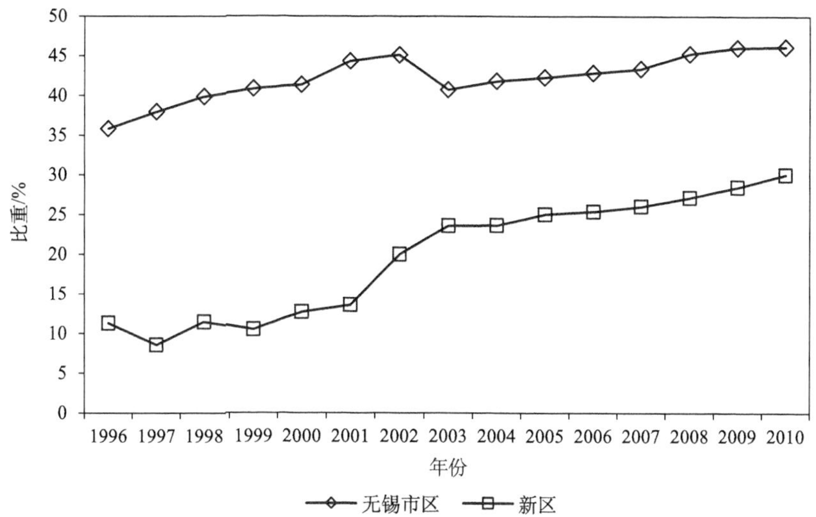

图5-28　服务业增加值占GDP比重

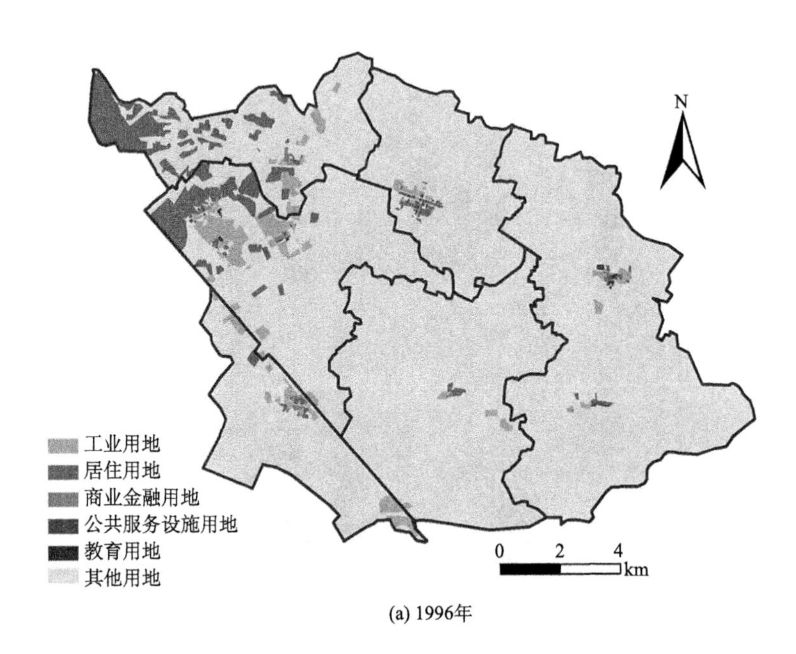

(a) 1996年

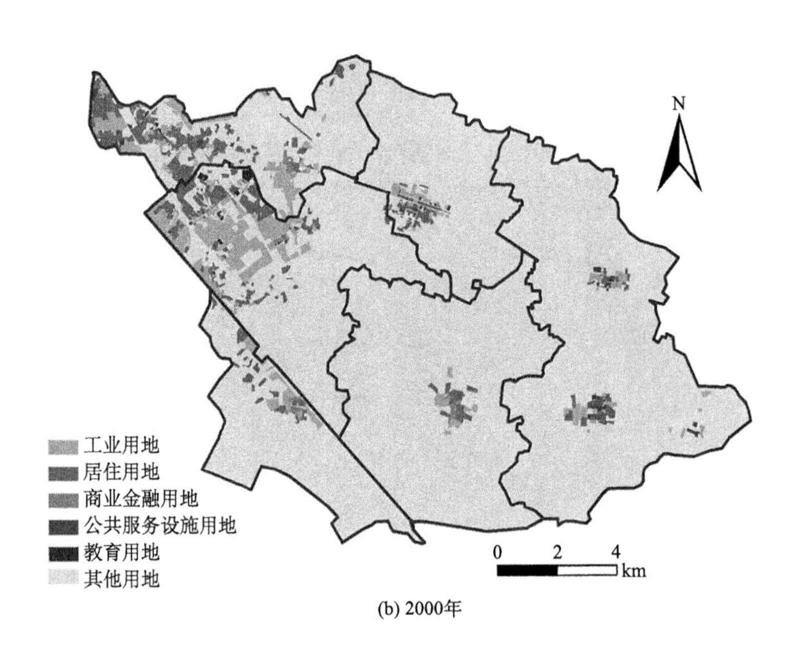

(b) 2000年

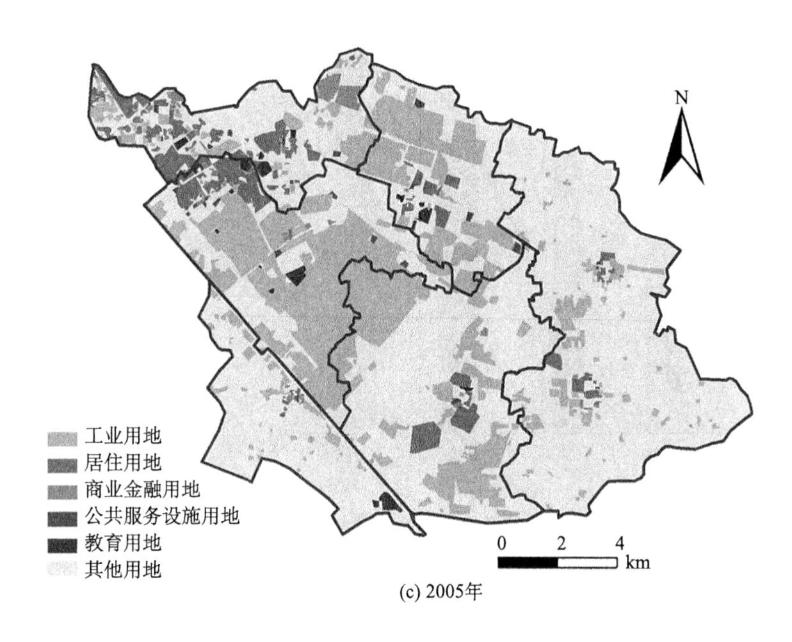

(c) 2005年

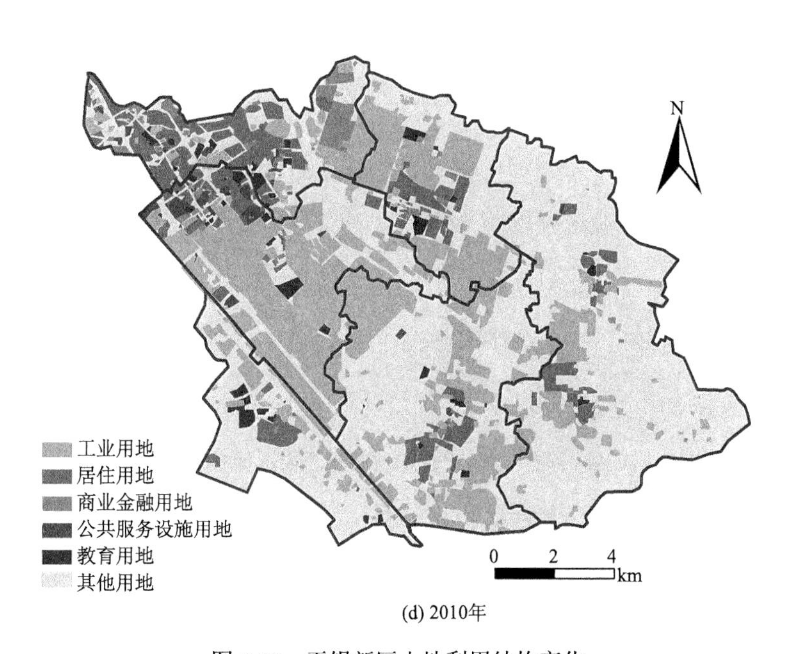

(d) 2010年

图 5-29　无锡新区土地利用结构变化

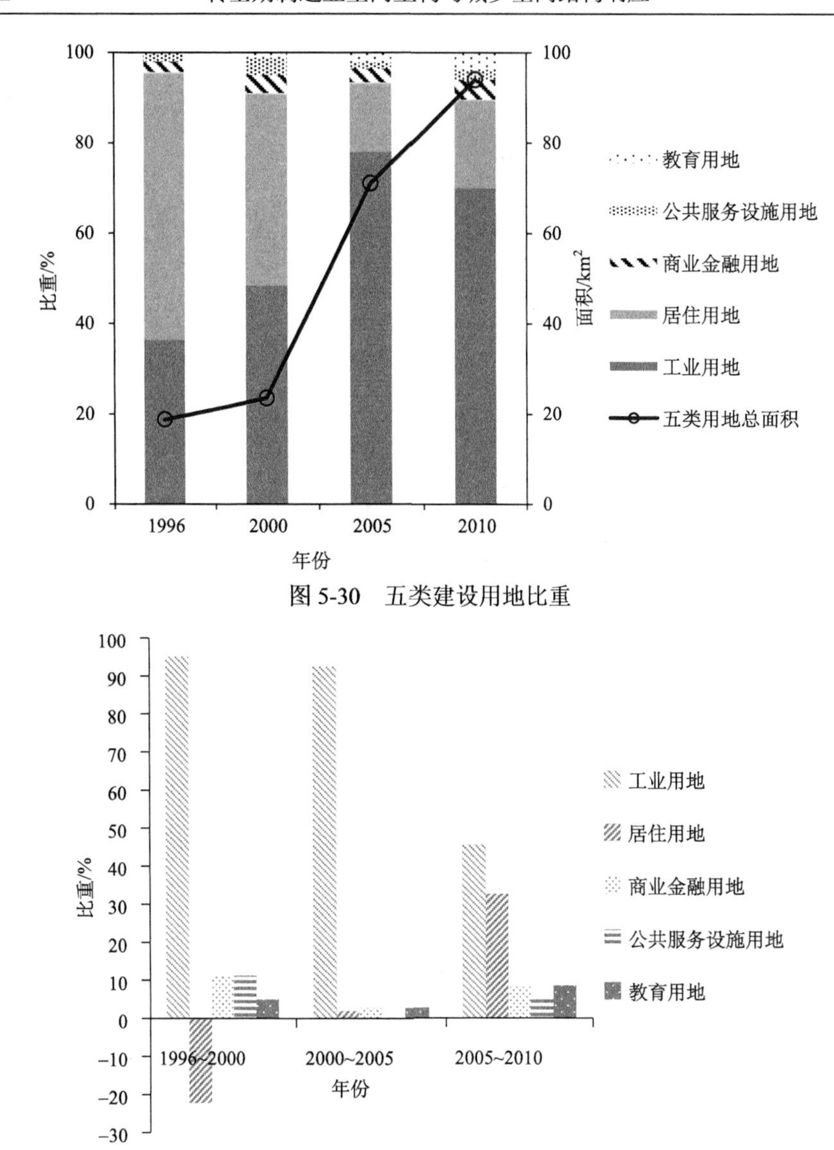

图 5-30　五类建设用地比重

图 5-31　各用地类型新增面积占新增建设用地总面积的比重

少了 22%，2000～2005 年其增幅也相对较小。自 2005 年无锡新区提出建设“创新型国际科技新城”以来，其居住用地快速扩张，2005～2010 年居住用地新增面积占新增建设用地总面积的比重达到 32.7%，同时商业金融用地、公共服务设施用地和教育用地的增幅也有显著的增加，分别占新增建设用地总面积的 8.1%、5% 和 8.6%。从土地利用结构的变化来看，新区从以发展农业为主的郊区转变为以制造业为主的开发区，近年来伴随其功能的多元化，居住、商业、服务、教育用地不断增多，开始向综合性新城转变。

2. 社会阶层空间分化

产业结构的升级与人口构成的转变是开发区向新城发展的重要过程（图 5-32）。无锡新区非农产业的迅速发展，特别是制造业的繁荣，吸引了外来人口在新区迅速集聚，新区人口数量急剧增多，进入多元化的社会发展阶段，社会空间成为新区城乡空间响应的重要组成部分。根据第六次人口普查统计，2010 年全区常住人口 55 万人，户籍人口 31.9 万人，外来人口 34.5 万人，境外人口 2857 人。无锡新区主要存在四类阶层：本地居民（包括城市居民和“农转非”新市民）、外来打工者、引进人才和外籍人士。与人口结构相匹配，无锡新区基本形成了失地农民安置社区、本地户籍人口新社区、青年公社与高层次人才公寓、外籍人士国际社区四类社区，四类阶层的社区空间分异显著（图 5-33）。

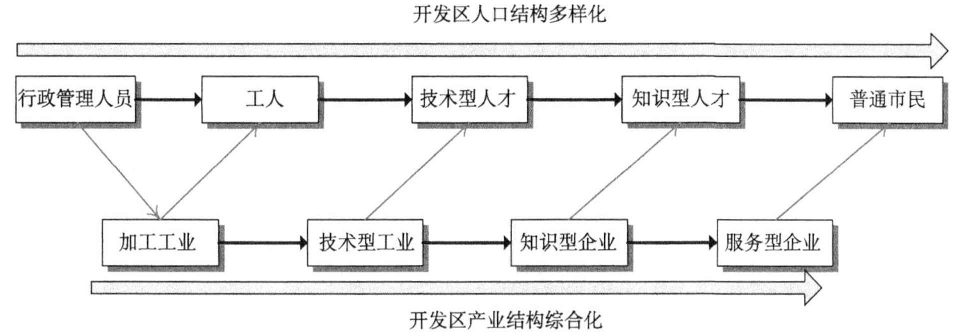

图 5-32　开发区向新城转型过程中人口结构与产业结构的相互关系（赵晓香，2010）

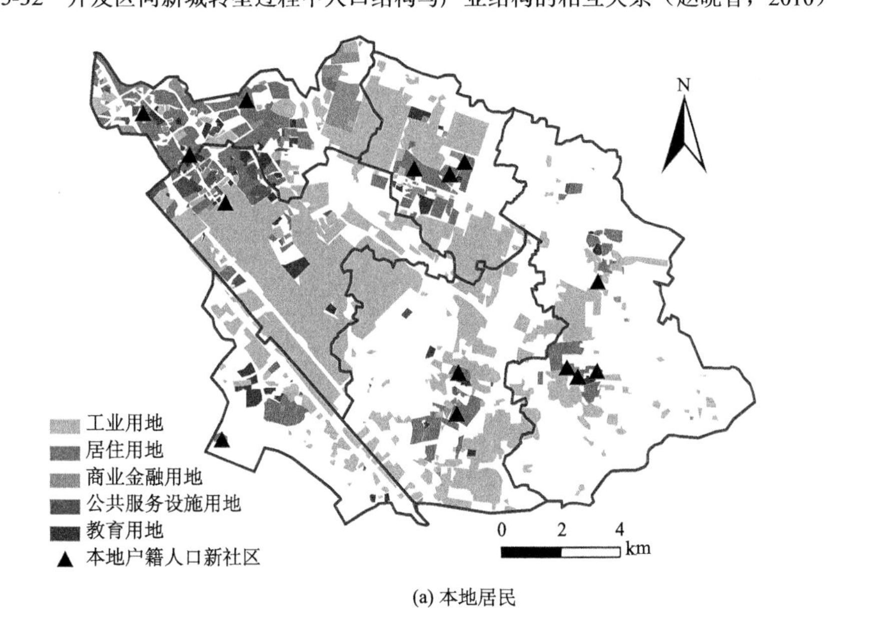

(a) 本地居民

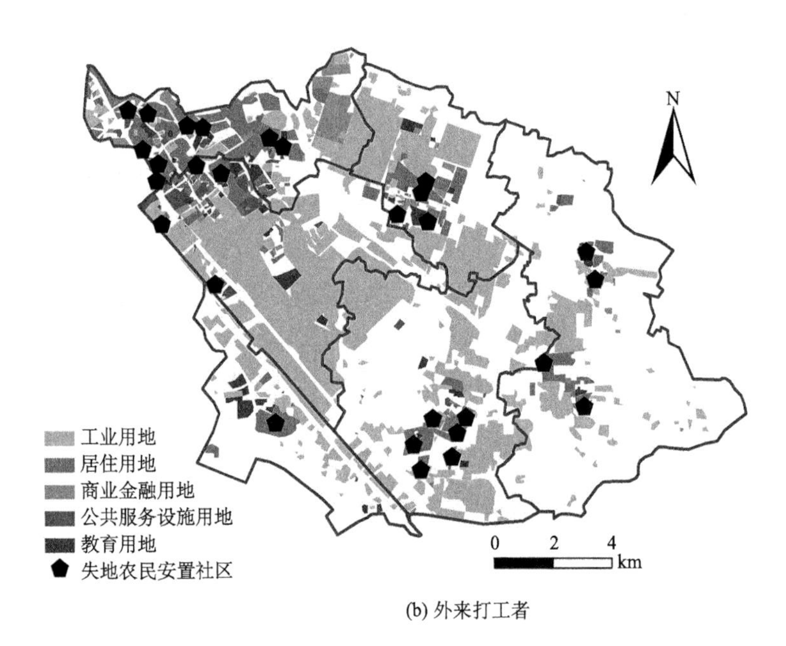

(b) 外来打工者

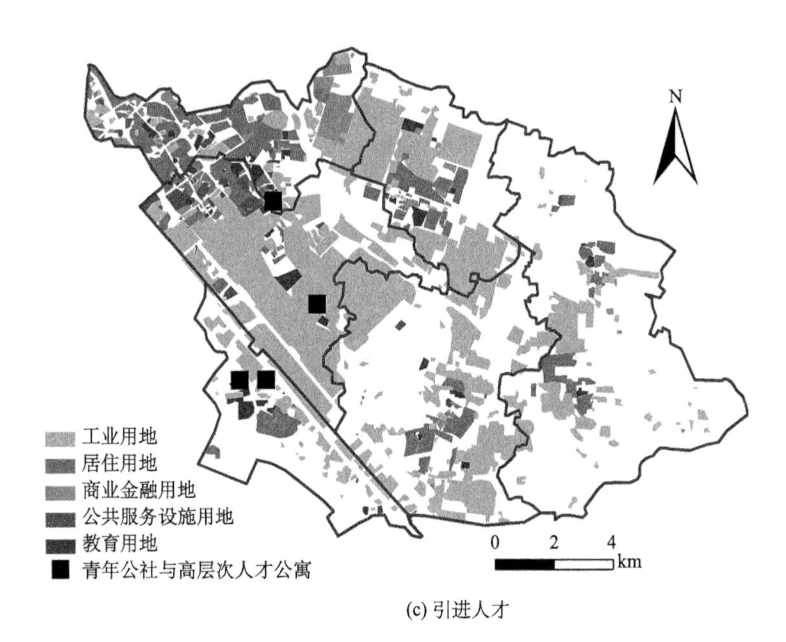

(c) 引进人才

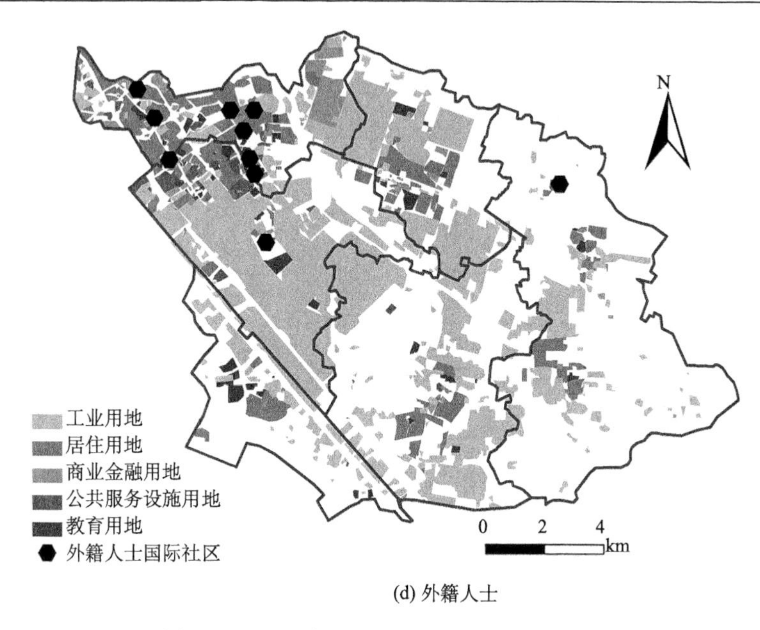

(d) 外籍人士

图 5-33　2010 年无锡新区不同阶层社区区位

自 1992 年至 2007 年的 15 年间，无锡新区的开发建设使 15 万农民变成城市化背景下的“新市民”，累计拆迁 4.5 万户，1000 万 m^2，建设 27 个失地农民安置社区，建造农民安置房 9 万套、1200 万 m^2，安置 15 万人。2013 年新区各个街道均有分布集中、规模较大的农民安置社区（图 5-33）。位于旺庄街道的春潮园是建成之时华东地区规模最大的农民安置社区，28 层的长欣大厦是建成之时全国楼层最高的农民公寓（图 5-34）。至 2012 年已有 18.7 万失地农民得到了相应的补偿。

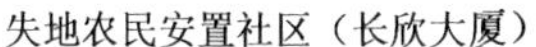
失地农民安置社区（长欣大厦）

青年公社

高层次人才公寓

外籍人士国际社区（第一国际）

外籍人士国际社区（美新玫瑰大道）

图 5-34　无锡新区不同阶层社区

新区外来务工人员聚集形成了庞大的住房市场需求，由于他们收入偏低，租金和地理位置是其租房选择考虑的首要因素。新区平均每户失地农民有 2.5 套安置住房。农民在改善居住条件的同时，对外租赁富余住房以增加收入的愿望十分迫切。为此，失地农民安置社区成为外来务工者居住首选的集聚地。以江溪街道新丰苑二社区为例，2000 余套房屋有近一半用于出租，类似外来务工者的租住现象在江溪坊前片区、梅村片区农民安置社区也极为普遍。新区农民安置社区的居民以本地农民和青年外来务工者为主。部分外来务工者因在新区工作落户，而在新区购买商品房，形成了本地户籍人口新社区，这些社区相对于农民安置社区而言，在基础设施和配套服务方面较为完善（图 5-33）。

近年来，伴随新区创新产业的发展，特别是物联网产业的迅猛发展，大量科技人才在新区集聚，研发人员和高层次人才的数量逐年递增（图 5-35）。为促进新区创新产业发展，引进高端人才，解决其住宿安家方面的后顾之忧，无锡政府颁布了《关于建设高层次人才公寓三年行动计划》，提出无锡将用 3 年左右时间，实现 100 万 m^2、10 000 套左右人才住房建设，构建“梯度分明、配置合理、配套齐全、生活便利”的高级人才公寓保障体系。自 2006 年开始，新区开始为外来引进人才建设配套公寓，2013 年青年公社、新佳园“530”人才公寓、大学科技园配套公寓、软件园青年职工公寓等配套住房 1000 余套已初显规模（图 5-34），这些公寓多位于无锡（太湖）国际科技园核心区域，距离国家软件园、大学科技园等人才集聚区域较近（图 5-33）。

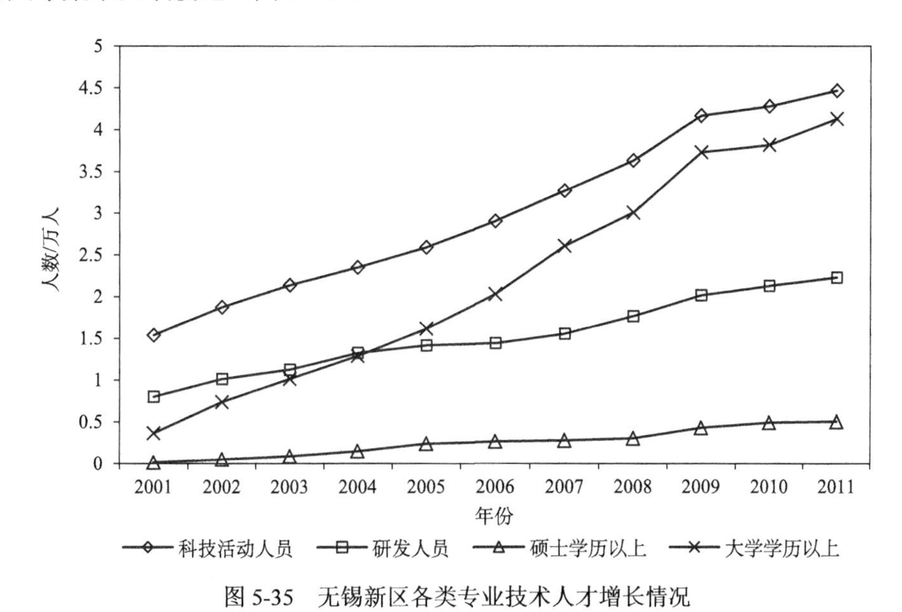

图 5-35　无锡新区各类专业技术人才增长情况

国外资本在新区集聚的同时，也带动了大量的外籍投资者和管理人员集聚。外籍人士对居住环境有特殊的需求，其居住的国际社区也成为新区的新型社区类型。新区的国际化社区主要有长江国际、美新玫瑰大道、第一国际、新洲花园、瑞城国际等，大部分国际社区分布在新区 CBD 工博园附近（图 5-33 和图 5-34）。该类国际社区为客户提供高品质的生活空间，设有社区俱乐部及超市、银行、咖啡屋等涉外商业街区，同时引进外籍医疗机构、国际学校，满足了外籍人士对生活、休闲娱乐、医疗和教育等方面的生活需求。

5.5 本 章 小 结

本章从政府权力结构调整与城镇空间扩张响应、制造业投资主体多元化与城乡地域结构演变响应两个方面来研究经济体制改革下城乡空间结构的宏观与微观响应过程与机制，并在此基础上，以无锡新区为案例，从“空间生产”的主体——“权力”与“资本”出发，解析新区从以农业为主的郊区，发展为以工业为主的开发区，再到综合功能的国际化服务型科技新城的城乡空间响应过程。

通过对政府权力结构调整下的城镇空间扩张响应的研究来剖析经济体制改革下城乡空间对政府职能转变的宏观响应过程得出：第一，以招商引资为目的的土地开发和开发区建设是分权化改革以来地方政府权力角色转变的重要体现，在增加了地方政府财政收入的同时，也直接带动了城镇空间的迅速扩张。第二，无锡城镇建设用地扩张经历了均衡缓慢扩张-异向快速扩张-异向加速扩张的变化过程，空间扩张模式在前期以飞地式和边缘式扩张为主，而在 2001 年以后逐步转为边缘式和填充式为主。无锡城镇空间扩张的强度、方向和模式与政府产业空间政策调整具有高度的关联性。

通过对制造业投资主体多元化下的城乡地域结构响应的研究来剖析经济体制改革下城乡空间对制造业空间重构的微观响应过程得出：第一，无锡城乡地域结构演变与制造业投资主体多元化的时空协同性，既反映二者存在内在的逻辑响应关系，也证明了作为整体的城乡地域结构质变是制造业投资变化积累效应的结果。第二，城乡地域各空间对制造业投资主体变化的响应状态与过程不同。城市建成区扩张对国有企业投资减弱响应迅速，并呈负响应关系，表明国有企业投资在体制变化初期依然倾向于城市建成区内部空间，但很快转向建成区的外围空间；城乡地域各个空间对私营企业投资变化均表现出响应强度相对较大、持续时间长的特征，体现了市场机制在空间选择上的灵活性和持续性；乡村建设用地增加主要响应集体企业投资变化，充分反映了集体企业在无锡乡村的重要地位；城市建成区与乡村对外资和港澳台资企业投资变化响应迅速但持续时间较短，既说明外资和港澳台资企业投资行为具有较强的空间敏感性，也说明外资和港澳台资企业的投资特征对城乡空间变化的影响较弱。第三，城乡地域结构演变受自身发展状态与制造业投资主体变化共同作用，但城乡不同空间的地域结构稳定性以及制造业投资主体变化对其的塑造力存在差异。城市建成区演变在制造业投资主体多元化影响下，受自身发展状态影响较大且持续时间长，表明城市建成区依然是国家计划调控的重点；城乡过渡地域稳定性较弱，制造业投资主体多元化对其塑造力最强；乡村演变在前期受自身发展状态主导，制造业投资主体多元化影响显现滞后性，一定程度上说明乡村未成为制造业投资影响的重点区域。

运用物理学中耦合的概念，以系统科学理论为基础，通过对城乡系统进行耦合测度研究城乡互动关系，耦合测度结果耦合度是一个综合指标，不仅反映城乡系统的互动程度，还反映城市系统与乡村系统自身的演化状态。从无锡市 1979～2008 年城乡系统耦合度的变化过程发现，城市系统与乡村系统演化速度的轨迹呈现类似共轭曲线的形态，二者是按一定的规律相配的一对，呈反向变化，且城市系统的演化速度始终大于乡村系统的演化速度。这一结果表明在一定区域范围内，城乡系统中任何一个系统发展必然影响另一系统的发展，城乡系统是互相连接依存、具有共轭关系的一个耦合系统，城市系统在城乡系统的发展过程中处于主导地位。城乡良性互动关系形成的关键在于城乡系统是否保持平衡和协调，这主要取决于二者的演化速度，耦合度值大且增加速度快说明城乡两个系统发展速度比较接近，反之说明两个系统发展速度不协调。无锡市城乡系统发展比较协调的时期是在20世纪90年代中后期，这一时期我国城市体制开始向市场化方向改革，城市经济开始进入快速发展状态，乡村系统在20世纪80年代乡村体制改革基础上依然保持较快的发展状态，城市系统与乡村系统二者发展速度比较接近，城乡系统耦合度快速增加；进入21世纪，随着无锡市城市化水平的迅速提高和城乡资源转移速度的加快，城市系统发展的主导地位进一步强化，乡村系统发展速度不断降低，城乡系统潜伏着二者之间不协调的危机，城乡系统耦合度增加趋缓。通过对城乡系统动态耦合变化过程的研究发现，调控城乡两个系统的演化速度，对实现城乡之间良性互动，促进城乡系统可持续协调发展具有重大意义。

以无锡新区为案例，对城乡空间响应过程的解析发现：第一，自1992年无锡国家级高新技术产业开发区启动建设以来，中央、地方政府颁布的各项关于新区的发展政策是新区空间生产的重要驱动力；第二，新区吸引外商投资和港澳台商投资数量迅速增多，开发区中的制造业企业对生产型服务业与生活型服务业的需求不断增大，促使新区从郊区功能单一的工业开发区发展成为生活设施齐全、配套服务完善的综合性新城；第三，在土地利用方面，工业用地和居住用地是新区主要的建设用地类型，以制造业为主的经济结构决定了工业用地比例畸高，自2005年提出建设“创新型国际科技新城”以来，新区居住用地快速扩张，同时商业金融用地、公共服务设施用地和教育用地也有显著的增加；第四，无锡新区主要存在本地居民（包括城市居民和“农转非”新市民）、外来打工者、引进人才和外籍人士四类阶层，各类阶层的社区空间差异显著。

第 6 章　基于制造业空间布局的城乡空间优化对策

本章根据无锡制造空间布局及其城乡空间响应变化的现状，指出两者在现阶段存在的问题，并提出相应的优化对策。

6.1　制造业空间布局的主要问题

经济体制改革以来，无锡制造业经历了快速的产业结构和所有制结构调整，在市场机制的规约下其空间布局不断发生重构。但是，无锡较小的地域面积、局促的发展空间、较弱的环境承载能力以及匮乏的资源能源，使得其制造业空间布局在现今阶段仍存在诸多问题。

6.1.1　土地利用效率有待进一步提高

分权化改革后，土地开发已成为地方政府增加收入的重要手段，产业园区建设成为政府所追求的“政绩”。在产业园区前期规划的过程中，地方政府过分强调产业园区的规模。一方面，产业园区的规划面积过大，实际建成规模远远小于规划规模；另一方面，规模过大的产业园区，在某种程度上分散了厂区布局，降低了土地利用效率，从而难以达到企业集约发展的目的。再者，部分规模较小的产业园区土地利用状态破碎，工业用地布局较为散乱，且与居住用地和农业用地交错布局、条理较差，在相当程度上造成了土地资源的浪费。此外，由于郊区土地价格相对低廉，大量制造业企业在郊区布局选址时，企业内部也存在用地分散、土地利用效率较低的问题。

无锡各级政府在地方利益的驱动下，都十分重视招商引资工作。但是，各区政府往往引入一些集群效应不明显和专业化程度不高的制造业项目。此外，不同产业园间存在分工模糊、结构雷同以及配套单一的问题，不同产业空间的协同能力较弱，容易导致恶性竞争，不能形成集聚优势，无法在更高的程度上实现产业集群效应。

6.1.2　空间分散格局亟须进一步整治

首先，“离土不离乡”的苏南乡镇企业发展模式在相当程度上造成了无锡乡村制造业分散布局的状态。无锡现有的乡村制造业发展模式难以达到较大的规模效益，不利于商品、技术的流通，在相当程度上成为企业进一步发展的阻碍。近年来，工业园区的建设成为引导乡镇企业区位空间集中的重要措施，分散布局的企业，以就近原则逐步向工业园区聚拢。但是，各镇、村的企业分散布局在交通线两侧的现象仍然突出，特别是在城、镇中心的公路两侧聚集。

在企业分散布局的同时，工业园区的建设也呈现分散布局的态势。在 20 世纪 90 年代工业园建设初期，无锡工业园区的建设基本按照“一镇一园或者多园”的标准规划。到 2012 年年底，无锡除了 5 个国家级、4 个省级、23 个市级重点园区外，还有 20 多个小型乡镇工业园区分散布局在市区内。无锡进行行政区划调整以后，被取消建制镇的园区并没有被撤销，大部分成为其并入镇园区的“分园”或“分区”，园区分散化的问题并没有得到有效解决。

6.1.3　园区开发模式仍需进一步优化

自 20 世纪 90 年代起，不同类型的产业园区在无锡中心城区外围迅速成长，而短时间内成立的产业园区一般只配备了最基本的市政设施，严重缺乏完备的生活服务配套设施，呈现出功能单一、布局分散、自我封闭的特点，虽然对城镇建设用地的扩张具有很强的推动作用，但对城乡整体空间功能提升的带动作用有限。

产业园建设初期，政府以“行政划拨”的形式划拨给园区大量土地。然而，为了降低拆迁量并节省建设成本，也为了尽量避免影响本地居民，政府所划拨的土地一般绕过居民点，使得大多数产业园位于以乡村社区占据主导的城乡过渡地域内。违法搭建、环境污染、治安混乱等问题在这些村庄的周边产业园区也频频发生。而且，产业园区发展壮大到一定规模后需要向外扩张，往往需要对附近村庄拆迁，容易激化深层次的社会矛盾，影响社会的稳定、健康发展。因此，无锡产业园区的开发模式仍有待一进步优化。

6.2　城乡空间发展的主要问题

自 1978 年无锡乡镇企业兴起以来，传统的“城市-工业，乡村-农业”的空间格局被打破。经过四十多年的发展，城乡空间的界限日趋模糊，与城市生产、生活相关的功能设施越来越多地被转移到乡村地区。无锡城乡空间在响应制造业布局快速发展的同时，也出现了城乡土地利用功能混乱、城乡景观混杂和乡村生态环境遭到破坏等一系列问题，使生产与生活空间的进一步发展面临挑战。

6.2.1　用地结构特征分析

本节利用景观格局指数来研究城乡空间发展存在的问题。景观格局指数是能够高度浓缩土地利用空间格局信息，反映其结构组成和空间配置特征的定量指标。利用景观格局分析软件 Fragstats3.3，选取平均斑块面积、Shannon 多样性指数、优势度指数和聚集度指数等指标刻画与度量乡村土地利用结构的特征，具体计算公式[式（6-1）～式（6-4）]及其指示意义见表 6-1。

表 6-1 景观格局指数及其指示意义

指数名称	计算公式		指示意义
平均斑块面积	$\mathrm{MPS}=\sum_{j=1}^{n} a_{ij} \Big/ n$	（6-1）	表征地域空间各用地类型的破碎程度
Shannon 多样性指数	$\mathrm{SHDI}=-\sum_{i=1}^{m}\left[P_i \ln\left(P_i\right)\right]$	（6-2）	表征地域空间用地类型的多少和各用地类型所占比例的变化；其值为最小值 0 表明整个地域空间仅存在一种用地类型，其值增大说明用地类型增多或各用地类型在地域空间中呈均衡化趋势分布
优势度指数	$D=\ln(m)+\sum_{i=1}^{m}\left[P_i \ln\left(P_i\right)\right]$	（6-3）	表征地域空间由少数几种用地类型控制的程度，与 Shannon 多样性指数对立；其值趋近 0 说明优势度低，地域空间内没有明显的优势用地类型且各用地类型在地域空间内均匀分布，其值较高表明地域空间受一种或少数几种优势用地类型支配
聚集度指数	$\mathrm{CONTAG}=\left[1+\sum_{i=1}^{m}\sum_{j=1}^{n}\frac{P_{ij}\ln\left(P_{ij}\right)}{2\ln(m)}\right](100)$	（6-4）	表征地域空间内不同用地类型的团聚程度或延展趋势；其值高说明在地域空间中的某种优势用地类型具有良好的连接性，趋于 100 表明存在连通性极高的优势用地类型，反之则表明地域空间是具有多种用地类型、破碎化程度较高的密集格局，存在许多小的用地斑块

注：表中 $i=1,\cdots,m$，指斑块类型；$j=1,\cdots,n$，指斑块数目；m 是景观中所有斑块类型的总数目；n 是某一斑块类型中的斑块数目；a_{ij} 是第 i 类第 j 个斑块类型的面积；P_i 是第 i 类斑块类型的周长。

1. 生态空间不断萎缩

采用乡村地域各土地利用类型比重（图 6-1）、Shannon 多样性指数和优势度指数（图 6-2），分析乡村地域用地类型的数量、用地规模的均衡程度和优势用地类型的变化情况。结果可以看出，随着制造业的发展、开发区和产业园区的建设，无锡乡村空间不断被侵蚀，乡村地域的面积从 1978 年的 1226.3 km^2 降低到 2010 年的 717.2 km^2。从无锡乡村用地结构来看，1978 年乡村地域的土地利用类型较为单一，以水稻耕作用地为主，面积比重达 82.03%，蔬菜和园林旱作用地、水体面积的比重占 10.41%、3.54%，建设用地仅占 4.02%，在一定程度上导致 Shannon 多样性指数偏低，优势度指数较高，其中水稻耕作用地为优势用地类型；此后直至 1998 年，蔬菜和园林旱作用地、建设用地比例不断上升，水稻耕作用地比例逐年下降，各土地利用类型所占比例向均衡化发展。到1998年，水稻耕作用地、蔬菜和园林旱作用地、水体、建设用地的比例分别为37.96%、39.26%、4.51%、18.27%，水稻耕作用地比例的下降，导致了乡村地域整体优势度指数下降。这表明1998年以前，乡村地域仍以水稻耕作用地为优势用地类型；1998年以后蔬菜和园林旱作用地、水体比例基本稳定，优势度指数却随着水稻耕作用地比例不断减少、建设用地比例不断增加而略有上升，建设用地成为优势用地类型，以农业种植为主的乡村地域空间演变为具有多种生产和生活功能的空间。至2010年，生态用地水

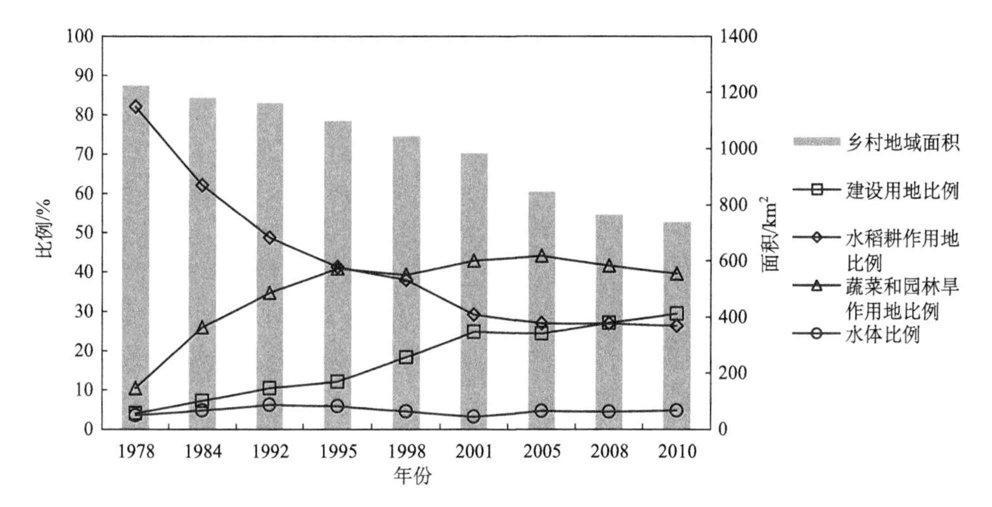

图6-1　无锡市乡村地域各用地类型比重变化

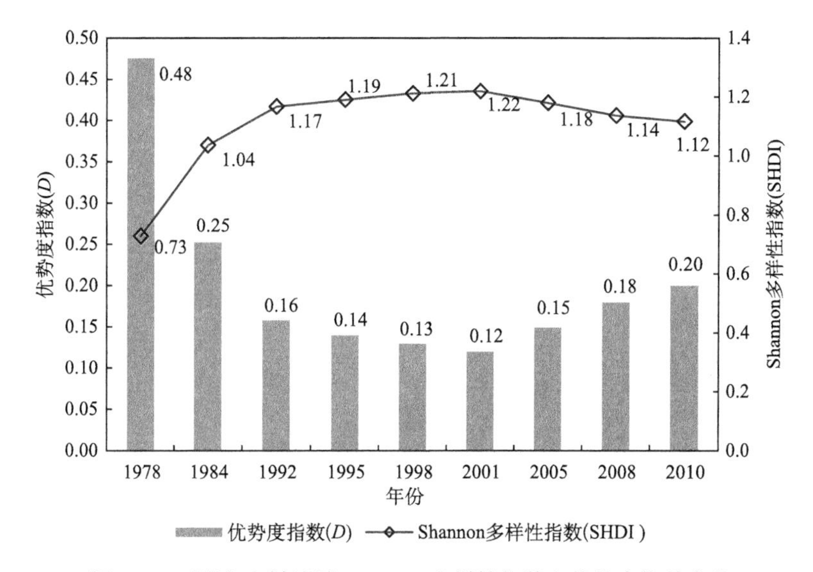

图6-2　无锡市乡村地域Shannon多样性指数和优势度指数变化

稻耕作用地、蔬菜和园林旱作用地、水体的比例分别为 26.31%、39.58%、4.72%，非生态用地建设用地的比例为 29.38%。这也反映了乡村地域的生态空间呈现出不断衰退的趋势，非农要素不断加强。

2. *用地结构趋于破碎*

研究中采用斑块密度、平均斑块面积（图 6-3）和聚集度指数（图 6-4）进一步分析乡村地域用地结构的破碎化程度。从图 6-3 中可以看出，建设用地的斑块密度在 1978～2001 年为上升期。这主要是由于在这一时期内，乡镇政府依托自有的土地资源，发展中小型乡镇企业，使得企业空间布局呈现“满天星”状态。而建设用地的斑块密度之后出现不断下降趋势，由 2001 年的 2.30 个/km^2 变为 2010 年的 1.39 个/km^2；平均斑块大小从 1978 年的 10.05 hm^2，增长到 2001 年的 17.13 hm^2，到 2010 年则增长至 34.93 hm^2。这表明乡村建设用地初始较为分散，在 2001 年以后趋于大块集中，乡镇企业整治后，制造业空间分散布局的问题在某种程度上得到缓解。耕地（水稻耕作用地）斑块密度不断上升，从 1978 年的 0.15 个/km^2 上升到 2010 年的 2.19 个/km^2；平均斑块大小呈现不断下降趋势，从 1978 年的 89.87 hm^2 下降到 2010 年的 8.13 hm^2，耕地不断趋于破碎化。绿地（蔬菜和园林旱作用地）斑块密度基本处于缓慢下降的相对稳定状态，水体斑块密度的变化没有明显的规律，处于稳定的状态；蔬菜和园林旱作用地平均斑块面积缓慢增加，水体平均斑块面积缓慢下降，但幅度不大。斑块密度、各用地类型平均斑块大小的变化过程反映了乡村地域的生态用地呈现出不断减少的趋势，非生态用地不断增

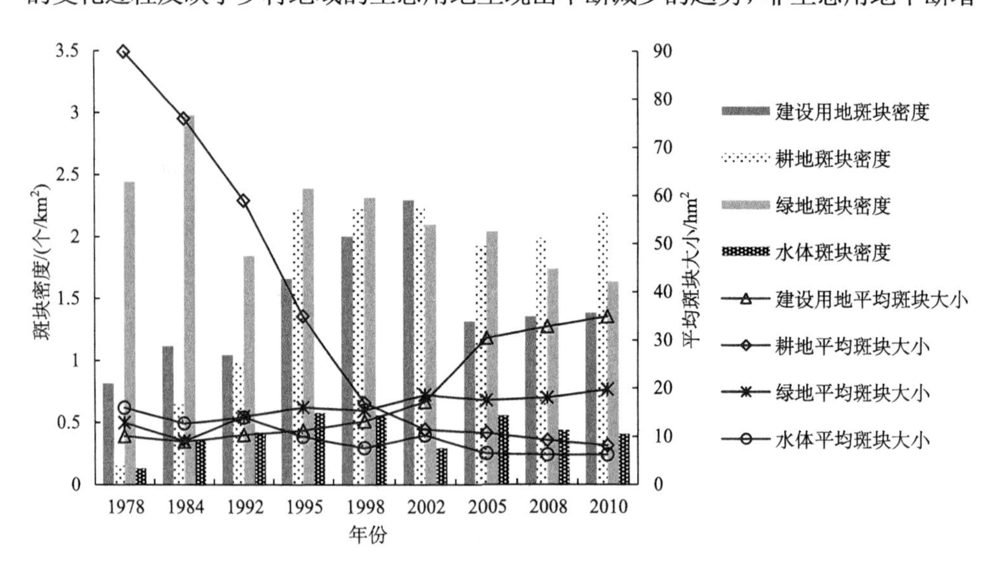

图 6-3　无锡市乡村地域用地斑块密度及平均斑块大小

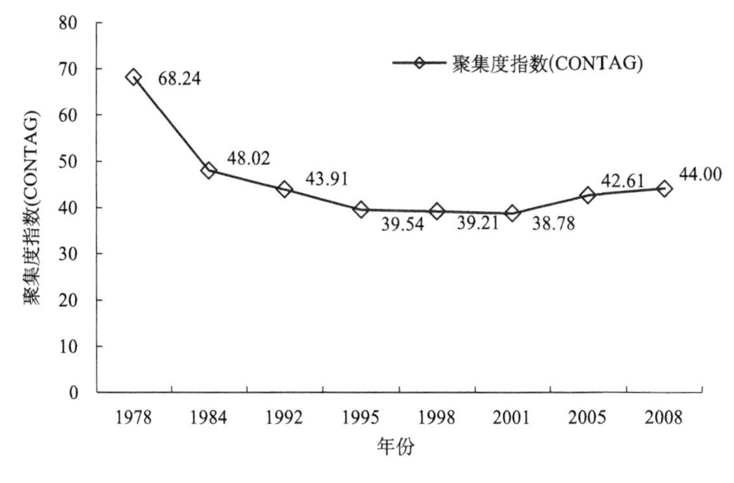

图 6-4　无锡市乡村地域聚集度指数变化

加，聚集度指数的变化过程也显示出这一特征。2001 年之前乡村地域的聚集度一直不断下降，之后缓慢上升，该指数在 1978 年最高为 68.24，到 2001 年降到最低值 38.78。1978～2001 年蔬菜和园林旱作用地和建设用地的增加导致原本处于优势地位的耕地逐渐趋于破碎化。此后乡村地域内建设用地的增加表现为用地规模的连续扩展，因此聚集度指数缓慢上升。

6.2.2　转型期乡村生态环境响应

1.研究方法

经济社会转型下的乡村生态环境响应研究是通过建立响应指标体系，应用弹性理论和灰色关联分析方法，构建响应模型，分析乡村生态环境对经济社会转型的动态响应过程，揭示乡村生态环境的响应规律，其研究路线如图 6-5 所示。乡村生态环境是指主要由生物群落及非生物自然因素组成的各种生态系统所构成的整体，既受经济社会发展影响，又对经济社会发展起到资源、环境等方面的支撑和推动作用，其范围为城市建成区边界以外的地域空间。响应是一定时间尺度下一个系统在另一个系统变化的影响作用下所形成的适应与反馈效应（刘艳军和李诚固，2009）；经济社会转型下的乡村生态环境响应是经济社会转型发展和乡村生态环境之间胁迫与反馈作用下的集中表现。响应指标体系包括经济社会转型指标体系和乡村生态环境指标体系两部分。

1）响应指标体系

根据我国经济社会转型的过程和特征，参考已有相关指标变量体系研究（贺灿飞和王俊松，2009；路永忠和陈波羽，2005；贺灿飞和潘峰华，2009；李斌，

2005），从经济非农化、经济市场化、经济外向化和社会城市化四个方面表征经济社会转型，并应用相关分析、独立性分析对选取的指标进行独立性筛选，最终确定经济社会转型的指标体系（表 6-2）。

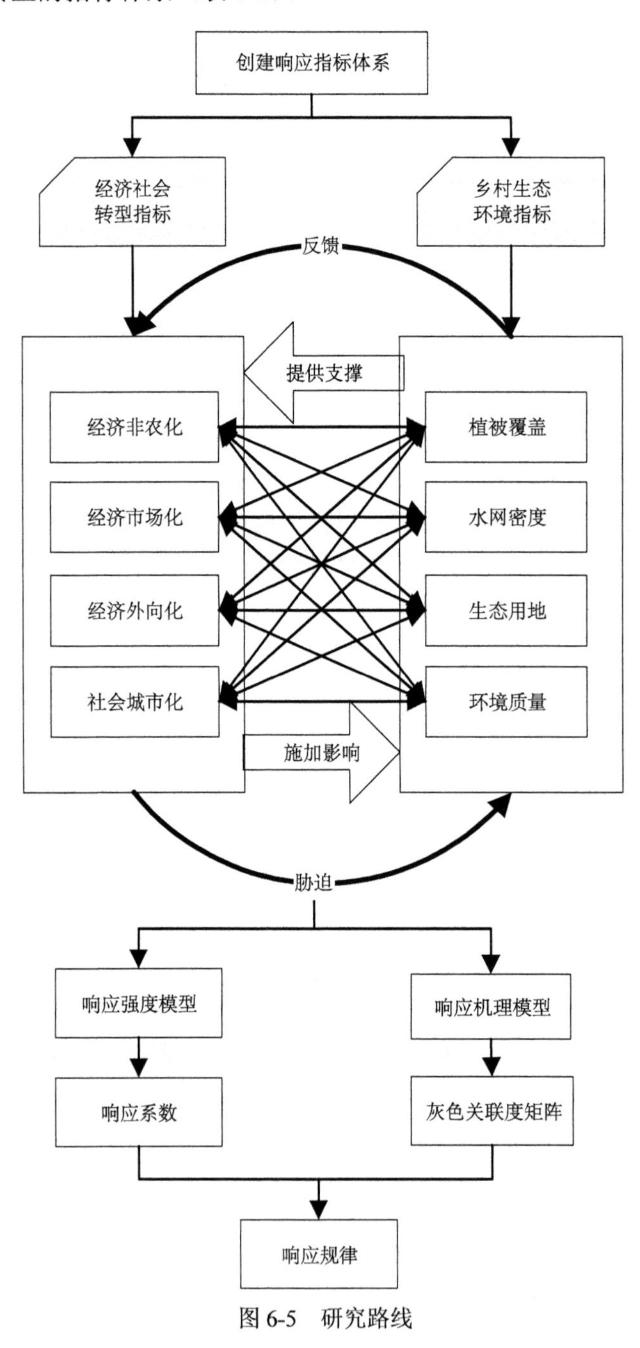

图 6-5　研究路线

表 6-2　经济社会转型指标体系

目标层	指标层	分指标层
经济社会转型指数 ESTI	经济非农化程度 X_1	第二、三产业产值占 GDP 比重 X_{11}
		非农产业产值占农村总产值比重 X_{12}
	经济市场化程度 X_2	非公有制经济产值占工业总产值比重 X_{21}
		非公有制经济固定资产占全部工业固定资产比重 X_{22}
	经济外向化程度 X_3	实际利用外商投资和港澳台投资占 GDP 比重 X_{31}
		出口占 GDP 比重 X_{32}
	社会城市化程度 X_4	非农人口比重 X_{41}
		非农劳动力占乡村劳动力比重 X_{42}

以国家环保总局制定的《生态环境状况评价技术规范（试行）》（杨保华等，2011）为基础，结合无锡市乡村实际情况，对生态环境评价指标做适当调整。从植被覆盖、水网密度、生态用地退化度和环境质量四个方面进行指标分解与特征细化（表 6-3），定量评价乡村生态环境。植被覆盖度用以反映经济社会发展对乡村植被状态的影响；水系是无锡市乡村生态环境中非生物自然因素的重要组成部分，以水网密度指数反映经济社会发展对水系变化程度的影响；因经济社会发展的需要，乡村林地、草地、耕地、水体等生态用地被侵占的现象极为严重，故用生态用地退化度指数反映乡村生态用地被占用程度；环境质量用以反映乡村经济非农化过程中的环境污染状态。

表 6-3　乡村生态环境评价指标体系

目标层	指标层	分指标层
乡村生态环境指数 REI	植被覆盖度指数 Y_1	林地面积占乡村地域面积比重 Y_{11}
		草地面积占乡村地域面积比重 Y_{12}
		耕地面积占乡村地域面积比重 Y_{13}
	水网密度指数 Y_2	单位面积河流长度 Y_{21}
		水域面积占乡村地域面积比重 Y_{22}
		单位面积水资源量 Y_{23}
	生态用地退化度指数 Y_3	非生态用地相邻边界长度比重 Y_{31}
		生态用地破碎度 Y_{32}
	环境质量指数 Y_4	单位面积 SO_2 排放量 Y_{41}
		单位降雨量 COD 排放量 Y_{42}
		单位面积固体废物排放量 Y_{42}

利用因子分析法确定各经济社会转型指标和乡村生态环境评价指标的权重。为便于分析比较经济社会转型和乡村生态环境演变的过程，对经济社会转型指数 ESTI 和乡村生态环境指数 REI 的计算结果进行极大值标准化处理，消除量纲的影响。

2）乡村生态环境响应强度模型

弹性理论是研究因变量相对变化对自变量相对变化反应灵敏程度的理论（高鸿业，2000）。乡村生态环境响应类似于经济学中的弹性现象，可构建乡村生态环境的响应强度模型，定量分析乡村生态环境响应强度及变化规律。响应强度模型为

$$e = \frac{\dfrac{\mathrm{REI}_{t+1} - \mathrm{REI}_t}{n \times \mathrm{REI}_t}}{\dfrac{\mathrm{ESTI}_{t+1} - \mathrm{ESTI}_t}{n \times \mathrm{ESTI}_t}} \tag{6-5}$$

式中，e为响应系数；REI_i 表示i期的乡村生态环境指数；ESTI_i 表示i期的经济社会转型指数；n为期间年度间隔；i为时相。响应系数e代表乡村生态环境 REI 相对变化对经济社会转型 ESTI 相对变化的响应程度。令 V_{REI} 表示乡村生态环境变化率，V_{ESTI} 表示经济社会转型变化率，两者响应的 6 种模式见表 6-4。

表 6-4　经济社会转型下乡村生态环境响应的 6 种模式

乡村生态环境变化率 V_{REI}	经济社会转型变化率 V_{ESTI}	响应系数 e	响应模式	
$V_{\mathrm{REI}}>0$	$V_{\mathrm{ESTI}}>0$	$e>1$	富有弹性正响应	乡村生态环境随经济社会转型不断改善
$V_{\mathrm{REI}}>0$	$V_{\mathrm{ESTI}}>0$	$e=1$	单位弹性正响应	
$V_{\mathrm{REI}}>0$	$V_{\mathrm{ESTI}}>0$	$0<e<1$	缺乏弹性正响应	
$V_{\mathrm{REI}}<0$	$V_{\mathrm{ESTI}}>0$	$e<-1$	富有弹性负响应	乡村生态环境随经济社会转型不断恶化
$V_{\mathrm{REI}}<0$	$V_{\mathrm{ESTI}}>0$	$e=-1$	单位弹性负响应	
$V_{\mathrm{REI}}<0$	$V_{\mathrm{ESTI}}>0$	$0<e<-1$	缺乏弹性负响应	

3）乡村生态环境响应机理模型

经济社会系统和乡村生态环境系统之间在不同发展阶段存在复杂的多因素相互作用，许多因素间的关系是灰色的，灰色关联分析方法能相对全面地分析系统之间相互影响的行为特征，其基本思想是定量比较系统之间或系统内部各要素之间特征曲线的几何形状，根据特征曲线变化的大小、方向和速度等指标的接近程度来度量因素之间的关联程度，曲线越接近，关联度越大，反之越小（邓聚龙，1987；傅立，1992）。通过测算经济社会转型和乡村生态环境演变的关联度，分析

两者之间的胁迫影响和反馈约束作用，揭示两者的响应机理。

用 Y_1、Y_2、Y_3、Y_4 表示乡村生态环境演变特征的数据序列，X_{11}、X_{12}、X_{21}、X_{22}、X_{31}、X_{32}、X_{41}、X_{42} 表示经济社会转型因素的数据序列。为使指标体系的数据量纲一致，采用极差标准化方法对数据进行无量纲化处理，然后进行灰色关联分析。

$$\xi_i(j)(t)=\frac{\min_i\min_j\left|Z_i^X(t)-Z_j^Y(t)\right|+\rho\max_i\max_j\left|Z_i^X(t)-Z_j^Y(t)\right|}{\left|Z_i^X(t)-Z_j^Y(t)\right|+\rho\max_i\max_j\left|Z_i^X(t)-Z_j^Y(t)\right|} \tag{6-6}$$

式中，$Z_i^X(t)$、$Z_j^Y(t)$ 分别为 t 时期经济社会转型与乡村生态环境指标的标准化值；ρ 为分辨系数，一般取值 0.5；$\xi_i(j)(t)$ 是 t 时期的关联系数。

经济社会转型中各因素与乡村生态环境演变特征的关联度矩阵为

$$\begin{array}{c} \quad\quad Y_i\cdots Y_l \\ \gamma=\begin{matrix} X_1 \\ \vdots \\ X_m \end{matrix}\begin{vmatrix} \gamma_{11} & \cdots & \gamma_{1l} \\ \vdots & \gamma_{ij} & \vdots \\ \gamma_{m1} & \cdots & \gamma_{ml} \end{vmatrix} \end{array} \tag{6-7}$$

式中，$\gamma_{ij}=\frac{1}{k}\sum_{i=1}^{k}\xi_i(j)(t)$，$k=1,2,3,\cdots,n$，$k$ 为样本数。

将关联系数按样本数 k 求其平均值可以得到关联度矩阵 γ[式（6-7）]，该矩阵反映了经济社会系统中各因素与乡村生态环境系统演变特征的关联度。通过比较各个关联度 γ_{ij} 的大小，可以得出经济社会系统与乡村生态环境系统演变关系密切的因素。若取最大值 $\gamma_{ij}=1$，则说明乡村生态环境系统中某一指标 Z_j^Y（t）与经济社会转型某指标 Z_i^X（t）之间关联性最大，并且说明 Z_i^X（t）与 Z_j^Y（t）的变化规律趋于一致，两指标间影响作用明显。若 $0<\gamma_{ij}<1$，说明 Z_i^X（t）与 Z_j^Y（t）存在关联性，γ_{ij} 值越大，关联度越大，反之亦然；$0<\gamma_{ij}\leqslant 0.35$ 时，关联度较弱；$0.35<\gamma_{ij}\leqslant 0.65$ 时，关联度表现一般；当 $0.65<\gamma_{ij}\leqslant 0.9$ 时，关联度为较强；当 $0.9<\gamma_{ij}\leqslant 1$ 时，关联度为极强（罗上华，2003）。

同样方法求得乡村生态环境中各因素与经济社会转型特征的关联度矩阵。

2. 乡村生态环境分析

根据图 6-6 所示，乡村生态环境指数 REI 从 1978 年的 88.3 下降到 2010 年的 34.9，呈现出逐渐下降的趋势。对比不同时期乡村生态环境指数 REI 及其年均变化率，无锡市乡村生态环境变化可分为三个阶段，且不同阶段造成乡村生态环境变化的主导因素有所差异。1978～1992 年，尽管乡村生态用地快速退化、环境质量急剧下降，但由于植被覆盖度处于相对稳定的状态、水网密度呈上升趋势，使得乡村生态环境整体上仍处于较好状态；1992～2002 年四项指标均快速下降，造成 REI 快速下降，由此导致了严重的乡村生态环境恶化；2002 年以后水网密度呈现出上升趋稳态势、环境质量变化基本稳定，导致 REI 下降速度较前一阶段有所放缓，植被覆盖减少和生态用地退化变成乡村生态环境下降的主导因素，这一时期乡村生态环境在很大程度上受土地利用方式与结构的影响。

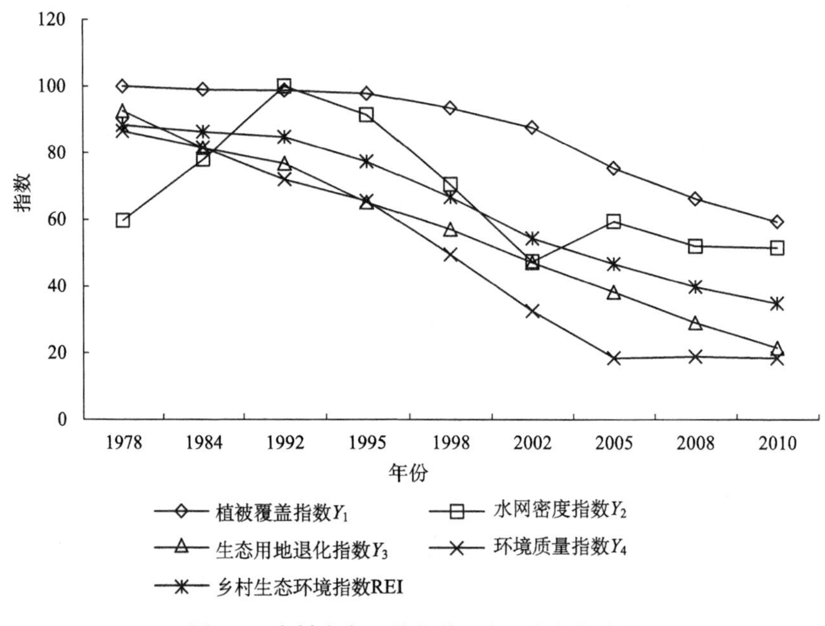

图 6-6　乡村生态环境指数及各评价指标变化

3. 乡村生态环境响应强度分析

根据图 6-7 所示，乡村生态环境对经济社会转型表现为负向响应特征，伴随无锡市经济社会快速转型，乡村生态环境质量不断下降，响应系数 e 的绝对值总体上也逐步增大，表明乡村生态环境对经济社会转型的响应强度不断增大，经济社会转型与乡村生态环境之间的相互作用日益加强。

乡村生态环境对经济社会转型的响应系数 e 呈现出类似“倒抛物线”的变化轨迹（图 6-7）。

1978～1992 年响应强度较低阶段：1978～1984 年、1984～1992 年响应系数 e 分别为–0.07、–0.11，乡村生态环境响应强度的绝对值缓慢增加，属于缺乏弹性负响应。ESTI 年均增长 2.9，经济社会迅速转型，REI 年均减少 0.25，缓慢下降，反映经济社会转型对乡村生态环境的胁迫作用有限，对生态环境还没有造成实质性影响。而同期乡村生态环境对经济社会转型的反馈约束作用几乎是忽略不计。

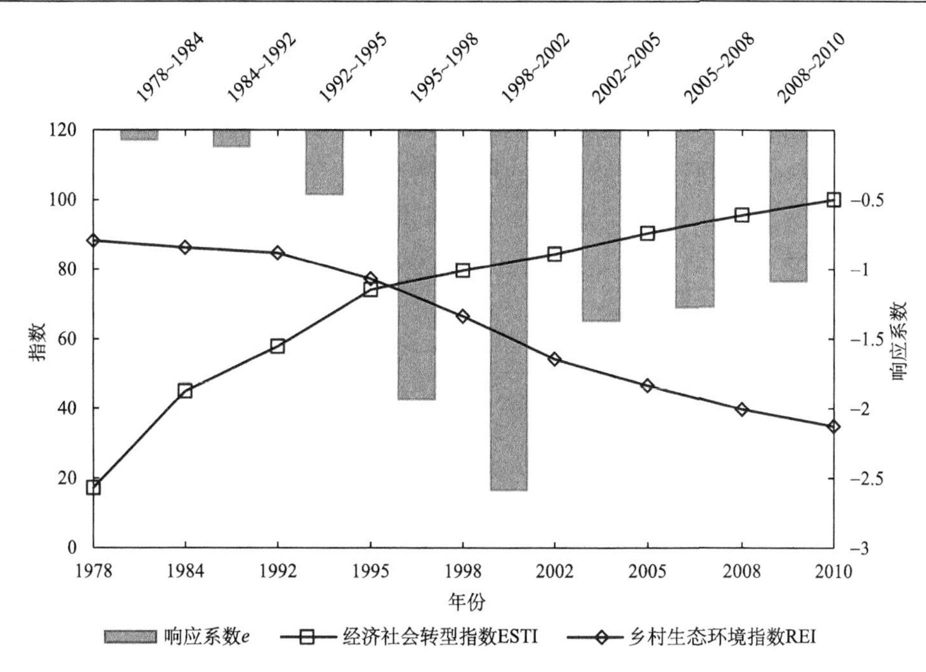

图6-7　乡村生态环境对经济社会转型的响应系数

1992～2002年响应强度快速提高阶段：乡村生态环境的负向响应程度急剧上升，1992～1995年响应系数 e 为–0.46，1998～2002年已到达–2.58，这一阶段乡村生态环境响应属于富有弹性负响应。ESTI年均增长2.66，经济社会仍然以较快速度转型，REI年均减少3.05，乡村生态环境迅速下降，反映了经济社会转型对乡村生态环境的影响日益加剧，对乡村生态环境的胁迫作用不断增强，同时乡村生态环境对经济社会转型的反馈约束作用也开始显现。

2002～2010年响应强度下降阶段：这一阶段响应系数 e 的绝对值逐年下降，2008～2010年响应系数 e 为–1.09，乡村生态环境响应基本属于单位负响应。这一阶段乡村生态环境对经济社会转型的反馈约束作用日益突出，ESTI年均增长1.94，经济社会转型速度明显放慢。随着生态投入的增加、发展模式的调整和人们对环境保护的重视，乡村生态环境下降速度放缓，REI年均减少2.42。但总体而言，乡村整体生态环境水平呈现出更为严峻的局面，已成为制约经济社会转型的主要因素，使得强化生态环境保护、协调经济社会发展与乡村生态环境的关系成为新农村建设中的核心任务之一。

4. 乡村生态环境响应机理分析

根据图6-7所示，乡村生态环境对经济社会转型表现为负向响应特征，伴随无锡市经济社会快速转型，乡村生态环境质量不断下降，响应系数 e 的绝对值在

2002 年前快速增大，之后小幅减少，表明 2002 年前乡村生态环境对经济社会转型的响应强度不断增大，经济社会转型与乡村生态环境之间的相互作用日益加强，2002 年后响应强度略有减小。

1）经济社会转型对乡村生态环境的胁迫影响作用

表 6-5 所示，第二、三产业产值占 GDP 比重 X_{11}、非农产业产值占农村总产值比重 X_{12} 与乡村生态环境指数 REI 及其特征变量植被覆盖度 Y_1、生态用地退化度 Y_3、环境质量 Y_4 的关联度都大于 0.9，关联序位于前三位，说明经济非农化是影响乡村生态环境的首要因素。这与 1978 年以来无锡市集体乡镇企业兴起、20 世纪 90 年代开始开发区建设密切相关。无锡市乡村总产值由 1978 年的 9.1 亿元增长到 2010 年的 5719.4 亿元，年均增长 30%；非农经济占乡村总产值比重从 1978 年的 34.3%增长到 2010 年的 99.1%，以第二产业为主的非农经济的迅猛发展使建设用地扩张迅速，导致植被覆盖急剧减少、生态用地退化，以及随之而来的环境问题。

表 6-5　经济社会转型因素与乡村生态环境演变特征的关联度矩阵

	Y_1		Y_2		Y_3		Y_4		REI	
	关联度	位次	关联度	位次	关联度	位次	关联度	位次	关联度	位次
X_{11}	0.920	3	0.720	1	0.923	1	0.920	1	0.919	2
X_{12}	0.931	1	0.719	2	0.920	2	0.908	3	0.918	3
X_{21}	0.891	5	0.69	6	0.832	8	0.871	6	0.859	8
X_{22}	0.865	7	0.671	8	0.882	7	0.877	5	0.869	7
X_{31}	0.89	6	0.699	4	0.913	4	0.879	4	0.915	5
X_{32}	0.884	8	0.680	7	0.893	6	0.821	7	0.891	6
X_{41}	0.931	2	0.698	5	0.912	5	0.909	2	0.923	1
X_{42}	0.898	4	0.718	3	0.920	3	0.806	8	0.916	4

非农人口比重 X_{41}、非农劳动力占乡村劳动力比重 X_{42} 与乡村生态环境指数 REI 的关联度分别为 0.923、0.916，关联序分别为第 1 位和第 4 位，与乡村植被覆盖度 Y_1 的关联度分别为 0.931、0.898，关联序分别为第 2 位和第 4 位，与乡村生态用地退化度 Y_3 的关联度分别为 0.912、0.920，关联序分别为第 5 位和第 3 位，说明社会城市化是影响乡村生态环境的另一重要因素。20 世纪 90 年代中期以后乡村劳动力大幅下降，从 1995 年的 62.9 万人减少到 2010 年的 48.9 万人；在乡村劳动力就业结构方面，1978 年非农劳动力为 14.7 万人，仅占乡村劳动力总量的 25.9%，至 2010 年，非农劳动力为 44.3 万人，占乡村劳动力总量的 77.9%。从事农业生产的乡村劳动力因不断向非农产业或城市转移而逐年减少，其引起

的耕地撂荒、农业生产不断粗放化是乡村植被覆盖度减少和生态用地退化的重要原因。

实际利用外商投资和港澳台投资占 GDP 比重 X_{31}、出口占 GDP 比重 X_{32} 与乡村生态环境指数 REI 的关联度分别为 0.915、0.891，关联序分别为第 5 位和第 6 位，与乡村生态用地退化度 Y_3 关联度分别为 0.913、0.893，关联序分别为第 4 位和第 6 位。2002 年以来是无锡市外向型经济快速发展的时期，外商投资和港澳台投资从 2002 年的 12.3 亿美元增长到 2010 年的 30.7 亿美元，出口占 GDP 比重从 2002 年的 52.6%增长到 2010 年的 97.9%。由于外资和港澳台资企业以技术密集型产业为主，经济外向化对乡村生态环境的影响主要体现在对乡村生态用地的占用方面，对乡村生态环境其他方面影响相对较小。

上述结果表明了经济社会转型给乡村生态环境带来的影响。与此同时，根据灰色关联度模型的计算结果，经济社会转型的各因素对乡村生态环境指数 REI 的综合关联度为 0.901，该结果也同样反映了经济社会转型对乡村生态环境具有极强的胁迫作用。

2）乡村生态环境对经济社会转型的反馈约束作用

由灰色关联度模型计算得出，乡村生态环境的各因素对经济社会转型指数 ESTI 的综合关联度为 0.784，关联度低于经济社会转型各因素对乡村生态环境指数 REI 的综合关联度 0.901，说明乡村生态环境各因素对经济社会转型存在反馈约束作用，但该反馈约束作用弱于经济社会转型各因素对其的胁迫影响作用。根据表 6-6 所示，在乡村生态环境中，生态用地退化度指数 Y_3、环境质量指数 Y_4 与经济社会转型指数 ESTI 的关联度较高，分别为 0.909、0.798，与经济社会转型各因素也具有较高的关联度，说明生态用地退化和环境质量下降比植被覆盖和水网密度变化对经济社会发展的制约作用明显。

表 6-6　乡村生态环境因素与经济社会转型特征的关联度矩阵

	X_{11}		X_{12}		X_{21}		X_{22}		X_{31}		X_{32}		X_{41}		X_{42}		ESTI	
	关联度	位次	关联度	位次	关联度	位次	关联度	位次	关联度	位次	关联度	位次	关联度	位次	关联度	位次	关联度	位次
Y_1	0.823	3	0.846	2	0.815	3	0.768	3	0.823	3	0.828	3	0.878	2	0.841	2	0.768	3
Y_2	0.695	4	0.689	4	0.69	4	0.699	4	0.699	4	0.759	4	0.708	4	0.682	4	0.659	4
Y_3	0.886	1	0.86	1	0.846	2	0.858	1	0.876	1	0.837	2	0.863	3	0.855	1	0.909	1
Y_4	0.877	2	0.822	3	0.896	1	0.836	2	0.838	2	0.884	1	0.886	1	0.806	3	0.798	2

6.3　制造业空间布局及城乡空间优化对策

6.3.1　产业规划与空间规划相结合，推进城乡空间统筹发展

针对无锡市区制造业布局及城乡空间发展的现实问题，在城乡间建立低污染、低能耗的产业园区、新型农业产业园和生态保护区，并通过新型农村社区联系城乡，形成城乡空间融合的城镇组团，推动无锡城乡空间统筹发展（图 6-8）。城乡空间的统筹发展，需要统筹考虑城市发展与乡村发展，从空间布局、产业发展、资源配置和综合功能提升等角度，有效整合城乡统筹空间规划、土地利用规划和产业规划，形成城乡互动衔接、全面覆盖的规划体系。

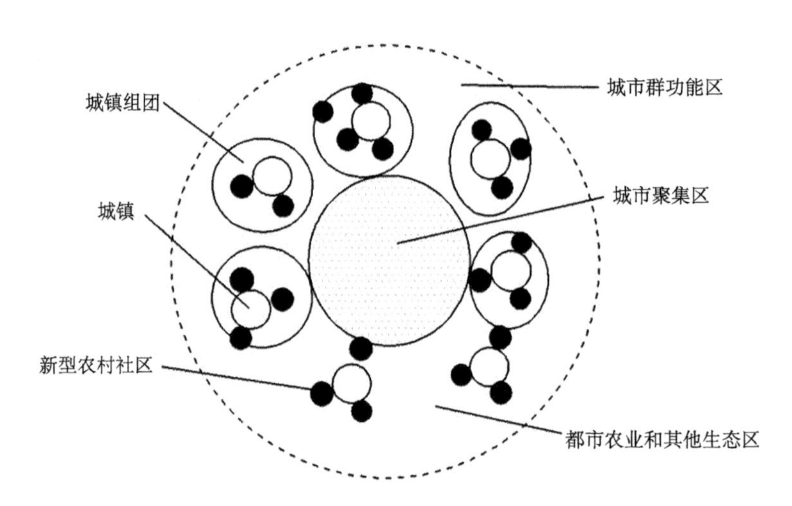

图 6-8　城乡空间统筹示意图（陈晓华，2008）

统筹安排城乡建设、产业聚集、村落分布、生态保护等空间布局，推进产业向园区集中、人口向城镇集中、居住向社区集中、土地向适度规模经营集中，促进城市基础设施、公共资源向园区延伸、乡镇延伸、农村延伸，加快形成城乡规划统筹、产业互动、功能互补、资源互通的城乡发展格局。其中，制造业发展要进一步引导向工业园区集中，走规模化、集约化发展道路，并进一步提高生产效率，淘汰高能耗、低附加值的项目。在依托产业园区发展的基础上，服务业应优先发展生产型服务业，在依托新城建设和大项目的基础上，大力发展生活型服务业，进一步增加开发区服务业份额。农业发展要与第二、三产业融合发展，要立足于生态型、科技含量高、附加值高的新型农业，促进产业化、规模化和标准化经营。

在行政区划调整方面：首先，通过撤销中心城区邻近地域的县设立市辖区，

扩展中心城市的发展空间；其次，合并乡镇，使“分散式集聚”的相关问题得到解决，促进城市化集中型建设；再者，缩并自然村，建设新型农村，统筹城乡建设。

6.3.2　以产业园区升级为先导，构建城乡多中心网络结构

制造业空间具有牵引空间的属性，可以引导城镇建设用地在地域空间上的拓展，以开发区、产业园区为先导所形成的城市副中心是有力促进城乡空间结构多中心网络化发展的直接力量。无锡城乡空间已进入城乡一体化阶段，城乡多中心网络化结构是其发展的必然趋势，为此需要以开发区、产业园区的升级为先导，以促进城乡多中心网络结构的快速形成。

按照空间临近、功能协调、产业关联等原则，全面考虑产业园区区位、基础及用地潜力等因素，将无锡开发区、产业园区按照重点发展、培育提升两类进行改造。把国家级和省级开发区作为发展高端制造业和高新技术产业的主要空间载体，来促进无锡制造业发展。通过重点园区建设发展产生的辐射作用，来带动周边地区发展，并促进地区的产业转型与升级。对于重点园区的发展，应在完善配套设施的基础上，提高“入园门槛”，吸引重点企业进驻，形成“龙头”式重点园区、“配套”式周边园区的产业集聚区，使之进一步成为城乡多中心网络结构的核心和主要节点。对于其他具有一定特色、发展前景较好的产业集聚区，投资环境的改善是其重点突破方向，优先安排大型工业项目进驻，完善上下游产业链，吸引与园区主导产业相关联的企业进驻，努力形成工业园区的特色配套，来形成无锡多中心网络结构的次级节点。

受“退二进三”产业结构优化升级的影响，遗留在无锡中心城区的工业区成为城市更新的重点内容之一。无锡中心城区内建设的金山北私营工业园、扬名高新技术产业园等已成为无锡进一步功能更新、产业重构和城乡空间优化的重大障碍，因此需要通过建设新产业空间，实现中心城区再度繁荣。具体而言，充分发挥中心城区信息资源优势，吸引国内外著名企业在此设立研发中心和总部，发展“总部经济”等与城市化相适应的都市型工业；根据中心城区原有产业特点，原南长区（现合并入梁溪区）重点发展感知节点高端制造、物联网产品展示、商务谈判和展示展销等物联网示范应用推广产业，而原北塘区（现合并入梁溪区）则可发展成为新材料与新型显示产业基地。

6.3.3　以制造业空间重构为契机，带动城乡土地利用集约化

土地粗放、破碎化的利用方式直接制约着无锡城乡制造业空间的可持续发展。因此，需要以制造业空间重构为契机，提升城乡土地的集约利用程度。首先，应针对不同类型的开发区、产业园区设定一系列指标，如土地利用强度、容积率

等，以此约束城乡建设用地无序扩张及粗放利用的局面。其次，结合无锡制造业空间布局和城乡空间结构的特点，按照“工业进园、企业集中、土地集约、产业集聚、可持续发展”的原则，全面考虑土地开发潜力、区域产业协调和环境约束等因素，实行差异化的产业政策，引导各地选择适合自身发展的路径，优先发展优势产业，实施错位发展战略，在全市范围内构建专业集聚、梯度分布、协同发展、特色突出并与产业结构挂钩的制造业空间布局。进一步推进制造业空间布局调整，对城市中心的企业，选择重点企业，对其进行搬迁调整。采取政策激励，对及时搬迁的企业给予奖励；采取行政、执法以及经济等手段，重罚延时搬迁企业。同时，加快促进乡镇企业搬迁至产业园区的步伐，规定新成立企业和新立项项目须全部进驻产业园区。通过转型提升、异地搬迁等方法，改造制造业企业分散布局的现阶段面貌，进一步提高园区制造业聚集程度。对于“不符合城市规划布局、影响城市建设”和“污染环境且难以治理”的企业，以及市区快速内环范围内的生产性企业实施“退城出市”“退城进园”的措施，向园区集中。在行政区调整与村镇撤并的基础上，合并乡镇工业园区，打造集中式工业园区布局，提升基础设施建设投入产出回报率。以制造业空间重构为契机，稳步促进工业向园区集中、土地向规模集中、农民向城镇集中，解决发展中土地资源制约和规模集约发展问题，通过合理规划，实现人口、土地、产业集中发展的规模效益。

6.3.4　以制造业空间重构为先导，带动城乡社会空间有机更新

制造业空间在城乡空间发展中，不仅发挥着承载城乡经济发展的作用，同时也具有“触媒”先导作用，催生城乡社会空间的更新与发展，从而实现城乡社会空间与经济空间的同步优化。在制造业空间迅速发展，开发区、产业园区占用大片农用地的背景下，促进农村失地农民的居住空间向城镇转移，引导从事农业生产的农户集中居住已成为城乡空间统筹的重点。应积极探索失地农民住宅和宅基地置换安置房、土地承包经营权置换城镇社会保障、农民转化为市民的“两置换一转化”等工作任务。在制定失地农民安置政策时，应优先考虑解决失地农民的生活与就业问题，大力发展制造业，依托产业园区发展使得绝大多数安置居民的就业问题得到解决，完善第三产业的发展，如社区服务业和物业管理等，用以增加其他的就业岗位，进一步来促进居民点的重构。通过深入推进“三个集中”、“两置换一转化”、富民合作以及城乡社保并轨等政策措施，推动农业现代化、农民市民化、农村社区化。

6.4　本章小结

本章根据无锡制造空间布局及其城乡空间响应变化的现状，认为现阶段制造

业空间布局存在的主要问题表现在：土地利用效率有待进一步提高；空间分散格局需要进一步整治；园区开发模式仍需进一步优化。另外，现阶段城乡空间发展的主要问题有：用地结构趋于破碎、生态空间不断萎缩。通过构建响应模型分析无锡乡村生态环境演变与经济社会转型之间的响应关系，证明当一种经济社会形态向另一种经济社会形态转变时，经济社会形态的物质环境也随之发生变化。因此，通过对我国经济社会变化过程的分析，能够更深入地认识乡村生态环境变化的影响机制。乡村生态环境演变与经济社会转型之间响应强度的变化，说明经济社会发展水平越高，两者之间的胁迫影响和反馈约束作用越强。在我国经济社会转型的不同阶段，经济社会转型与乡村生态环境之间的胁迫影响和反馈约束作用因素不断变化。经济非农化一直是影响乡村生态环境变化的首要因素，20世纪90年代中期以来的社会城市化、2002年以来的经济外向化对乡村生态环境的影响不断加大，未来乡村生态环境演变还将受经济社会转型的方向主导；生态用地压力和环境质量下降已成为制约和反馈经济社会转型发展的显著因素。1978年以来，我国乡村生态环境与经济社会转型之间存在着负向响应，说明经济社会取得正面成就时，乡村生态环境却付出了代价。如何在经济社会转型发展中，改善乡村生态环境，使二者呈正向响应值得进一步研究和思考。

基于这些问题，研究中提出了制造业布局及城乡空间结构优化的相应对策，包括产业规划与空间规划相结合，推进城乡空间统筹发展；以产业园区升级为先导，构建城乡多中心网络结构；以制造业空间重构为契机，带动城乡土地利用集约化；以制造业空间重构为先导，带动城乡社会空间有机更新。

参 考 文 献

毕秀晶, 汪明峰, 李健, 等. 2011. 上海大都市区软件产业空间集聚与郊区化[J]. 地理学报, 66(12): 1682-1694.

曹广忠, 刘涛. 2007. 北京市制造业就业分布重心变动研究——基于基本单位普查数据的分析[J]. 城市发展研究, 14(6): 8-14.

柴彦威. 2000. 城市空间[M]. 北京: 科学出版社.

柴彦威. 2002. 中国城市的时空间结构[M]. 北京: 北京大学出版社.

柴彦威, 曲华林, 马玫. 2008. 开发区产业与空间及管理转型[M]. 北京: 科学出版社.

常跟应. 2007. 区位、制度与我国西部工业空间集聚机制研究——以兰州市为例[J]. 地域开发与研究, 16(6): 48-52.

陈波翀, 郝寿义, 杨兴宪. 2004. 中国城市化快速发展的动力机制[J]. 地理学报, 59(6): 1068-1075.

陈睿. 2007. 都市圈空间结构的经济绩效研究[D]. 北京: 北京大学.

陈文晖, 吴耀. 1997. 论开发区与城市在空间上的协调发展[J]. 山西师大学报, (3): 64-69.

陈先毅, 宁越敏. 1997. 大城市郊区乡村城市化研究——以上海为例[J]. 城市问题, (3): 27-31.

陈晓华. 2008. 乡村转型与城乡空间整合研究[D]. 南京: 南京师范大学.

陈晓华, 张小林. 2008. “苏南模式”变迁下的乡村转型[J]. 农村经济问题, (8): 21-25.

陈佑启, 武伟. 1998. 城乡交错带人地系统的特征及其演变机制分析[J]. 地理科学, 18(5): 418-424.

陈昭锋. 1998. 论我国经济技术开发区城市化功能开发[J]. 城市开发, (4): 19-21.

崔功豪, 武进. 1990. 中国城市边缘区空间结构特征及其发展——以南京等城市为例[J]. 地理学报, 45(4): 399-411.

崔军, 杨琪. 2014. 新世纪以来土地财政对城镇化扭曲效应的实证研究——来自一二线城市的经验证据[J]. 中国人民大学学报, (1): 55-64.

崔庆仙, 汪宇明, 施家仓. 2012. 城乡关系变迁中的大都市政区整合与转型——上海案例[J]. 人文地理, 27(1): 82-86.

邓聚龙. 1987. 灰色系统基本方法[M]. 武汉: 华中理工大学出版社: 34-41.

董研. 2003. 论经济体制改革对城乡二元社会结构的影响[J]. 当代思潮, (6): 30-34.

杜伟, 高林远. 2002. 制度变迁与中国经济体制改革的实证分析[J]. 当代经济研究, (1): 53-55.

樊杰, 陈东, 吕晨. 2009. 国际金融危机空间过程和区域响应的初探——兼论新经济地理事像研究的一个新范式[J]. 地理研究, 28(6): 1440-1448.

房艳刚, 刘继生. 2008. 城市系统演化的复杂性研究[J]. 人文地理, 23(6): 37-40.

冯健. 2002. 杭州城市工业的空间扩散与郊区化研究[J]. 城市规划汇刊, (2): 42-47.

冯健, 刘玉. 2007. 转型期中国城市内部空间重构: 特征、模式与机制[J]. 地理科学进展, 26(4): 93-106.

冯健, 周一星. 2003. 北京都市区社会空间结构及其演化(1982—2000)[J]. 地理研究, 22(4): 465-483.

冯健, 周一星. 2008. 转型期北京社会空间分异重构[J]. 地理学报, 63(8): 829-844.

冯章献, 王士君, 张颖. 2010. 中心城市极化背景下开发区功能转型与结构优化[J]. 城市发展研究, 17(1): 5-8.

付磊. 2008. 全球化和市场化进程中大都市的空间结构及其演化——改革开放以来上海城市空间结构演变的演变[D]. 上海: 同济大学.

傅立. 1992. 灰色系统理论及其应用[M]. 北京: 科学技术文献出版社: 186-263.

高菠阳, 刘卫东, Glen Norcliffe, 等. 2010. 土地制度对北京制造业空间分布的影响[J]. 地理科学进展, 29(7): 878-886.

高鸿业. 2000. 西方经济学[M]. 北京: 中国人民大学出版社: 37-56.

高尚全. 1998. 我国的所有制结构与经济体制改革[J]. 中国社会科学, (1): 53-62.

高爽, 魏也华, 陈雯, 等. 2011. 发达地区制造业集聚和水污染的空间关联——以无锡市区为例[J]. 地理研究, 30(5): 902-912.

高雪莲. 2007. 超大城市产业空间形态的生产与发展研究[M]. 北京: 经济科学出版社.

辜胜阻, 李正友. 1998. 中国自下而上城镇化的制度分析[J]. 中国社会科学, (2): 60-70.

顾朝林. 1999. 北京土地利用/覆盖变化机制研究[J]. 自然资源学报, 14(4): 307-312.

顾朝林, 甄峰, 张京祥. 2000. 集聚与扩散——城市空间结构新论[M]. 南京: 东南大学出版社.

郭建华. 1996. 对广州市工业郊区化的探讨[J]. 热带地理, 16(4): 345-349.

郭杰, 杨永春, 冷炳荣. 2012. 1949 年以来中国西部大城市制造业企业迁移特征、模式及机制——以兰州市为例[J]. 地理研究, 31(10): 1872-1886.

何丹, 蔡建明, 周璟. 2008. 天津大津开发区与城市空间结构演进分析[J]. 地理科学进展, 27(6): 97-103.

何钧. 1997. 高新技术产业园区与城市发展[D]. 上海: 同济大学.

何流, 崔功豪. 2000. 南京城市空间扩展的特征与机制[J]. 城市规划汇刊, (6): 56-60.

何伟. 2007. 区域城镇空间结构与优化研究[M]. 北京: 人民出版社.

贺灿飞, 梁进社, 张华. 2005. 北京市外资制造企业的区位分析[J]. 地理学报, 60(1): 122-130.

贺灿飞, 潘峰华. 2009. 中国城市产业增长研究: 基于动态外部性与经济转型视角[J]. 地理研究, 28(3): 726-737.

贺灿飞, 王俊松. 2009. 经济转型与中国省区能源强度研究[J]. 地理科学, 29(4): 461-469.

贺灿飞, 魏后凯. 2001. 信息成本、集聚经济与中国外商投资区位[J]. 中国工业经济, (9): 38-45.

赫特纳. 1983. 地理学——它的历史、性质和方法[M]. 王兰生, 译. 北京: 商务印书馆.

洪世键, 张京祥. 2009. 土地使用制度改革背景下中国城市空间扩展: 一个理论分析框架[J]. 城市规划学刊, (3): 89-94.

胡军, 孙莉. 2005. 制度变迁与中国城市的发展及空间结构的历史演变[J]. 人文地理, 20(1): 19-23.

胡晓玲. 2009. 企业、城市与区域的演化与机制[M]. 南京: 东南大学出版社.
胡序威. 2000. 中国沿海城镇密集地区空间集聚与扩散研究[M]. 北京: 科学出版社.
黄金平. 2016. 上海的城市转型: 从消费城市到迈向现代化国际大都市[J]. 上海党史与党建, (8): 19-21.
黄新华. 2002. 中国经济体制改革时期制度变迁的特征分析[J]. 财经问题研究, (1): 72-77.
黄新华. 2005. 中国经济体制改革的制度分析[M]. 北京: 中国文史出版社.
姜颖, 吴倩. 2016. 浅析中国经济形势下双轨制的供地模式[J]. 财经界(学术版), (12): 33, 48.
科斯 R, 等. 1994. 财产权利与制度变迁[M]. 上海: 上海人民出版社.
雷诚, 范凌云. 2010. 由“政策区”到“综合城区”——开发区的转型之路探讨[A]. 规划创新: 2010 中国城市规划年会论文集[C].
雷先爱. 2005. 国有土地使用制度改革、效应与走向[J]. 中国土地, (6): 10-12.
李斌. 2005. 广东山区经济转型及其模式重构研究[J]. 经济地理, 25(6): 792-795.
理查德 • 皮特. 2007. 现代地理学思想[M]. 周尚意, 等译. 北京: 商务印书馆.
李萍, 谭静. 2010. 四川省城市土地利用效率与经济耦合协调度研究[J]. 中国农学通报, 26(21): 364-367.
李仙德, 白光润. 2008. 转型期上海城市空间重构的动力机制探讨[J] . 现代城市研究, (9): 11-18.
李晓西. 2008. 中国经济改革 30 年——市场化进程卷[M]. 重庆: 重庆大学出版社.
李裕瑞, 刘彦随, 龙花楼. 2010. 中国农村人口与农村居民点用地的时空变化[J]. 自然资源学报, 25(10): 1629-1638.
李志刚, 吴缚龙. 2006. 转型期上海社会空间分异研究[J]. 地理学报, 61(2): 199-211.
厉以宁. 2008. 城乡二元体制改革关键何在[J]. 经济研究导刊, (4): 1-4.
刘军林. 2010. 城市经济发展水平与产业园区生命周期问题研究[J]. 商业时代, (6): 113-115.
刘涛, 曹广忠. 2010. 北京市制造业分布的圈层结构演变——基于第一、二次基本单位普查资料的分析[J]. 地理研究, 29(4): 716-726.
刘小平, 黎夏, 陈逸敏, 等. 2009. 景观扩张指数及其在城市扩展分析中的应用[J]. 地理学报, 64(12): 1430-1438.
刘彦随, 刘玉. 2010. 中国农村空心化问题研究的进展与展望[J]. 地理研究, 29(1): 35-42.
刘艳军. 2009. 我国产业结构演变的城市化响应研究——基于东北地区的实证分析[D]. 长春: 东北师范大学.
刘艳军, 李诚固. 2009. 东北地区产业结构演变的城市化响应机理与调控[J]. 地理学报, 64(2): 153-166.
刘耀彬, 李仁东, 宋学锋. 2005. 中国区域城市化与生态环境耦合的关联分析[J]. 地理学报, 60(2): 237-247.
刘玉, 冯健, 孙楠. 2009. 快速城市化背景下城乡结合部发展特征与机制——以北京海淀区为例[J]. 地理研究, 28(2): 499-511.
卢新海. 2005. 开发区发展与土地利用[M]. 北京: 中国财政经济出版社.
陆大道. 2001. 论区域的最佳结构与最佳发展——提出“点—轴系统”和“T”型结构以来的回顾与再分析[J]. 地理学报, 56(2): 127-135.

陆军. 2001. 城市外部空间运动与区域经济[M]. 北京: 中国城市出版社.
陆玉麒. 1998. 区域发展中的空间结构研究[M]. 南京: 南京师范大学出版社.
路永忠, 陈波羽. 2005. 中国城市化快速发展的机制研究[J]. 经济地理, 25(4): 506-514.
罗上华. 2003. 城市环境保护规划与生态建设指标体系实证[J]. 生态学报, 23(1): 45-55.
罗震东. 2006. 中国都市区发展: 从分权化到多中心治[M]. 北京: 中国建筑工业出版社.
吕卫国, 陈雯. 2009. 制造业企业区位选择与南京城市空间重构[J]. 地理学报, 64(2): 142-152.
马仁锋. 2011. 创意产业区演化与大都市空间重构机制研究[D]. 上海: 华东师范大学.
马仁锋, 张猛, 杨立武. 2007. 国家级开发区对昆明城市发展贡献度分析[J]. 云南地理环境研究, 19(4): 24-27.
马晓东, 朱传耿, 马荣华, 等. 2008. 苏州地区城镇扩展的空间格局及其演化分析[J]. 地理学报, 63(4): 405-416.
买静, 张京祥, 陈浩. 2011. 开发区向综合新城区转型的空间路径研究——以无锡新区为例[J]. 规划师, 27(9): 20-25.
孟晓晨, 石晓宇. 2003. 深圳“三资”制造业企业空间分布特征与机理[J]. 城市规划, 27(8): 19-25.
苗长虹. 1998. 乡村工业化对中国乡村城市转型的影响[J]. 地理科学, 18(5): 409-417.
聂巧平, 张晓峒. 2007. ADF 单位根检验中联合检验 F 统计量研究[J]. 统计研究, 24(2): 73-80.
宁越敏. 1998a. 上海利用外资的特点及空间结构分析[J]. 中国软科学, (4): 112-117.
宁越敏. 1998b. 新城市化进程——90 年代中国城市化动力机制和特点探讨[J]. 地理学报, 53(5): 470-477.
牛艳华, 许学强. 2005. 高新技术产业区位研究进展综述[J]. 地理与地理信息科学, 21(3): 70-74.
石崧. 2007. 城市空间他组织——一个城市政策与规划的分析框架[J]. 规划师, 23(11): 28-30.
宋林飞. 2001. “苏南模式”的重大理论与实践问题[J]. 江海学刊, (3): 3-10.
宋秀坤, 王铮. 2001. 上海城市内部高新技术产业区位研究[J]. 地域研究与开发, 20(4): 18-21.
孙根年, 张毓. 2009. 长江沿线 10 省区国内旅游的时间同步性及区域响应[J]. 经济地理, 29(12): 2102-2107.
孙剑. 2010. 经济体制、资源配置与经济发展模式[J]. 经济体制改革, (5): 5-11.
涂小松, 濮励杰. 2008. 苏锡常地区土地利用变化时空分异及其生态环境响应[J]. 地理研究, 27(3): 583-593.
王富喜, 孙海燕, 孙峰华. 2009. 山东省城乡发展协调性空间差异分析[J]. 地理科学, 29(3): 323-328.
王宏远, 樊杰. 2007. 北京的城市发展阶段对新城建设的影响[J]. 城市规划, 31(3): 20-24.
王慧. 2003. 开发区与城市相互关系的内在肌理及空间效应[J]. 城市规划, 27(3): 20-25.
王慧. 2006a. 开发区发展与西安城市经济社会空间极化分异[J]. 地理学报, 61(10): 1011-1024.
王慧. 2006b. 开发区运作机制对中国城市管治体系的影响效应[J]. 城市规划, (5): 19-26.
王慧. 2007. 城市“新经济”发展的空间效应及其启示: 以西安市为例[J]. 地理研究, 26(3): 577-589.
王静爱, 何春阳, 董艳春, 等. 2002. 北京城乡过渡区土地利用变化驱动力分析[J]. 地球科学进展, 17(2): 201-208.
王强, 郑颖, 伍世代, 等. 2011. 能源效率对产业结构及能源消费结构演变的响应[J]. 地理学报, 66(6): 741-749.
王伟. 2008. 中国三大城市群空间结构及其集合能效研究[D]. 上海: 同济大学.
王兴平. 2005. 中国城市新产业空间的发展[M]. 北京: 科学出版社.
王颖. 2012. 东北地区区域城市空间重构机制与路径研究[D]. 长春: 东北师范大学.
王远飞, 何洪林. 2007. 空间数据分析方法[M]. 北京: 科学出版社.
王战和. 2006. 高新技术产业开发区建设发展与城市空间结构演变研究[D]. 长春: 东北师范大学.
无锡市政府. 2012. 经济体制改革以来无锡工业发展.
吴兵, 王铮. 2003. 城市生命周期及其理论模型[J]. 地理与地理信息科学, 19(1): 55-58.
吴启焰, 陈辉, Belinda Wu, 等. 2012. 城市空间形态的最低成本—周期扩张规律——以昆明为例[J]. 地理研究, 31(3): 484-494.
吴启焰, 崔功豪. 1999. 南京市居住空间分异特征及其形成机制[J]. 城市规划, 23(12): 23-35.
吴彤. 2001. 自组织方法论研究[M]. 北京: 清华大学出版社.
邢海峰. 2004. 新城有机生长规划论——工业开发区先导型新城规划实践的理论分析[M]. 北京: 新华出版社.
许学强, 林先扬, 周春山. 2007. 国外大都市区研究历程回顾及其启示[J]. 城市规划学刊, (2): 9-14.
许学强, 周一星, 宁越敏. 1997. 城市地理学[M]. 北京: 高等教育出版社.
薛德升, 郑莘. 2001. 中国乡村城市化研究: 起源、概念、进展与展望[J]. 人文地理, 16(5): 24-28.
延善玉, 张平宇, 马延吉, 等. 2007. 沈阳市工业空间重组及其动力机制[J]. 人文地理, 22(3): 107-111.
阎川. 2008. 开发区蔓延反思及控制[M]. 北京: 中国建筑工业出版社.
阎小培. 1998. 高新技术产业开发与广州地域结构变化分析[J]. 珠江三角洲经济, (4): 111-116.
杨保华, 杨清华, 陈剑虹. 2011. 关于《生态环境状况评价技术规范(试行)》中土地退化指数的权重及计算方法的探讨[J]. 生态与农村环境学报, 27(3): 103-107.
杨德进. 2012. 大都市新产业空间发展及其城市空间结构响应[D]. 天津: 天津大学.
杨山, 陈升. 2009. 基于遥感分析的无锡市城乡过渡地域嬗变研究[J]. 地理学报, 64(10): 1221-1230.
杨山, 陈升, 张振杰. 2009. 基于城乡能量对比的城市空间扩展规律研究——以无锡市为例[J]. 人文地理, (6): 44-49.
杨永春, 孟彩红. 2005. 1949年以来中国城市居住区空间演变与机制研究——以河谷盆地型城市兰州为例[J]. 人文地理, 20(5): 37-43.
杨宇振. 2009. 权力, 资本与空间: 中国城市化 1908-2008 年——写在《城镇乡地方自治章程》颁布百年[J]. 城市规划学刊, (1): 62-73.
姚康, 杨永春. 2010. 兰州城区制造业空间结构及其影响因素研究[J]. 人文地理, 25(5): 59-64.
姚士谋, 陈爽. 1998. 长江三角洲地区城市空间演化趋势[J]. 地理学报, 53(增刊): 1-10.

叶超, 柴彦威, 张小林. 2011. “空间的生产”理论、研究进展及其对中国城市研究的启示[J]. 经济地理, 31(3): 409-413.

易丹辉. 2011. 时间序列分析方法与应用[M]. 北京: 中国人民大学出版社.

殷洁, 张京祥, 罗小龙. 2005. 基于制度转型的中国城市空间结构研究初探[J]. 人文地理, 20(3): 59-62.

于峰, 张小星. 2010. “大都市连绵区”与“城乡互动区”——关于戈特曼与麦吉城市理论的比较分析[J]. 城市发展研究, 17(1): 46-53.

袁丰, 魏也华, 陈雯, 等. 2010. 苏州市区信息通讯企业空间集聚与新企业选址[J]. 地理学报, 65(2): 153-163.

袁丰, 魏也华, 陈雯, 等. 2012. 无锡城市制造业企业区位调整与苏南模式重组[J]. 地理科学, 32(4): 401-408.

约翰·冯·杜能. 1997. 孤立国同农业和国民经济的关系[M]. 吴衡康, 译. 北京: 商务印书馆.

约翰斯顿 R J. 1999. 地理学与地理学家——1945 年以来的英美人文地理学[M]. 唐晓峰, 等译. 北京: 商务印书馆.

约翰斯顿 R J. 2004. 人文地理学词典[M]. 柴彦威, 等译. 北京: 商务印书馆.

曾刚. 2001. 上海市工业布局调整初探[J]. 地理研究, 20(3): 330-337.

曾磊, 雷军, 鲁奇. 2002. 我国城乡关联度评价指标体系构建及区域比较分析[J]. 地理研究, 21(6): 763-771.

曾永年, 何丽丽, 靳文凭, 等. 2012. 长株潭城市群核心区城镇景观空间扩张过程定量分析[J]. 地理科学, 32(5): 544-549.

张弘. 2001. 开发区带动区域整体发展的城市化模式——以长江三角洲地区为例[J]. 城市规划汇刊, (6): 65-69.

张宏波. 2009. 城市工业园区发展机制及空间布局研究[D]. 长春: 东北师范大学.

张华, 贺灿飞. 2007. 区位通达性与在京外资企业的区位选择[J]. 地理研究, 26(5): 984-994.

张捷. 2009. 新城规划与建设概论[M]. 天津: 天津大学出版社.

张京祥, 洪世键. 2008. 城市空间扩张及结构演化的制度因素分析[J]. 规划师, 24(12): 40-43.

张京祥, 罗震东, 何建颐. 2007. 体制转型与中国城市空间重构[M]. 南京: 东南大学出版社.

张鹏. 2012. 中国城市化空间结构的经济效应研究[D]. 长春: 东北师范大学.

张水清, 杜德斌. 2001a. 上海郊区城市化模式探讨[J]. 地域研究与开发, 20(4): 22-26.

张水清, 杜德斌. 2001b. 上海中心城区的职能转移与城市空间整合[J]. 城市规划, 25(12): 16-20.

张庭伟. 2001. 20 世纪 90 年代中国城市空间结构及其动力机制[J]. 城市规划, 25(7): 7-14.

张小林. 1999. 乡村空间系统及其演变研究: 以苏南为例[M]. 南京: 南京师范大学出版社.

张小平, 师安隆, 张志斌. 2010. 开发区建设及其对兰州城市空间结构的影响[J]. 干旱区地理, 33(2): 277-284.

张晓平, 刘卫东. 2003. 开发区与我国城市空间结构演进及其动力机制[J]. 地理科学, 23(2): 142-149.

张晓平, 孙磊. 2012. 北京市制造业空间格局演化及影响因子分析[J]. 地理学报, 67(10): 1308-1316.

张艳. 2007. 开发区空间扩展与城市空间重构: 苏锡常的实证分析[J]. 城市规划学刊, (1): 49-53.
张艳. 2008. 我国国家级开发区的实践及转型——政策视角的研究[D]. 上海: 同济大学.
张勇强. 2006. 城市空间发展自组织与城市规划[M]. 南京: 东南大学出版社.
张振杰, 杨山, 孙敏. 2007. 城乡耦合地域系统相互作用模型建构及应用——以南京为例[J]. 人文地理, (4): 90-94.
张卓元. 1998. 中国经济体制改革的总体回顾与展望[J]. 经济研究, (3): 15-22.
赵晓香. 2010. 新制度主义视角下开发区的新城(区)转变研究——以广州开发区为例[J]. 规划师, 26(S2): 84-87.
赵新正. 2011. 经济全球化与城市—区域空间结构研究——以上海—长三角为例[D]. 上海: 华东师范大学.
赵新正, 宁越敏, 魏也华. 2011. 上海外资生产空间演变及影响因素[J]. 地理学报, 66(10): 1390-1402.
甄峰, 赵勇, 郑俊, 等. 2008. 新农村建设与乡村发展研究——唐山、秦皇岛乡村个案分析[J]. 地理科学, 28(4): 464-470.
郑国. 2006a. 北京市制造业空间结构演化研究[J]. 人文地理, 21(5): 84-881.
郑国. 2006b. 经济技术开发区对城市经济空间结构的影响效应研究[J]. 经济问题探索, (8): 48-52.
郑国, 邱士可. 2005. 转型期开发区发展与城市空间重构: 以北京市为例[J]. 地域研究与开发, 24(6): 39-42.
郑国, 周一星. 2005. 北京经济技术开发区对北京郊区化的影响研究[J]. 城市规划学刊, (6): 23-26.
郑静, 薛德生, 朱竑. 2000. 论城市开发区的发展: 历史进程、理论背景及生命周期[J]. 世界地理研究, (6): 79-86.
中国社会科学院经济体制改革 30 年研究课题组. 2008. 论中国特色经济体制改革道路(上)[J]. 经济研究, (9): 4-15.
钟源. 2007. 开发区与兰州城市空间结构演进研究[D]. 兰州: 兰州大学.
周冰, 靳涛. 2005. 经济体制转型方式及其决定[J]. 中国社会科学, (1): 71-86.
周国艳. 2009. 西方新制度经济学理论在城市规划中的运用和启示[J]. 城市规划, 33(8): 9-17.
周素红, 刘玉兰. 2010. 转型期广州城市居民居住与就业地区位选择的空间关系及其变迁[J]. 地理学报, 65(2): 191-201.
周翔, 陈亮, 象伟宁. 2014. 苏锡常地区建设用地扩张过程的定量分析[J]. 应用生态学报, 25(5): 1422-1430.
周一星, 孟延春. 2000. 北京的郊区化及其对策[M]. 北京: 科学出版社.
朱会义, 吕昌河. 2010. 近 30 年延安市耕地变化的政策背景及其作用机理[J]. 地理研究, 29(8): 510-1518.
朱顺娟. 2012. 长株潭城市群空间结构及其优化研究[D]. 长沙: 中南大学.
朱同丹. 2008. 开发区应成为城市的现代化新区[J]. 城市问题, (3): 69-71.
邹健, 龙花楼. 2009. 改革开放以来中国耕地利用与粮食生产安全格局变动研究[J]. 自然资源学报, 24(8): 1366-1377.

Amiti M. 1998. Trade liberalization and the location of manufacturing firms [J]. World Economy, 21(7): 953-962.

Andrew S. 1980. The Economic Theory of Social Insititution [M]. Cambridge: Cambridge University Press.

Arauzo-Carod J M, Viladecans-Marsal E. 2009. Industrial location at the intra-metropolitan level: The role of agglomeration economies [J]. Regional Studies, 43: 545-558.

Atkinson G, Oleson T. 1996. Urban sprawl as a path dependent process [J]. Journal of Economic Issues, 30(2): 609-615.

Baldwin R E, Okubo T. 2006. Heterogeneous firms, agglomeration and economic geography: Spatial selection and sorting [J]. Journal of Economic Geography, 6(3): 323-346.

Barnett J. 2007. Smart Growth in a Changing World [M]. Chicago, IL: American Planning Association, Planners Press.

BenDor T K, Doyle M W. 2010. Planning for ecosystem service markets [J]. Journal of the American Planning Association, 76(1): 59-72.

Bertalanffy L V. 1987. General System Theory-Foundation, Development, Applications(reversion edition)[M]. New York: George Beazitler: 27-36.

Bevan A, Saul E, Klaus M. 2004. Foreign investment location and institutional development in transition economies [J]. International Business Review, 13: 43-64.

Bradshaw M J. 1996. The Prospects for the Post-Socialist Economies[M]// Daniels P W, Lever W F. The Global Economy in Transition. Essex, England: Addison Wesley Longman Limited, 263-288.

Burt J E, Gerald M. B, David L R. 2009. Elementary Statistics for Geographers [M]. New York: The Guilford Press.

Castells M. 1978. City, Class and Powder [M]. New York: St. Martin's Press.

Castells M. 1983. The City and The Grassroots [M]. London: Edward Arnold.

Cheng L K, Kwan Y K. 2000. What are the determinants of the location of foreign direct investment? The Chinese experience [J]. Journal of International Economics, 51: 379-400.

Dumbaugh E, Li W. 2011. Designing for the safety of pedestrians, cyclists, and motorists in urban environments [J]. Journal of the American Planning Association, 77(1): 69-88.

Duncan M. 2007. The impact of transit-oriented development on housing prices in San Diego, CA [J]. Urban Studies, 48(1): 101-127.

Ellison G, Glaeser E. 1997. Geographic concentration in U. S. manufacturing industries: A dartboard approach [J]. Journal of Political Economy, 105: 889-927.

Feng J, Zhou Y, Wu F. 2008. New trends of suburbanization in Beijing since 1990: From government-led to market-oriented [J]. Regional Studies, 42: 83-99.

Ford L R. 2003. America's New Downtowns: Revitalization or Reinvention? [M]. Baltimore, MD: Johns Hopkins University Press.

Friedmann J, Wolff G. 1982. World city formation: An agenda for research and action [J]. International Journal of Urban and Regional Research, 6(3): 309-344.

Gao B, Liu W, Michael D. 2014. State land policy, land markets and geographies of manufacturing: The case of Beijing, China [J]. Land Use Policy, 36: 1-12.

Gong H M. 1995. Spatial patterns of foreign investment in China's cities, 1980—1989 [J]. Urban Geography, 16(2): 189-209.

Gottlieb P D. 1995. Residential amenities, firm location and economic development[J]. Urban Studies, 32: 1413-1436.

Graham E M. 2004. Do export processing zones attract FDI and its benefits[J]. International Economics and Economic Policy, 1: 87-103.

Greene W. 2000. Econometric Analysis. [M]. 4th edn. New Jersey: Prentice Hall.

Haggett P, Cliff A, Frey A. 1977. Locational Models(Locational Analysis in Human Geography) [M]. 2nd edn. London: Edward Arnold.

Hall P. 2002. Cities of Tomorrow: An Intellectual History of Urban Planning and Design in the Twentieth Century [M]. New York: Wiley-Blackwell.

Han S, Clifton W P. 1999. The geography of privatization in China, 1978—1996 [J]. Economic Geography, 75: 272-296.

Hansen E R. 1987. Industrial location choice in Sao Paulo, Brazil: A nested logit model [J]. Regional Science and Urban Economics, 17: 89-108.

Hanushek E A, Song B. N. 1978. The dynamics of postwar industrial location [J]. The Review of Economics and Statistics, 60(4): 515-522.

Hartshorne R. 1958. The concept of geography as a science of space, from Kant and Humboldt to Hettner [J]. Annals of the Association of American Geographers, 48(2): 97-108.

Harvey D. 1985. The Urbanization of Capital [M]. Baltimore, MD: Johns Hopkins Press.

He C. 2003. Location of foreign manufactures in China: Agglomeration economies and country of origin effects [J]. Regional Science, 82(3): 351-372.

He C, Liang J, Zhang H. 2005. Locational study of foreign enterprises in Beijing based on an ordered proit model [J]. Acta Geographica Sinica, 60: 122-130.

He C, Wei Y H D, Pan F. 2007. Geographical concentration of manufacturing industries in China: The importance of spatial and industrial scales [J]. Eurasian Geography and Economics, 48: 603-625.

He C, Wei Y D, Xie X. 2008. Globalization, institutional change, and industrial location: Economic transition and industrial concentration in China [J]. Regional Studies, 42: 923-945.

Immergluck D. 2011. The local wreckage of global capital: The subprime crisis, federal policy and high-foreclosure neighborhoods in the US [J]. International Journal of Urban and Regional Research, 35(1): 130-146.

Isard W. 1956. Location and Space Economy [M]. Cambridge, MA: MIT Press.

Jeppesen T, Folmer H. 2001. The confusing relationship between environmental policy and location behavior of firms: A methodological review of selected case studies [J]. The Annals of Regional Science, 35: 523-546.

Jones C. 1996. The theory of property-led local economic development policies [J]. Regional Studies, 30: 797-801.

Katznelson I. 1992. Marxism and the City [M]. Oxford: Clarendon Press.

Kennedy L. 2007. Regional industrial policies driving peri-urban dynamics in Hyderabad, India[J]. Cities, 24(2): 95-109.

Kim S, 1995. Expansion of markets and the geographic distribution of economic activities: The trends in U. S. regional manufacturing structure, 1860—1987 [J]. Quarterly Journal of Economics, 110(4): 881-908.

Klaassen L H W, Molle T M. 1983. Industrial Mobility and Migration in the European Community[M]. Aldershot: Gower Press.

Knox P L. 1991. The restless urban landscape: Economic and socio-cultural change and the transformation of metropolitan Washington, D. C. [J]. Annals of the Association of American Geographers, 81(2): 181-209.

Krugman P. 1980. Scale economies, product differentiation, and the pattern of trade [J]. American Economic Review, 70(5): 950-959.

Krugman P. 1991. Increasing returns and economic geography [J]. Journal of Political Economy, 99(3): 483-499.

Lee K S. 1989. The Location of Jobs in A Developing Metropolis: Patterns of Growth in BogotaÂ and Cali, Colombia [M]. New York: Oxford University Press.

Lefebvre H. 1991. The Production of Space [M]. Oxford: Basil Blackwell .

Lefebvre H. 2003. The Urban Revolution [M]. Minneapolis: University of Minnesota Press.

Leinberger C B. 1996. Metropolitan Development Trends of the Late 1990s: Social and Environmental Implications [M]// Diamond H L, Noonan P F. Land Use in America. Cambridge, MA: Lincoln Institute of Land Policy, 203-222.

Lejpras A, Stephan A. 2011. Locational conditions, cooperation, and innovativeness: Evidence from research and company spin-offs [J]. Annal of Regional Science, 46: 543-575.

Lin G C S, Ho S P S. 2005. The state, land system, and land development processes in contemporary China [J]. Annals of the Association of American Geographers, 95: 411-436.

Lin G C S, Yi F. 2011. Urbanization of capital or capitalization on urban land? Land development and local public finance in urbanizing China [J]. Urban Geography, 32: 50-79.

Linneker B, Spence N. 1996. Road transport infrastructure and regional economic development: The regional development effects of the M25 London orbital motorway [J]. Journal of Transport Geography, 4(2): 77-92.

Liu X P, Li X, Chen Y M, et al. 2010. A new landscape index for quantifying urban expansion using multi-temporal remotely sensed data [J]. Landscape Ecology, 25: 671-682.

Logan J, Molotch H. 1987. City Fortunes: The Political Economy of Place [M]. Berkeley: University of California Press.

Losch A. 1959. The Economics of Location [M]. New Haven, CT: Yale University Press.

MacLachlan I, Aguilar A G. 1998. Maquiladora myths: Locational and structural change in Mexico's export manufacturing industry [J]. Professional Geographer, 50: 315-331.

Markusen A. 1994. Studying regions by studying firms [J]. Professional Geographer, 46(4): 477-490.

Markusen A, Schrock G. 2009. Consumption-driven urban development [J]. Urban Geography, 30(4): 344-367.

Martion R L, Sunley P J. 2008. The changing landscape of workplaces and work [C]//Martion R L, Sunley P J. Economic Geography. Vol. 3. London and New York: Routledge, 3-16.

Marton A M, Wei W. 2006. Spaces of globalization: Institutional reforms and spatial economic development in the Pudong New Area, Shanghai [J]. Habitat International, 30: 213-229.

McCann E. 2011. Urban policy mobilities and global circuits of knowledge: Toward a research agenda [J]. Annals of the Association of American Geographers, 101(1): 107-130.

Meijers E J, Burger M J. 2009. Urban Spatial Structure and Labor Productivity in U. S. Metropolitan Areas[C]. The 2009 Regional Studies Association Annual Conference.

Meyer K E, Nguyen H V. 2005. Foreign investment strategies and sub-national institutions in emerging markets: Evidence from Vietnam [J]. Journal of Management Studies, 42: 63-93.

Mieszkowski P, Mills E S. 1993. The causes of metropolitan suburbanization [J]. The Journal of Economic Perspectives, 7(3): 135-147.

Mitchell A. 2005. The ESRI Guide to GIS Analysis, Volume 2: Spatial Measurements and Statistics [M]. Redlands, CA: ESRI Press.

Nakata C, Sivakumar K. 1997. Emerging market conditions and their impact on first mover advantages: An integrative review [J]. International Marketing Review, 14(6): 461-485.

Narula R, John H. 2000. Dunning. Industrial development, globalization and multinational enterprises: New realities for developing countries [J]. Oxford Development Studies, 28(2): 141-167.

O'Connell L. 2009. The impact of local supporters on smart growth policy adoption [J]. Journal of the American Planning Association, 75(3): 281-291.

Oman C. 2000. Policy Competition for Foreign Direct Investment: A Study of Competition Among Governments to Attract FDI [M]. Paris, France: OECD.

Paul K S P. 2000. Urban Social Geography-An Introduction. [M]. 4th edn. Englewood Cliffs, NJ: Prentice Hall: 29-30.

Porter M. 2010. The rent gap at the metropolitan scale: New York City's land-value valleys, 1990—2006 [J]. Urban Geography, 31(3): 385-405.

Pred A. 1986. Place, Practice and Structure [M]. Cambridge: Polity Press.

Quaini M. 1982. Geography and Marxism [M]. Oxford: Blackwell.

Rice M D. 2010. The urban geography of subsidiary headquarters in North America: Explorations by sector and foreign linkage [J]. Urban Geography, 31(5): 595-622.

Rondinelli D A. 1985. Applied Methods of Regional Analysis: The Spatial Dimensions of

Development Policy[M]. Boulder: Westview Press .

Sabel M, Geoghegan J. 2010. Commercial and industrial land use change, job decentralization and growth controls: A spatially explicit analysis [J]. Journal of Land Use Science, 5(1): 45-66.

Sassen S. 2001. Global Networks, Linked Cities [M]. New York: Routledge.

Schaefer F. 1953. Exceptionalism in geography: A methodological examination [J]. Annals of the Association of American Geographers, 43(3): 226-249.

Scott A J. 1982. Locational patterns and dynamics of industrial activity in the modem metropolis [J]. Urban Studies, 19: 111-142.

Scott A J. 1986. Industrial organization and location: Division of labor, the firm and spatial process [J]. Economic Geography, 62(3): 25-42.

Scott A J. 1988. New Industrial Spaces: Flexible Production Organization and Regional Development in North America and Western Europe [M]. London: Pion.

Scott A J, Soja W. 1996. The City: Los Angeles and Urban Theory at the End of the Twentieth Century [M]. Berkeley, CA: University of California Press.

Shen X, Ma L J C. 2005. Privatization of rural industry and de facto urbanization from below in southern Jiangsu, China [J]. Geoforum, 36(6): 761-777.

Shukla V, Waddell P. 1991. Firm location and land use in discrete urban space: A study of the spatial structure of Dallas-Fort Worth[J]. Regional Science and Urban Economics, 21(2): 225-253.

Sit V F S, Liu W. 2000. Restructuring and spatial change of China's auto industry under institutional reform and globalization [J]. Annals of the Association of American Geographers, 90: 653-673.

Stafford H A. 1985. Environmental protection and industrial location [J]. Annals of the Association of American Geographers, 75: 227-240.

Stahl K. 1987. Theories of urban business location[M]//Handbook of Regional and Urban Economics. New York: North-Holland.

Talen E. 2005. New Urbanism and American Planning [M]. London: Routledge.

Theobald D M. 2001. Land-use dynamics beyond the American urban fringe [J]. Geographical Review, 91(3): 544-564.

Thompson A W, Prokopy L S. 2009. Tracking urban sprawl: Using spatial data to inform farmland preservation policy [J]. Land Use Policy, 26(2): 194-202.

Uallachain B, Leslie T F. 2009. Postindustrial manufacturing in a sunbelt metropolis: Where are factories located in Phoenix? [J]. Urban Geography, 30(8): 898-926.

Venables A. 1996. Equilibrium locations of vertically linked industries[J]. International Economic Review, 37(2): 341-359.

Vise D. 1990. Priority to Local Economic Development: Industrial Restructuring and Local Development Responses in the Ruhr Area—the Case of Dortmund [M]. London: Mansell.

Walker R. 2001. Industry builds the city: The suburbanization of manufacturing in the San Francisco Bay Area, 1850—1940 [J]. Journal of Historical Geography, 26(1): 36-57.

Walker R, Lewis R D. 2002. Beyond the crabgrass frontier: Industry and the spread of North

American cities, 1850—1950 [J]. Journal of Historical Geography, 27(1): 3-19.

Wang S, Zhang Y. 2005. The new retail economy of Shanghai [J]. Growth and Change, 36: 41-73.

Ward K. 2010. Entrepreneurial urbanism and business improvement districts in the State of Wisconsin: A cosmopolitan critique [J]. Annals of the Association of American Geographers, 100(5): 1177-1196.

Warr P. 1990. Export Processing Zones[M]// Export Promotion Strategies: Theory and Evidence from Developing Countries. New York: New York University Press.

Weber A F. 1899. The Growth of Cities in the Nineteenth Century [M]. New York: Macmillan Publisher Ltd.

Weber A F. 1929. Alfred Weber's Theory of the Location of Industries [M]. Friedrich C, Trans. Chicago, IL: University of Chicago Press.

Webber M M. 1964. The Urban Place and Nonplace Urban Realm[M]. Philadelphia: University of Pennsylvania Press.

Wei Y H D. 2007. Restructuring industrial districts, scaling up regional development: A study of the Wenzhou Model, China [J]. Economic Geography, 83: 421-444.

Wei Y H D, Leung C K, Li W, et al. 2008. Institutions, location, and network of multinational enterprises in China: A case study of Hangzhou[J]. Urban Geography, 29(7): 639-661.

Wei Y H D, Luo J, Zhou Q. 2010. Location decisions and network configurations of foreign investment in urban China [J]. The Professional Geographer, 62: 264-283.

Wei Y H D, Yuan F, Liao H. 2013. Spatial mismatch and determinants of foreign and domestic information and communication technology firms in urban China [J]. The Professional Geographer, 65(2): 247-264.

Wei Y D, Leung C K. 2005. Development zones, foreign investment, and global city formation in Shanghai [J]. Growth and Change, 36: 16-40.

Will R A. 1964. Federal influences on industrial location: How extensive? [J]. Land Economics, 40: 49-57.

Wolffram E. 1989. Adam Smith's model of the origins and emergence of institution [J]. Journal of Economic Issues, 3: 81.

Wong C P W, Heady C, Woo W T. 1995. Fiscal Management and Economic Reform in the People's Republic of China[M]. Hong Kong: Oxford University Press.

Wu F. 1998. Polycentric urban development and land-use change in a transitional economy: The case of Guangzhou [J]. Environment and Planning A, 30: 1077-1100.

Wu F. 2000. Modelling intrametropolitan location of foreign investment firms in a Chinese city [J]. Urban Studies, 37(13): 2441-2464.

Wu F. 2002. China's changing urban governance in the transition towards a more market-oriented economy [J]. Urban Studies, 39: 1071-1093.

Wu F. 2003a. The(post-)socialist entrepreneurial city as a state project: Shanghai's reglobalisation in question [J]. Urban Studies, 40: 1673-1698.

Wu F. 2003b. Transitional cities [J]. Environment and Planning A, 35: 1331-1338.

Wu F, Yeh A G O. 1999. Urban spatial structure in a transitional economy: The case of Guangzhou, China [J]. Journal of the American Planning Association, 65(4): 377-394.

Yeh A G O, Wu F. 1996. The new land development process and urban development in Chinese cities[J]. International Journal of Urban and Regional Research, 20: 330-353.

Zhang X, Huang P, Sun L, et al. 2013. Spatial evolution and locational determinants of high-tech industries in Beijing [J]. Chinese Geographical Science, 23: 249-260.

后　记

作为我国发达地区城镇化快速发展重要动力的制造业，承载着我国经济体制改革的特征与结果，其空间布局变化构成了城乡空间结构演变的重要内容，从体制变革的视角，剖析制造业空间重构与城乡空间结构之间的关系，既丰富和完善了城乡空间结构理论，又为我国城乡统筹发展、空间优化策略提供了科学依据。传统的区位理论、空间结构理论往往将体制变量作为外生变量。本书尝试将体制变量融入空间演变的分析框架中，内生能够决定经济主体决策和发展的制度因素，立足我国的经济体制改革，构建制造业空间重构及其城乡空间结构响应的理论分析框架。以“经济体制—主体参与者与空间生产—空间结果”为理论框架，研究体制变革作用于制造业空间及城乡空间的过程，有效揭示经济体制改革下政府与市场对城乡空间结构演变的宏观与微观作用机制。本书在全面梳理制造业空间布局及城乡空间结构演变相关理论及实证研究的基础上，以我国长江三角洲重要的制造业生产基地——无锡为研究对象，探讨经济体制改革下，制造业空间重构的特征、影响因素以及城乡空间对地方政府职能转变与制造业投资主体多元化的响应过程与机制，并提出基于制造业空间布局的城乡空间优化调控政策和措施，为提升城市的制造业空间布局及促进城乡空间统筹发展提供理论依据。本书旨在回答以下几个方面的问题：①在经济体制改革的背景下，我国城市的制造业空间格局如何演变，不同所有制制造业的区位选择存在哪些差异？②在制造业空间重构过程中，市场与政府在制造业空间重构中的角色及影响？③城乡空间对体制变革下制造业空间重构的宏观与微观响应过程与机制是什么？

本书取得了一些有价值的研究成果，对寻求城乡空间结构优化调控策略，促进城乡空间统筹发展具有重要意义。但限于作者的研究能力与条件，本书仍然存在诸多的研究局限与不足，有待在以后的研究中予以克服并逐步完善。

首先，制造业空间重构是一个随着时间推移而动态变迁的过程，本书采用1985年、2004年和2013年制造业空间数据来揭示无锡制造业空间重构的特征，这三期数据代表了经济体制改革不同阶段制造业空间重构的演化节点。但更多时段制造业空间数据的获取与利用，将为进一步完整地揭示与认识无锡制造业空间重构的过程与模式提供更为充足的数据支撑。

其次，本书通过构建制造业区位影响因素分析模型，采用数理统计的分析方法研究了各级别开发区、产业园区对不同所有制企业区位选择的影响。但该模型容易忽略企业区位选择的个体性因素，开发区具体产业政策和基础设施条件对不同所有制企业区位决策的微观作用，则需要在今后的案例企业调查与访谈中进行深入研究，这是未来研究拓展的一个重要方向。

最后，体制变革作用下的城乡空间演变内容丰富，本书主要对城镇空间扩展和城乡地域结构演变对制造业空间重构的响应进行研究，未来深入城市与乡村内部的微观空间结构仍有较大的研究空间。无锡作为“苏南模式”的代表，对其制造业空间重构的研究具有典型性。但是，不同城市的发展因地理位置、历史基础、发展模式的差异，往往形成不同的制造业空间重构及城乡空间响应状态。因此，以其他城市为案例，对相关理论的进一步延伸与完善是今后研究的方向。